初等整数
パーフェクト・マスター

めざせ, 数学オリンピック

鈴木晋一

編著

日本評論社

まえがき

　小学校・中学校を通じて，学年を追って少しずつ学んできた整数とそれにまつわる話題は，高等学校の「数学 A」でやや本格的にまとめられ，体系的に学習することになります．

　数学オリンピックでは，初期の段階からこの分野の問題が多数出題され，初等幾何・代数・組合せ数学とともに4大分野の一つを構成してきました．本書は，この整数論分野の問題を集めて分類したものです．あまりにも問題が多くて，選ぶのに苦労しましたが，日本の問題を中心にしました．一応，初級・中級・上級と分けてみました．初級は基本的なもの，中級はジュニア数学オリンピックの問題程度，上級は日本数学オリンピックや国際数学オリンピック程度の問題というのが目安です．ただし，この分類はあくまで編者の主観によるもので，厳密な基準はありません．

　便宜的に 16 の章に分けてありますが，この基準に当てはまらない問題も多く，いくつかの問題では，文中に使われる定義が後出となることもあります．

　初等整数の問題の多くは，解答がいろいろ考えられることがしばしば起こります．幾通りもの解答を考えてみるのも勉強になります．高級な定理を使うまでもなく，処理できることがあります．うっかりすると，問題より高級な性質・定理などを使いかねませんので，解答を作る際には，どんな性質や定理を使ったのかをきちんとわかるようにしておくのが賢明です．

　本書では，数学オリンピック財団の機関誌
　　　　　math OLYMPIAN　と　JUNIOR math OLYMPIAN
に掲載した記事の一部を使用しました．問題の収集には，数学オリンピック財団の資料を活用しました．

　この分野は歴史が長く，多くの専門書がありますので，筆者もいろいろな影響

を受けていますが，いちいち書名を挙げないことにしました．多くの先人達に感謝いたしたいと思います．

　本書の作製に当っては，亀井英子氏が細かな計算を含めて，丁寧な校正を行ってくださいました．また出版に当っては，亀書房の亀井哲治郎氏に終始お世話になりました．お二人には心からお礼申し上げます．

　　2016 年 4 月 1 日

鈴木晋一

目次

まえがき		i
問題の出典の略記号		v
第 1 章	自然数・整数	1
第 2 章	数学的帰納法の原理	10
第 3 章	除法の定理	17
第 4 章	公約数・最大公約数	23
第 5 章	公倍数・最小公倍数	33
第 6 章	ディオファントス方程式	38
第 7 章	素数	46
第 8 章	素因数分解の一意性	52
第 9 章	平方数	59
第 10 章	同値関係による類別	63
第 11 章	$\mathbb{Z}$ の類別 $\cdots m$ を法とする剰余類 $\cdots$	70
第 12 章	合同式の基本性質	77
第 13 章	1 次の合同式	82

第 14 章	連立 1 次合同式	89
第 15 章	フェルマーの小定理	97
第 16 章	オイラーの定理	104

練習問題の解答　　111

- 第 1 章の解答 …………………………………………… 111
- 第 2 章の解答 …………………………………………… 119
- 第 3 章の解答 …………………………………………… 125
- 第 4 章の解答 …………………………………………… 135
- 第 5 章の解答 …………………………………………… 146
- 第 6 章の解答 …………………………………………… 153
- 第 7 章の解答 …………………………………………… 164
- 第 8 章の解答 …………………………………………… 172
- 第 9 章の解答 …………………………………………… 182
- 第 11 章の解答 ………………………………………… 193
- 第 12 章の解答 ………………………………………… 197
- 第 13 章の解答 ………………………………………… 207
- 第 14 章の解答 ………………………………………… 210
- 第 15 章の解答 ………………………………………… 214
- 第 16 章の解答 ………………………………………… 224

問題の出典の略記号

AHSME	American High School Mathematics Examination
AIME	American Invitational Mathematics Examination
AMC	American Mathematics Contest
APMO	Asia Pacific Mathematics Olympiad
AUSTRALIAN MO	Australian Mathematical Olympiad
AUSTRIAN MO	Austrian Mathematical Olympiad
BALKAN MO	Balkan Mathematical Olympiad
BULGARIAN MO	Bulgarian Mathematical Olympiad
CANADA MO	Canada Mathematical Olympiad
CGMO	China Girl's Mathematical Olympiad
CHINA MC	China Mathematical Competition
EGMO	Europian Girl's Mathematical Olympiad
HUNGARY MO	Hungary Mathematical Olympiad
IMO	International Mathematical Olympiad
JBMO	Junior Balkan Mathematical Olympiad
JJMO	Japan Junior Mathematical Olympiad
JMO	Japan Mathematical Olympiad
KIMC	International Mathematical Competition at Korea
KOREAN MO	Korea Mathematical Olympiad
ROMANIAN MC	Romanian Mathematical Competition
ROMANIAN MO	Romanian Mathematical Olympiad
SMO	Singapore Mathematical Olympiad
SSSMO	Singapore Secondary Schools Mathematical

TAIMC	Olympiad International Mathematics Competition at Taiwan
USAMO	United States of America Mathematical Olympiad

なお，TST は Team Selection Test の略で，その国 (地域) の代表チームの選手を選抜するための試験および関連するトレーニング試験を示す．また Shortlist は提案問題 (不採用) を示す．

第1章　自然数・整数

　自然数がどのようにして発生したのか，定説があるわけではありませんが，多分ことばの発生と同じ時期に量を比較することと順番を決める言葉として発生したものと思われる．自然発生的に世界中で誕生した**自然数** (natural numbers) の全体を $\mathbb{N}$ で表す：

$$\mathbb{N} = \{1,\ 2,\ 3,\ 4,\ 5, \cdots\}.$$

　自然数は数えるつまり数量を表す**基数** (cardinals) の概念と，順番あるいは順序を表す**順序数** (ordinals) の概念を持ち合わせている．基数の概念から，自然数どうしの加法（足し算・和）$+$ が定義され，さらに乗法（掛け算・積）$\times$ が定義され，これらの演算に関して閉じていること，すなわち，2つの自然数 m と n の和 $m+n$ と積 $m \times n\ (= m \cdot n = mn)$ は再び自然数となることがわかる．

　しかし，$\mathbb{N}$ は，加法の逆演算である減法（引き算・差）$-$ に関しては閉じていない．減法に関しても閉じるように自然数を拡張して新しい数の体系を構成したものが**整数** (英 integers, 独 Zahlen) であり，整数の全体を $\mathbb{Z}$ で表すことにする：

$$\mathbb{Z} = \{\cdots,\ -5,\ -4,\ -3,\ -2,\ -1,\ 0,\ 1,\ 2,\ 3,\ 4,\ 5, \cdots\}.$$

　本書では，もう一つ，**非負整数**の全体を $\mathbb{N}_0$ で表すことにする：

$$\mathbb{N}_0 = \{0\} \cup \mathbb{N} = \{0,\ 1,\ 2,\ 3,\ 4,\ 5, \cdots\}.$$

　また，$\mathbb{Z} - \mathbb{N}_0 = \{\cdots,\ -5,\ -4,\ -3,\ -2,\ -1\}$ の要素を**負の整数** (negative integer) といい，対応して，自然数を**正の整数**，**正整数** (positive integer) ともいう．

　　　注　　最近の自然数論では，0 も自然数と見なすのが普通であり，上記の $\mathbb{N}_0$ を自

然数の全体とし，$\mathbb{N}$ を正整数の全体とする．ただし，実用的には 0 を除外した方が良い場合も多く，日本の小中高では 0 を除いているので，本書ではその慣例に従うこととした．数学オリンピックの問題では，日本においても世界においても，このような事情を考慮して，「自然数」という表現はあまり使わず，「正整数」とか「非負整数」とかの表現が多く使われる．

本書では，自然数に関わる次の 3 つの「基本命題」を出発点として採用する．

出発点 1：整数の加法・乗法に関する基本命題

$\mathbb{Z}$ においては加法 + と乗法 × の 2 つの演算が定義され，以下の性質をみたす：
$a, b, c \in \mathbb{Z}$ について，

- **[1]** 1.（加法に関する結合法則）　$a + (b + c) = (a + b) + c$.
  2.（加法に関する交換法則）　$a + b = b + a$.
  3.（加法単位元の存在）　$a + 0 = a = 0 + a$.
  4.（加法逆元の存在）　$a + (-a) = 0 = (-a) + a$.
- **[2]** 1.（乗法に関する結合法則）　$a \times (b \times c) = (a \times b) \times c$.
  2.（乗法に関する交換法則）　$a \times b = b \times a$.
  3.（乗法単位元の存在）　$a \times 1 = a = 1 \times a$.
- **[3]**（分配法則）　$a \times (b + c) = a \times b + a \times c$, $(a + b) \times c = a \times c + b \times c$.
- **[4]**（整域）　$a \times b = 0 \implies a = 0$ または $b = 0$.

> **注**
> 1. 加法単位元 0 は零元ともよばれる．
> 2. 引き算 (減法) については，$a - b = a + (-b)$ の意味である．
> 3. 積の記号 × は，通常のように · としたり，省略したりする：
> $$a \times b = a \cdot b = ab$$
> 4. $a \times 0 = 0 = 0 \times a$.

覚書　上の [1] 1, 2, 3, 4，[3] は群の公理といわれるもので，これに [2] 1, 2, 3 を加えて環の公理といわれる．（出発点1）は，$\mathbb{Z}$ は通常の演算 +, × のもとで，環であることの確認であり，**有理整数環** (ring of rational integers) とよばれる．有理数の全体 $\mathbb{Q}$（第 10 章例題 2），実数の全体 $\mathbb{R}$，複素数の全体 $\mathbb{C}$ など環であるものが多数知られている．$\mathbb{Q}, \mathbb{R}, \mathbb{C}$ では，加法単位元を除くすべての元 x に対して

4. （乗法逆元の存在 x^{-1}） $x \times x^{-1} = 1$

が示され，それぞれ，有理数体，実数体，複素数体といわれる（第11章参照）．

$a, b \in \mathbb{Z}$ について，$a - b \in \mathbb{N}$ のとき（すなわち，$a - b$ が正の整数のとき），$a > b$ または $b < a$ と表し，a は b より**大きい**，または b は a より**小さい**という．これによれば，

$$(a+1) - a = 1 \in \mathbb{N} \quad であるから, \quad a < a+1$$

が得られ，したがって，

$$\cdots\cdots < -3 < -2 < -1 < 0 < 1 < 2 < 3 < \cdots\cdots$$

という**大小関係**が成り立っている．

「$a > b$ または $a = b$」であることを記号「$a \geq b$（または $b \leq a$）」で表す．

$a > 0$ なるとき a は**正** (positive)，$a < 0$ なるとき a は**負** (negative) であるという．

$|a|$ は，$a \geq 0$ なるとき a，$a < 0$ なるとき $-a$ を表すと定義し，a の**絶対値** (absolute value) という．

出発点 2：順序に関する基本命題

$\mathbb{Z}$ 上には**順序関係** $\leq$ が定義され，次をみたす：

$a, b, c \in \mathbb{Z}$ について，

(1) $(a \leq b)$ または $(b \leq a)$.
  しかも，$(a \leq b)$ かつ $(b \leq a) \Longleftrightarrow a = b$.
(2) $(a \leq b)$ かつ $(b \leq c) \Longrightarrow a \leq c$.
($2'$) $(a < b)$ かつ $(b < c) \Longrightarrow a < c$.
(3) $a \leq b \Longleftrightarrow$ 任意の $c \in \mathbb{Z}$ に対して $a + c \leq b + c$.
($3'$) $a < b \Longleftrightarrow$ 任意の $c \in \mathbb{Z}$ に対して $a + c < b + c$.
(4) $a \leq b \Longleftrightarrow$ 任意の $c \in \mathbb{N}_0$ に対して $ac \leq bc$.
($4'$) $a < b \Longleftrightarrow$ 任意の $c \in \mathbb{N}$ に対して $ac < bc$.
($4''$) $a > 0$ かつ $b > 0 \Longrightarrow ab > 0$.

注 上の (1) は，任意の $a, b \in \mathbb{Z}$ について，

$$a < b, \quad a = b, \quad a > b$$
のいずれか1つだけが成り立つことを示している．

(4″) は，掛け算（乗法）については，よく知られた次の符号の法則が成り立っていることを保証している（練習問題 2, 3 を参照）：

$$（正の整数）\times（負の整数）=（負の整数），$$
$$（負の整数）\times（負の整数）=（正の整数） \quad \text{などなど．}$$

整数 b が部分集合 $A \subset \mathbb{Z}$ の**最小数**（または，**最小値**）であるとは，$b \in A$ であって，任意の $x \in A$ について，$b \leq x$ が成り立つ場合をいう．

整数 a が部分集合 $A \subset \mathbb{Z}$ の**最大数**（または，**最大値**）であるとは，$a \in A$ であって，任意の $x \in A$ について，$a \geq x$ が成り立つ場合をいう．

出発点3：自然数の整列性

$\mathbb{N}_0$ の空でない任意の部分集合には最小数が存在する．

$\mathbb{N}_0$ に関するこの性質を，**整列性**という．また，$\mathbb{N}_0$ は**整列集合**であるともいう．$\mathbb{N} \subset \mathbb{N}_0$ だから，$\mathbb{N}$ も整列集合である．

例題 1 $A \subset \mathbb{Z}$ を空でない部分集合とする．

（ⅰ）A が**下に有界**であるとは，$t \in \mathbb{Z}$ が存在して，任意の $x \in A$ に対して，$t < x$ が成り立つ場合をいう．

（ⅱ）A が**上に有界**であるとは，$s \in \mathbb{Z}$ が存在して，任意の $x \in A$ に対して，$s > x$ が成り立つ場合をいう．

A が下に有界ならば，最小数が存在し，上に有界ならば，最大数が存在することを証明せよ．

証明 $A \subset \mathbb{Z}, A \neq \emptyset$ とする．A が下に有界であるとすると，定義より，$t \in \mathbb{Z}$ が存在して，任意の $x \in A$ に対して，$t < x$ が成り立つ．すると，

$$A' = \{x - t \mid x \in A\} \subset \mathbb{N} \quad \text{で} \quad A' \neq \emptyset$$

であるから，出発点3より，A' の中に最小数が存在する．それを $x' - t \, (x' \in A)$ とすると，

任意の $x \in A$ について，　$x' - t \leq x - t$.

したがって，$x' \leq x$ であるから，x' は A の最小数である．

A が上に有界である場合には，定義より，$s \in \mathbb{Z}$ が存在して，任意の $x \in A$ に対して，$s > x$ が成り立つ．すると，

$$A'' = \{s - x \mid x \in A\} \subset \mathbb{N} \text{ で } A'' \neq \emptyset$$

であるから，出発点 3 より，A'' の中に最小数が存在する．それを $s - x''$ $(x'' \in A)$ とすると，

　　任意の $x \in A$ について，　$s - x'' \leq s - x$.

したがって，$x'' \geq x$ であるから，x'' は A の最大数である．□

第 1 章 練習問題（初級）

1. (1) 出発点 1 において，加法の単位元 0 と乗法の単位元 1 の存在を認めたが，こうした性質をもつ元は他に存在しないことを示せ．

(2) さらに，任意の $a \in \mathbb{Z}$ に対して，その加法逆元 $-a$ の存在を認めたが，この逆元もただ 1 つであることを示せ．

2. 任意の $a \in \mathbb{Z}$ について，次が成り立つことを証明せよ：
(1) 　$-(-a) = a$ 　　　　　(2) 　$a \times 0 = 0 \times a = 0$

3. 任意の $a, b \in \mathbb{Z}$ について，次が成り立つことを証明せよ：
(1) 　$a \cdot (-b) = (-a) \cdot b = -(a \cdot b)$
(2) 　$(-a) \cdot (-b) = a \cdot b$

4. 任意の $a \in \mathbb{Z}$ について，次が成り立つことを証明せよ：
(1) 　$a > 0 \implies -a < 0$
(2) 　$a \neq 0 \implies a \times a = a^2 > 0$．　したがって特に　$1 > 0$

5. (JJMO/2011 予選 1)　x を 2 桁の正整数，y を 1 桁の正整数とする．x の十の位，x の一の位，y がすべて異なるとき，積 xy としてあり得る最大の値を求めよ．

6. (JJMO/2012 予選 2)　正の整数であって，一の位が 0 でなく，一の位から

逆の順番で読んでも元の数と等しいものを**回文数**とよぶ.

2012 以下の回文数はいくつあるか.

たとえば，1234 は逆に順番で読むと 4321 になり元の数と等しくないので回文数ではない．

7. (JMO/2002 予選 1)　100 以上 999 以下の自然数を考える．

このとき，例えば 202 や 999 のような，百の位の数字と一の位の数字が等しい数は，全部でいくつあるか．

8. (JMO/2002 予選 2)　1 以上 14 以下の整数から，相異なる 2 つの数を選ぶとき，その差の絶対値が 3 以下であるような 2 つの数の組はいくつあるか．

ただし，2 つの組のどちらを先に選んでも同じ組と考える．

9. (JMO/2009 予選 1)　正の整数 n を用いて n^2+4n と表せる数のうち，10000 との差の絶対値が最も小さいものを求めよ．

10. (JMO/2003 予選 2)　$2003n$ の下 3 桁が 113 となるような正の整数 n のうち，最小のものを求めよ．

第 1 章 練習問題（中級）

1. (JMO/2005 予選 5)　積が和の 12 倍に等しいような，相異なる 3 つの正整数の組は何通りあるか．ただし，「3 と 6 と 18」と「6 と 3 と 18」のように順番を並べ替えただけの組は同じものとみなし，1 通りと数える．

2. (JMO/2012 予選 3)　$a, b, c, d, e, f, g, h, i$ は 1 以上 9 以下の整数である．3 つの数 $a \times b \times c, d \times e \times f, g \times h \times i$ の最大値を N とする．このとき，N として考えられる最小の値を求めよ．

3. (JMO/2002 予選 5)　m は自然数である．

$(m-2)^2$ と m^2-1 はともに 3 桁の自然数であり，それらの一方の百の位の数字と一の位の数字を入れ替えると他方の数に等しくなる．

m として考えられる数をすべて求めよ．

4. (JMO/2006 予選 1)　n は百の位も一の位も 0 でない 3 桁の正整数とする．

n の百の位と一の位の数字を入れ替えた正整数を m とするとき, $n - m$ の最大値を求めよ.

5. (JMO/2010 予選 1) $a > b > c > d > e > f$ をみたし, $a + f = b + e = c + d = 22$ となるような正整数の組 (a, b, c, d, e, f) はいくつあるか.

6. (JMO/2011 予選 1) 1以上9以下の整数の組 (a, b, c, d) であって,
$$0 < b - a < c - b < d - c$$
をみたすものはいくつあるか.

7. (JMO/2013 予選 4) 多項式 $(x+1)^3(x+2)^3(x+3)^3$ における x^k の係数を a_k とおく. このとき, $a_2 + a_4 + a_6 + a_8$ の値を求めよ.

第1章 練習問題（上級）

1. (APMO/2014(1)) 正整数 m に対して, $S(m)$ により m の各桁の和を表し, $P(m)$ により m の各桁の積を表すことにする.

任意の正整数 n に対して, 以下の2つの条件をみたす n 個の正整数 $a_1, a_2, \cdots, a_n$ が存在することを示せ.

(1) $S(a_1) < S(a_2) < \cdots < S(a_n)$ が成り立つ.

(2) $S(a_i) = P(a_{i+1})$ が各 $i = 1, 2, \cdots, n$ に対して成り立つ. ただし, $a_{n+1} = a_1$ と定める.

2. (IMO/2014(1)) $a_0, a_1, a_2, \cdots$ は正整数からなる狭義単調増加数列であるとする. このとき,
$$a_n < \frac{a_0 + a_1 + \cdots + a_n}{n} \leq a_{n+1}$$
をみたす正整数 n がちょうど1つ存在することを示せ.

3. (APMO/2012/Shortlist) n を2以上の整数とする. 1以上 n 以下の整数を, すべてがちょうど1回ずつ現れるように横一列に並べる. 隣り合う2数の積のうちで最大のものとしてあり得る最小の値を求めよ.

> **参考：自然数の公理的構成**
>
> 　自然発生的に誕生した自然数ではありますが，あらためて「自然数とは何か？」と問われると返答に窮します．19世紀中頃，ロバチェフスキー (Lobachevskii) とボリアイ (Bolyai) により「非ユークリッド幾何」の発見がなされ，これを契機として，公理のもつ意味・性格が改めて問われることになりました．公理から「自明なもの」あるいは「当然承認されるもの」という意味が薄れ，単に「理論の前提としての仮定」という意味が強くなってきました．こうした中で，デデキント (Dedekind, 1831–1916) の実数の連続性の公理 (1872)，パッシュ (Pasch, 1843–1930) の順序に関する公理 (1882)，ペアノ (Peano, 1858–1932) の自然数に関する公理 (1889) などが新しい思想とともに次々と世に出ました．ここで，ペアノの自然数に関する公理を紹介しましょう．
>
> 　まず，無定義な3つの概念
>
> 　　　　集合 $\mathbb{N}$
>
> 　　　　特定の対象　1
>
> 　　　　集合 $\mathbb{N}$ からそれ自身の中への写像　$': \mathbb{N} \to \mathbb{N}$
>
> を想定し，それらの間に次の公理系を置く：
>
> **ペアノの公理系**
>
> I．1 は $\mathbb{N}$ の要素である：$1 \in \mathbb{N}$.
>
> II．$n \in \mathbb{N}$ ならば，n' も $\mathbb{N}$ の要素である：$n \in \mathbb{N} \Longrightarrow n' \in \mathbb{N}$.
>
> III．上の I, II の過程で得られるものだけが $\mathbb{N}$ の要素である．
>
> IV．$\mathbb{N}$ のどの要素 n についても，n' は 1 と等しくない；
> 　　　任意の $n \in \mathbb{N}$ について，$n' \neq 1$.
>
> V．$\mathbb{N}$ の2つの要素 m, n について，m と n が等しいとき，かつそのときに限って m' と n' が等しい；
> 　　　任意の $m, n \in \mathbb{N}$ について，$m = n \Longleftrightarrow m' = n'$.

　簡単に解説しましょう．自然数とは，特別な要素 1 から次々と増大する要素の系列である……という自然発生的な性質をいかに捕らえるかが問題です．この「次々と」進む過程を定式化するために $\mathbb{N}$ の各要 n に対してその後者 n' を指定する対

応 $'$ を設定します．ただし，後者の定義はないので，この対応 $'$ は $\mathbb{N}$ の内部での単なる無定義な写像として扱われることになっています．実際，素公理 I, II, III は何が $\mathbb{N}$ の要素であるかを判定する基準であり，IV と V は集合 $\mathbb{N}$ の 2 つの要素が等しいか否かを判定する基準となっています．公理 III は，次のように表現することもできます：

「$\mathbb{N}$ の部分集合 M が，性質

$$(1) \quad 1 \in M, \qquad (2) \quad n \in M \implies n' \in M$$

をみたすならば，$M = \mathbb{N}$ である」．

これは，公理 I のもとで公理 II の構成過程で閉じている最小のものであることを要求しており，この意味で**排他公理**といわれます．この結果，I, II, IV, V をみたす集合は本質的には自然数しかないことになり，また，本稿で採用した出発点 1, 2, 3 はいずれも証明すべきことで，証明できる事実となります．

第2章　数学的帰納法の原理

　数学オリンピックで取り上げられる問題の中には，数学的帰納法を使って証明するもの，あるいは数学的帰納法を使わなければうまく証明できないものがかなり含まれる．現行の指導要領では，数学的帰納法は高等学校の「数学B」における数列の章において漸化式などを扱う際に学習するが，ここでその原理と使い方についてまとめておく．まずは，例題を挙げることにする．

例題1　すべての自然数 n について，$4^n - 1$ は3の倍数であることを証明せよ．

　証明　[1]　$n = 1$ のとき，
$$4^1 - 1 = 3$$
なので，3の倍数である．

　[2]　$n = k$ のとき，$4^k - 1$ が3の倍数であると仮定すると，自然数 m を用いて，
$$4^k - 1 = 3m \quad \text{より，} \quad 4^k = 3m + 1$$
と表すことができる．

　$n = k + 1$ のとき，
$$4^{k+1} - 1 = 4 \times 4^k - 1 = 4(3m + 1) - 1 = 12m + 3 = 3(4m + 1).$$
$4m + 1$ は自然数だから，$3(4m + 1)$ は3の倍数である．

　よって，$4^{k+1} - 1$ は3の倍数である．

　[1]，[2] より，すべての自然数 n について，$4^n - 1$ は3の倍数である．　□

例題2　x を文字，$t = x + \dfrac{1}{x}$ とし，$t_n = x^n + \dfrac{1}{x^n}$ とする．

このとき，すべての自然数 n について，

$$t_n \text{ は } t \text{ の整数係数の多項式で表される} \qquad ①$$

ことを証明しなさい．

証明 ［1］$n = 1$ のときは，$t_1 = t$ であるから，主張①は成り立つ．

［2］$n = 2$ のとき，等式

$$t^2 = \left(x + \frac{1}{x}\right)^2 = x^2 + 2 + \frac{1}{x^2} = t_2 + 2$$

より，$t_2 = t^2 - 2$ であるから①は成り立つ．

また，$n \geq 3$ とし，$k < n$ であるすべての自然数 k について主張①が成り立つと仮定する．このとき，等式

$$\left(x + \frac{1}{x}\right)\left(x^{n-1} + \frac{1}{x^{n-1}}\right) = x^n + \frac{1}{x^n} + x^{n-2} + \frac{1}{x^{n-2}}$$

を用いれば，

$$t_n = t \times t_{n-1} - t_{n-2}$$

を得るが，帰納法の仮定により，t_{n-1}, t_{n-2} は整数係数の t の多項式であるから，t_n も t の整数係数の多項式であり，主張①は n のときにも成り立つ．

［1］，［2］により，すべての自然数 n について，主張①は成り立つ． □

このような証明が正当である根拠を与える．実は，これもまた N の整列性（出発点 3）に依存している．

定理 2.1.（数学的帰納法の原理）

第一形式 N の部分集合 S が次の 2 つの性質 ［1］と ［2］をもつとする．

　［1］ 1 は S に属する；$1 \in S$．

　［2］ k が S に属するならば，$k+1$ も S に属する；
$$k \in S \Longrightarrow k+1 \in S.$$

このとき，$S = \mathbb{N}$ が成り立つ．

第二形式 N の部分集合 S が次の 2 つの性質 ［1］と ［2］をもつとする．

　［1］ 1 は S に属する；$1 \in S$．

　［2］ $n \geq 2$ で，$1 \leq k < n$ なるすべての整数 k が S に属するならば，

n も S に属する；
$$n \geq 2, \quad \{1, 2, \cdots, n-1\} \subset S \Longrightarrow n \in S.$$
このとき，$S = \mathbb{N}$ が成り立つ．

第一形式の証明　部分集合 $S \subset \mathbb{N}$ が性質 [1]，[2] をもつとする．

$S = \mathbb{N}$ を示すには，$\mathbb{N} - S = \emptyset$ を示せばよい．$S' = \mathbb{N} - S$ とし，$S' \neq \emptyset$ と仮定して矛盾を導く．

$S' \neq \emptyset$ とすると，$\mathbb{N}$ の整列性 (出発点 3) から，S' には最小数が存在する：その最小数を $c \in S'$ とする．性質 [1] $1 \in S$ より，$1 \notin S'$ であるから，$c > 1$ である．したがって，$c - 1 \in \mathbb{N}$ である．

c の最小性から，$c - 1 \notin S'$ であり，したがって，$c - 1 \in S$ である．

ところが，性質 [2] より，
$$c = (c-1) + 1 \in S$$
である．これは，$c \in S'$ つまり $c \notin S$ に矛盾する．

第二形式の証明　$S \subset \mathbb{N}$ が性質 [1]，[2] をもつとする．

(上の証明と同様に) $S' = \mathbb{N} - S = \emptyset$ を示せば十分である．

$S' \neq \emptyset$ と仮定すると，$\mathbb{N}$ の整列性から，S' に最小数が存在する：その最小数を $c \in S'$ とする．性質 [1] $1 \in S$ より $1 \notin S'$ であるから，$c > 1$ である．したがって，$1 \leq k < c$ であるような自然数 k が存在し，c の最小性から，このような k については $k \notin S'$ つまり $k \in S$ である．すると性質 [2] より $c \in S$ でなければならないが，これは矛盾である．　　□

さて，この定理を実際に使用する場面に合わせて，変形しておくことにする．

例題 1 や例題 2 のような，自然数 n の等式や自然数 n に関する命題を，記号 $P(n)$ で表すことにする．

定理 2.2. (数学的帰納法)

第一形式　自然数 n に関する命題 $P(n)$ について，次の [1] と [2] が示されたとする．

　[1]　$P(1)$ は正しい．

[2] $P(k)$ が正しいと仮定すれば，$P(k+1)$ も正しい．

このとき，すべての自然数 n について，$P(n)$ は正しい．

第二形式 自然数 n に関する命題 $P(n)$ について，次の [1] と [2] が示されたとする．

[1] $P(1)$ は正しい．

[2] $n \geq 2$ で，$1 \leq k < n$ なるすべての整数 k について $P(k)$ が正しいと仮定すれば，$P(k+1)$ は正しい．

このとき，すべての自然数 n について，$P(n)$ は正しい．

証明 命題 $P(n)$ が真であるような自然数 n 全体の集合を S とする．

第一形式の証明

条件 [1] から，$1 \in S$,

条件 [2] から，$k \in S \Longrightarrow k+1 \in S$

が満たされている．したがって，定理 2.1 の第一形式により，

$$S = \mathbb{N}$$

である．これは，すべての $n \in \mathbb{N}$ について，$P(n)$ は正しいことを意味する．

第二形式の証明は，省略する． □

数学的帰納法という証明方法が正当であり，その根拠は自然数のもつ「整列性」にあることが理解されたでしょうか．条件 [2] の前半部分の「……仮定すれば」までを**帰納法の仮定** (inductive hypothesis) という．帰納法による証明の巧妙さは，いかに帰納法の仮定を利用するかという点にある．

なお，$\mathbb{N}$ を $\mathbb{N}_0$ に換えても，[1] として 1 を 0 に換えれば上記の定理などはそのまま成り立つ．さらに，$\mathbb{Z}$ の部分集合

$$\mathbb{Z}_r = \{r, r+1, r+2, r+3, \cdots\}$$

も整列性をもつので，[1] として 1 を r に換えて，帰納法の原理が適用できる．

ここで，もう一つ例題を挙げる．

例題 3 サイズが $2^n \times 2^n$ $(n \geq 1)$ のチェス盤から，単位正方形を任意に 1 つ抜き取って得られる欠損チェス盤を B_n とする．（したがって，B_n には，抜き取

る単位正方形の位置によって,いろいろな種類がある.)すべての自然数 n について,次が成り立つことを証明せよ:

$P(n)$:どんな B_n も欠損チェス盤 B_1 と同じ形の L 字牌によって敷き詰めることができる.

証明 [1] $n=1$ のとき,欠損チェス盤 B_1 は L 字牌自身であるから,命題 $P(1)$ は成り立つ.

[2] $n=k$ のとき,命題 $P(k)$ が成り立つと仮定する;つまり,

$P(k)$:どんな欠損チェス盤 $P(k)$ も L 字牌で敷き詰めることが可能であるとする.

$n=k+1$ のとき,欠損チェス盤 B_{k+1} のサイズは $2^{k+1} \times 2^{k+1}$ であるから,B_{k+1} を下図のように 4 等分すれば,サイズ $2^k \times 2^k$ の 4 つのチェス盤に分かれる.そのうちの 1 つは欠損しているので,帰納法の仮定によってそれを L 字牌で敷き詰めることができる.一方,他の 3 つのサイズ $2^k \times 2^k$ のチェス盤は欠損していない.そこで,下図のように,1 つの L 字牌を中心に配置することにより,これら 3 つの各部分は欠損チェス盤 B_k の一種と見なすことができる.この結果,帰納法の仮定を使うことができるので,これら 3 つの部分も L 字牌で敷き詰めることができる.したがって,$P(k+1)$ も成り立つ. □

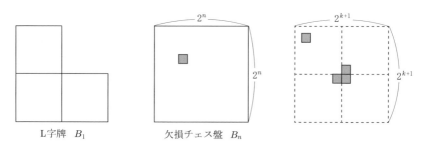

L字牌 B_1　　　欠損チェス盤 B_n

■■■ **第 2 章 練習問題 (初級)** ■■■

1. すべての自然数 n について,$5^n - 1$ は 4 の倍数であることを証明せよ.

2. すべての自然数 n について,

$$1 + 3 + 5 + \cdots + (2n-1) = n^2 \qquad ①$$

が成り立つことを証明せよ．

3. n が 4 以上の自然数のとき，次の不等式を証明せよ．

$$2^n > 3n \qquad ①$$

4. 下の図は，サイズが $2^4 \times 2^4 = 16 \times 16$ のチェス盤である．任意の一マスを斜線で潰して欠損チェス盤 B_{16} を作り，それを L 字牌で敷き詰めてごらん．

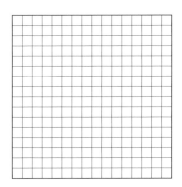

■ 第 2 章 練習問題（中級） ■

1. 漸化式 $a_1 = 1,\ a_2 = 1,\ a_{n+2} = a_{n+1} + a_n\ (n \in \mathbb{N})$
によって定義される数列を**フィボナッチ数列** (Fibonacci：1147?–1250?) という．

(1)　$a_3, a_4, a_5, a_6, a_7, a_8, a_9, a_{10}$ を求めよ．

(2)　$a_n = \dfrac{1}{\sqrt{5}}\left\{\left(\dfrac{1+\sqrt{5}}{2}\right)^n - \left(\dfrac{1-\sqrt{5}}{2}\right)^n\right\}$

であることを証明せよ．

2. (**相加平均・相乗平均**)　$m \in \mathbb{N},\ a_i > 0\ (i = 1, 2, \cdots, m)$ とするとき，不等式

$$\dfrac{a_1 + a_2 + \cdots + a_m}{m} \geq \sqrt[m]{a_1 a_2 \cdots a_m} \qquad (*)$$

が成り立つ．左辺を**相加平均**または**算術平均** (arithmetic mean)，右辺を**相乗平均**または**幾何平均** (geometric mean) という．

(1)　$m = 2^n$ のとき，$(*)$ が成り立つことを n に関する帰納法で証明せよ．

(2)　一般の $m \in \mathbb{N}$ の場合に，$(*)$ が成り立つことを証明せよ．

第2章 練習問題（上級）

1. (JMO/2002本選3)　自然数 n を十進法で表したときの各桁の数の和を $S(n)$ とおく．このとき，
$$n_1 + S(n_1) = n_2 + S(n_2) = \cdots = n_{2002} + S(n_{2002})$$
となる相異なる 2002 個の自然数 $n_1, n_2, \cdots, n_{2002}$ が存在することを示せ．

2. (IMO/2013(1))　任意の正整数の組 (k, n) に対し，k 個の正整数 $m_1, m_2, \cdots, m_k$ が存在して，
$$1 + \frac{2^k - 1}{n} = \left(1 + \frac{1}{m_1}\right)\left(1 + \frac{1}{m_2}\right)\cdots\left(1 + \frac{1}{m_k}\right)$$
となることを示せ．ただし，$m_1, m_2, \cdots, m_k$ は相異なるとは限らない．

第3章　除法の定理

小学校 3 年生の頃，$8 \div 5$ のような割り算を習う．そして，この計算を
$$7 \div 3 = 2 \text{ 余り } 1, \text{ または}, 7 \div 3 = 2 \cdots 1$$
のように表した．これを「7 わる 3 は 2 あまり 1」と読ませますが，数学で使う等号 = は助詞の「は」ではありませんから，どのように言い訳しようともこの表現は誤りである．この割り算はいったい何を考え何を行ったのでしょうか？「7個のみかんを 3 人で分けると，一人に 2 個ずつ配分されて 1 個余る」という感覚を教えたいのでしょうが，それならば等号 = など使わずに，「7 割る 3 は「商」が 2 で「余り」が 1」とすべきでしょう．自然数の中での割り算とは，上の例では，商 2 と余り 1 を求めて
$$7 = 3 \times 2 + 1$$
なる等式を得るための計算手続きであるといえる．商と余りの存在と一意性を示すのが，次の定理である．

定理 3.1. (除法の定理)　$a, b \in \mathbb{Z}, b > 0$ に対して，
$$a = bq + r, \quad 0 \leq r < b \qquad (*)$$
をみたすような，$q, r \in \mathbb{Z}$ がただ一組だけ存在する．

なお，q を，a を b で割ったときの**整商** (integral quotient) または**商** (quotient)，r を**剰余**または**余り** (residue) という．

証明 （存在の証明） $S = \mathbb{N}_0 \cap \{a - bx \mid x \in \mathbb{Z}\}$
とおく．まず，$S \neq \emptyset$ であることを確認する：

$a \geq 0$ の場合には，$x = 0$ とすれば，$a = a - b \cdot 0 \in S \neq \emptyset$．

$a < 0$ の場合には，$x = a$ とすれば，$a - b \cdot a = (-a)(b - 1) \geq 0$ であるから，$a - b \cdot a \in S \neq \emptyset$．

さて，$S \neq \emptyset$ は整列集合 $\mathbb{N}_0$ の部分集合であるから，S には最小数がある（出発点3）．それを r とし，r を与える x の値を q とすれば，
$$a = bq + r, \quad 0 \leq r$$
である．もし，$r \geq b$ であるとすると，
$$0 \leq r - b = a - b(q + 1) \text{ より}, r - b \in S$$
となるが，これは r が S の最小数であることに反する．よって，$r < b$ である．以上から，
$$a = bq + r, \quad 0 \leq r < b \qquad (*)$$
となる整数 q, r の存在が示された．

（一意性の証明） (q, r) と (q', r') を定理の条件 $(*)$ をみたす整数の組とする：
$$a = bq + r = bq' + r', \quad 0 \leq r < b, \quad 0 \leq r' < b.$$
そこで，$q \neq q'$ とする：$q > q'$ と仮定して一般性を失わない．上の左の等式から，
$$b(q - q') = r' - r$$
を得る．ところが，（q, q' は整数であるから）$q - q' \geq 1$ だから，$r' - r \geq b$ を得る．これから，$r' \geq r + b \geq b$ となって，r' の条件に矛盾する．よって，$q = q'$ である．このことから，$r = r'$ も成り立つ． □

例題 1 除法の定理を用いて，次を証明せよ．$a, b \in \mathbb{Z}$, $b < 0$ とするとき，
$$a = bq + r, \quad 0 \leq |r| < |b| \qquad (**)$$
をみたす $q, r \in \mathbb{Z}$ が存在する．

このとき，$(**)$ をみたすこのような q, r はただ一組であるか？ 一組ならば証明を与え，そうでなければ反例を挙げよ．

解答 $-b > 0$ であるから，除法の定理により，
$$a = (-b)q' + r', \quad 0 \leq r < |b|$$
をみたすような $q', r' \in \mathbb{Z}$ が存在する．このとき，$a = b(-q') + r'$ であるから，$q = -q'$, $r = r'$ とすれば，$q, r \in \mathbb{Z}$ で条件 $0 \leq |r| < |b|$ もみたされる．

ところで，$r' \neq 0$ の場合は，
$$a = b(-q') + r' = b(-q'-1) + (b+r')$$
と変形して，$q = -q'-1$, $r = b+r' = -|b|+r'$ としても条件 $0 \leq |r| < |b|$ がみたされる．したがって，(∗∗) をみたす q, r は一意的ではない．実際，$a = 5$, $b = -3$ のとき，
$$5 = (-3) \cdot (-1) + 2, \qquad 0 \leq 2 < |-3|,$$
$$5 = (-3) \cdot (-2) + (-1), \qquad 0 \leq |-1| < |-3|. \qquad \square$$

例題 2（多項式に関する除法の原理） 文字 x に関する実数係数の多項式
$$f(x) = a_n x^n + a_{n-1} x^{n-1} + \cdots + a_1 x + a_0$$
の全体を $\mathbb{R}[x]$ とする．$a_n \neq 0$ のとき，$f(x)$ を n 次の多項式，または単に n 次式といい，n を多項式 $f(x)$ の**次数** (degree) といい，$\deg f(x) = n$ と表す．

定数項のみの多項式 $f(x) = a_0$ ($a_0 \neq 0$) は 0 次の多項式である．また，係数がすべて 0 である多項式を零（または零多項式）といい，通常 0 で表し，$\mathbb{R}[x]$ の要素に加える．0 の次数は考えない（$-\infty$ と定めることもある）．

自然数の整列性を用いて，次を証明せよ．

（除法の定理）　$f(x), g(x) \in \mathbb{R}[x]$, $\deg g(x) \geq 1$ とする．このとき，
$$f(x) = g(x)q(x) + r(x), \quad 0 \leq \deg r(x) < \deg g(x) \text{ または } r(x) = 0$$
となる $q(x), r(x) \in \mathbb{R}[x]$ がただ一組存在する．

証明 ($q(x), r(x)$ の存在の証明) $A = \{f(x) - g(x)h(x) \mid h(x) \in \mathbb{R}[x]\}$ と

する．

(1) $0 \in A$ の場合：このとき，$h_0(x) \in \mathbb{R}[x]$ が存在して，$f(x) - g(x)h_0(x) = 0$ だから，$q(x) = h_0(x)$ とおけば，$f(x) = g(x)q(x)$，$r(x) = 0$ とすることができる．

(2) $0 \notin A$ の場合：（以下の証明は，定理 2.1 の証明を参照のこと．）このときは，A に次数が最小の多項式 $r(x)$ がある．実際，

$$S = \{\deg(f(x) - g(x)h(x)) \mid h(x) \in \mathbb{R}[x]\}$$

とすれば，S は $\mathbb{N}_0$ の部分集合である．$\mathbb{N}_0$ の整列性により，S に最小の非負整数がある．それを与える A の多項式を $r(x)$ とすれば，$q(x) \in \mathbb{R}[x]$ が存在して，

$$r(x) = f(x) - g(x)q(x), \quad 0 \leq \deg r(x)$$

と表すことができる．ここで，$\deg r(x) = m \geq \deg g(x) = n$ であるとすると，

$$r(x) = ax^m + \cdots \ (a \neq 0), \quad g(x) = bx^n + \cdots \ (b \neq 0)$$

と表すことができる．すると，次の多項式を作ることができる：

$$r(x) - g(x) \cdot \frac{a}{b} x^{m-n} = f(x) - g(x)\Big(q(x) + \frac{a}{b} x^{m-n}\Big) \in A.$$

仮定の $0 \notin A$ により，この多項式は 0 ではなく，しかも，

$$\deg\Big(r(x) - \frac{a}{b} x^{m-n}\Big) < \deg r(x)$$

である．これは $r(x)$ が A に属する次数最小の多項式であることに反する．ゆえに，$m < n$ である．以上から，$0 \leq \deg r(x) < \deg g(x)$ も示された．

（$r(x)$, $q(x)$ の一意性の証明）　$(q(x), r(x))$, $(q'(x), r'(x))$ を命題の条件をみたす多項式の組とする：

$$f(x) = g(x)q(x) + r(x), \quad 0 \leq \deg r(x) < \deg g(x) \text{ または } r(x) = 0,$$
$$f(x) = g(x)q'(x) + r'(x), \quad 0 \leq \deg r'(x) < \deg g(x) \text{ または } r'(x) = 0.$$

上の左の等式を辺々引いて，

$$g(x)(q'(x) - q(x)) = r(x) - r'(x) \qquad (*)$$

を得る．$q'(x) \neq q(x)$ と仮定すると，$q'(x) - q(x) \neq 0$ であるから，$(*)$ 式の両辺の次数を調べることができる．実際，

$$\deg\left(r(x) - r'(x)\right) \leq \max\{\deg r(x),\ \deg r'(x)\}$$
$$< \deg g(x) \leq \deg g(x) + \deg\left(q'(x) - q(x)\right)$$
$$= \deg\left(g(x)(q'(x) - q(x))\right)$$

を得る．ただし，$\max\{\deg r(x),\ \deg r'(x)\}$ は小さくない方の次数を表し，$r(x)$, $r'(x)$ の一方が 0 のときは 0 でない方の次数を表すものとする．ところが，これは等式 (∗) に矛盾する．よって，$q(x) = q'(x)$ である．このことから，$r(x) = r'(x)$ も結論される． □

第 3 章 練習問題（初級）

1. (JJMO/2005(2))　197 を割っても，290 を割っても 11 余る正の整数をすべて求めよ．

2. (JMO/2005 予選 1)　3 で割ると 2 余り，5 で割ると 3 余る 2 桁の正整数はいくつあるか．

3. (JMO/2002 予選 3)　5 桁の自然数で，各桁の数字は 1, 2, 3 のいずれかであるようなものを考える．これらの自然数のうち，3 で割り切れるものは全部でいくつあるか．

4. (JMO/2007 予選 4)　n は十の位が 0 でない 4 桁の整数であり，n の上 2 桁と下 2 桁を，それぞれ，2 桁の整数と考えたとき，この 2 数の積は n の約数となる．そのような n をすべて求めよ．

5. (JMO/2011 予選 2)　2011 以下の整数のうち，3 で割って 1 余るものの総和を A，3 で割って 2 余るものの総和を B とする．$A - B$ を求めよ．

第 3 章 練習問題（中級）

1. (JMO/2009 本選 1)　$8^n + n$ が $2^n + n$ で割り切れるような正整数 n をすべて求めよ．

2. (JJMO/2011 予選 3) 下 4 桁が 9999 であるような正整数のうち，2011 で割り切れるものの最小値を求めよ．

3. (JMO/1992 予選 7) x, y は正整数で，$x^4 + y^4$ を $x + y$ で割った商は 97 である．余りを求めよ．

4. (APMO/2002(2)) $\dfrac{a^2 + b}{b^2 - a}, \dfrac{b^2 + a}{a^2 - b}$ がともに整数となるような正整数の組 (a, b) をすべて求めよ．

■ 第3章 練習問題（上級）■

1. (IMO/2002(3)) 次の条件をみたす 3 以上の整数 m, n の組 (m, n) をすべて決定せよ．

条件：$\dfrac{a^m + a - 1}{a^n + a^2 - 1}$ が整数となるような正整数 a が無限個存在する．

2. (IMO/2009(1)) n を正整数とし，$a_1, \cdots, a_k$ $(k \geq 2)$ を集合 $\{1, \cdots, n\}$ の相異なる元とする．$i = 1, \cdots, k-1$ に対し，$a_i(a_{i+1} - 1)$ は n で割り切れるとする．このとき，$a_k(a_1 - 1)$ は n で割り切れないことを示せ．

3. (IMO/2011(5)) 整数全体に対して定義され，正の整数値をとる関数 f があり，任意の整数 m, n に対し，$f(m) - f(n)$ が $f(m-n)$ で割り切れるとする．整数 m, n が $f(m) \leq f(n)$ をみたすならば，$f(n)$ が $f(m)$ で割り切れることを示せ．

4. (JMO/2003 予選 12) $f(x)$ は整数係数多項式であり，最高次の係数は 1 である．また，1 次以上の整数係数多項式 $g(x), h(x)$ で，
$$\{f(x)\}^3 - 2 = g(x)h(x)$$
となるものが存在するという．このような $f(x)$ のうち，次数が最小であるものを 1 つ求めよ．

5. (ROMANIAN MO/TST/2004) a, b を非負整数とする．次の式が表すことができる非負整数をすべて求めよ：
$$\dfrac{a^2 + ab + b^2}{ab - 1}.$$

第4章　公約数・最大公約数

$a, b \in \mathbb{Z}$, $b \neq 0$ とすると，除法の定理と 3 章の例題 1 から，
$$a = bq + r, \quad 0 \leq r < |b|$$
なる $q, r \in \mathbb{Z}$ が存在する．ここで，$r = 0$ のとき，つまり，
$$a = bq, \quad q \in \mathbb{Z}$$
が成り立つことを，b は a を**割り切る** (divide) という．このことを初等整数論では $b \mid a$ と表す．

受動形にして，a は b で**割り切れる**ともいう．さらに，b は a の**約数** (divisor) または**因数** (factor) であるといい，また，a は b の**倍数** (multiple) であるともいう．

また，b が a を割り切らないこと，受動形で a が b で割り切れないことを $b \nmid a$ で表す．

次に挙げる性質は基本的なもので，ときには断らずに使用する．

定理 4.1. $a, b, c, a', x, y \in \mathbb{Z}$ について，次が成り立つ：

(1) 任意の a について，$1 \mid a$, $-1 \mid a$.
また，$a \neq 0$ のとき，$a \mid a$, $a \mid 0$.
(2) $ab \neq 0$ のとき，$a \mid b$ かつ $b \mid c$ ならば，$a \mid c$.
(3) $a \neq 0$ のとき，$a \mid b$ かつ $a \mid c$ ならば，任意の x, y について，$a \mid bx + cy$.
(4) $a \neq 0$ のとき，$a \mid b$ かつ $a \nmid c$ ならば，$a \nmid b \pm c$.
(5) $a \mid b$ または $a \mid c$ ならば，$a \mid bc$.

(6) a, a' が正整数で，$a \mid a'$ ならば，$a \leq a'$.

証明 (1) は $b \mid a$ の定義から明らかである．

(2) 仮定から，整数 p, q が存在して，$b = ap, c = bq$ となる．よって，$c = (ap)q = a(pq)$ が成り立つから，$a \mid c$ である．

(3) 仮定から，整数 p, q が存在して，$b = ap, c = aq$ と表されるから，$bx + cy = (ap)x + (aq)y = a(px + qy)$ で，$px + qy \in \mathbb{Z}$ だから，$a \mid bx + cy$ である．

(4) 仮定から，整数 p, q, r が存在して，$b = ap, c = aq + r, 0 < |r| < |a|$ をみたす．よって，$b \pm c = ap \pm aq \pm r = a(p \pm q) \pm r$ が成り立つ．条件 $0 < |r| < |a|$ は，a が $b + c$ の約数でないことを示す．

(5) $a \mid b$ ならば，整数 q が存在して，$b = aq$ をみたす．よって，$bc = (aq)c = a(qc)$ だから，$a \mid bc$ である．

(6) 仮定から，正整数 q が存在して，$a' = aq$ である．出発点2の(4)により，$1 \leq q$ の両辺に $a > 0$ を掛けて，$a \leq aq = a'$ となる． □

さらに言葉を導入する．

$a, b, c \in \mathbb{Z}, c \neq 0$ とする．$c \mid a$ かつ $c \mid b$ であるとき，c を a と b の**公約数** (common divisor) または**共通因数** (common factor) という．c が公約数ならば $-c$ もまた公約数となる．

$a, b \in \mathbb{Z}$ で，少なくとも一方は 0 でないとする．$d \in \mathbb{Z}$ が a, b の**最大公約数** (greatest common divisor, GCD) であるとは，次の3つの性質をもつ場合をいう：

(0) $d > 0$,
(i) d は a, b の公約数である：$d \mid a$ かつ $d \mid b$,
(ii) a と b の任意の公約数 d' は d の約数である：

$$d' \mid a \text{ かつ } d' \mid b \Longrightarrow d' \mid d.$$

このとき，d を $\mathrm{GCD}(a, b)$ または単に (a, b) と表す．

注意 (a, b) は平面上の座標やベクトルなどいろいろなところで用いるので，注意が必要である．本書でも，単なる整数の組として，いろいろな場面で登場するが，

初等整数を扱う範囲では混乱は生じない.

例 12 と 18 の公約数は, $\pm 1, \pm 2, \pm 3, \pm 6$ の 8 個ある. GCD$(12, 18)=6$ である. -6 は最大公約数ではないが, 上の定義の (i) と (ii) を満たしている. -6 は, いわば 6 の伴侶である. □

定理 4.2. (最大公約数の一意性) $a, b \in \mathbb{Z}$ で, 少なくとも一方は 0 でないとする. このとき, a, b の最大公約数が存在するならば, それは一意的である.

証明 d, d' を a, b の最大公約数とする. 定義から, $d > 0, d' > 0$ であり, 性質 (ii) から, $d | d'$ $d' | d$ である.

定理 4.1(6) から, $d \leq d', d' \leq d$.

第 1 章の (出発点 2) の (1) から, $d = d'$ である. □

定理 4.3. (最大公約数の存在) $a, b \in \mathbb{Z}$ で, 少なくとも一方は 0 でないとする. このとき, a, b の最大公約数が存在する.

証明 $\mathbb{Z}$ の部分集合 $S = \{ax + by \mid x, y \in \mathbb{Z}\}$ を考える.

$x = \pm 1, y = 0$ のとき, $a = a \times 1 + b \times 0, \ -a = a \times (-1) + b \times 0,$

$x = 0, y = \pm 1$ のとき, $b = a \times 0 + b \times 1, \ -b = a \times 0 + b \times (-1).$

であるから, $a, -a, b, -b \in S$ である. a, b の少なくとも一方は 0 でないから, $S \cap \mathbb{N} \neq \emptyset$, つまり, S には正整数が含まれることがわかる.

$\mathbb{N}$ の整列性 (出発点 3) により, $S \cap \mathbb{N}$ には最小数が存在する. それを d とすると,

(0) $d > 0$ であり,

$$x_0, y_0 \in \mathbb{Z} \text{ が存在して, } d = ax_0 + by_0$$

と表される. 以下で, この d が最大公約数の定義における条件 (i), (ii) をみた

すことを示す．

（ⅰ）任意の元 $c \in S$ について，除法の定理（定理 3.1）により，$q, r \in \mathbb{Z}$ が存在して，次をみたす：
$$c = dq + r, \quad 0 \leq r < d.$$
一方，$c \in S$ だから，$x_1, y_1 \in \mathbb{Z}$ が存在して，$c = ax_1 + by_1$ と表されるから，
$$r = c - dq = a(x_1 - qx_0) + b(y_1 - qy_0)$$
を得る．よって，$r \in S$ である．もし，$r > 0$ であるとすると，r は S に属する正整数となり，$r < d$ でもあるから，d が S に属する最小の正整数であることに矛盾する．したがって，$r = 0$ でなければならない．よって，$c = dq$ であり，任意の $c \in S$ について $d \mid c$ である．$a, b \in S$ だから，$d \mid a$, $d \mid b$ が結論される．

（ⅱ）$d = ax_0 + by_0$ であるから，$d' \mid a$ かつ $d' \mid b$ ならば，定理 4.1(3) により，$d' \mid d$ である．

以上により，$\mathrm{GCD}\,(a, b) = d$ である． □

上の証明から，次がわかる：

系 4.4. $a, b \in \mathbb{Z}$ で，少なくとも一方は 0 でないとすると，次が成り立つ：
$$\mathrm{GCD}\,(a, b) \text{ は } \{ax + by \mid x, y \in \mathbb{Z}\} \cap \mathbb{N} \text{ の最小数．}$$

例題 1 $a_1, a_2, \cdots, a_n \in \mathbb{Z}\,(n \geq 2)$ の**最大公約数** (GCD)
$$d = \mathrm{GCD}\,(a_1, a_2, \cdots, a_n)$$
を次のように定義する：

（0）$d > 0$,

（ⅰ）d は $a_1, a_2, \cdots, a_n$ の公約数である；$d \mid a_i \quad (i = 1, 2, \cdots, n)$,

（ⅱ）$a_1, a_2, \cdots, a_n$ の任意の公約数 d' は d の約数である；
$$d' \mid a_i \quad (i = 1, 2, \cdots, n) \implies d' \mid d.$$

次を証明せよ：

(1) GCD は（存在すれば）ただ一つである．
(2) GCD は存在する：

集合 $S = \{a_1 x_1 + a_2 x_2 + \cdots + a_n x_n \mid x_1, x_2, \cdots, x_n \in \mathbb{Z}\}$

には最小な正整数が存在し，それを d とすれば，d は GCD の条件（0），（i），（ii）をみたす．

証明 (1) の一意性については，定理 4.2 の証明とまったく同じである．
(2) の存在についても，定理 4.3 の証明と基本的に同じである．2 つの整数 a, b を n 個の整数 $a_1, a_2, \cdots, a_n$ に一般化するだけである． □

ここで，最大公約数に関する基本的な性質を挙げておく．

例題 2 $a, b, c, d, \cdots \in \mathbb{Z}$ について，次が成り立つ：

(1) $(a, b) = (b, a), \quad (a, 0) = |a|$.
(2) $(a, b) = (-a, b) = (a, -b) = (-a, -b)$.
(3) $b > 0, \ b \mid a \Longrightarrow (a, b) = b$, 任意の c に対して $(b, c) \mid a$.
(4) $(a, b) = d, \ a = a_1 d, \ b = b_1 d \Longrightarrow (a_1, b_1) = 1$.
(5) $ab \neq 0, \ a \mid c, \ b \mid c \Longrightarrow ab \mid (a, b)c$.
(6) $a > b > 0$ のとき，$(a, b) = (a - b, b)$.

証明 (1), (2) は定義から明らか．
(3) b が最大公約数であるための 3 つの条件をみたしていることを確かめればよい：

（0）$b > 0$ は条件，（i）$b \mid a$ も条件，$b \mid b$ は自明．
（ii）「$d' \mid a$ かつ $d' \mid b \Longrightarrow d' \mid (a, b)$」も仮定そのもの．
(4) 定理 4.3 (の証明，および系 4.4) より，$ax + by = d$ となる $x, y \in \mathbb{Z}$ が存在する．これより，$a_1 x + b_1 y = 1$ を得る．よって，1 は $a_1 u + b_1 v \ (u, v \in \mathbb{Z})$ の形の最小正整数である．系 4.4 により，$(a_1, b_1) = 1$ である．
(5) 定理 4.3 により，$ax + by = (a, b)$ となる $x, y \in \mathbb{Z}$ がある．この式の両辺を c 倍して，$acx + bcy = (a, b)c$ を得る．条件から，$ab \mid ac, \ ba \mid bc$ であるから，$ab \mid (a, b)c$ である．
(6) $(a, b) = d, \ (a - b, b) = d'$ とする．
$(a, b) = d$ から，$d \mid a$ かつ $d \mid b$ だから，定理 4.1(3) によって，

$$d \mid a - b$$

である．$d \mid b$ と合わせて，最大公約数の定義の (ii) から，$d \mid d'$ を得る．

一方，$(a-b, b) = d'$ から，$d' \mid a-b$, $d' \mid b$ だから，再び定理 4.1(3) によって，

$$d' \mid (a-b) + b \quad つまり，\quad d' \mid a$$

である．$d' \mid b$ と合わせて，最大公約数の定義の (ii) から，$d' \mid d$ を得る．

$d, d' > 0$ であるから，定理 4.1(6) によって，$d = d'$ が結論される． □

$a, b \in \mathbb{Z}, ab \neq 0$ について，a, b の最大公約数が 1，すなわち $(a, b) = 1$ のとき，a と b は**互いに素** (relatively prime，または coprime) であるという．

互いに素な整数のもつ次の性質は，整数の問題を解決する際にしばしば決定的な役割を果たす．

定理 4.5. $a, b, c \in \mathbb{Z}, ab \neq 0$ とすると，次が成り立つ：

$$a \mid bc, \ (a, b) = 1 \Longrightarrow a \mid c.$$

証明 $(a, b) = 1$ だから，上の系 4.4 により，$x, y \in \mathbb{Z}$ が存在して，

$$1 = ax + by$$

と表される．両辺を c 倍して，

$$c = c(ax + by) = a(cx) + (bc)y.$$

一方，仮定により，$z \in \mathbb{Z}$ が存在して，$bc = az$．

これを上の式に代入して，

$$c = a(cx) + (az)y = a(cx + zy). \quad よって，a \mid c である． □$$

ユークリッドの互除法

ここで，最大公約数を求めるアルゴリズムを考える．

例題 2 の (2) から，$a > b$ である自然数 a, b について考察すれば十分である．基礎になるのは，例題 2 の (3) $b \mid a \Longrightarrow (a, b) = b$ と (6) $(a, b) = (a-b, b)$ である．これらを利用して，次のようにして最大公約数が求められる．

例題 3 $(105, 45)$ の計算

例題 2(6) より，
$$(105, 45) = (105 - 45, 45) = (60, 45)$$
$$= (60 - 45, 45) = (15, 45)$$
$$= (45, 15).$$

例題 2(3) より，$(45, 15) = 15$.
よって，$(105, 45) = 15$. □

さて，a を b で割ったときの整商を q，剰余を r とすると，除法の定理 3.1 より，
$$a = bq + r, \quad 0 \le r < b.$$
このとき，例題 2(6) を繰り返し用いると，
$$(a, b) = (bq + r, b)$$
$$= (bq + r - b, b) = (b(q-1) + r, b)$$
$$= (b(q-1) + r - b, b) = (b(q-2) + r, b)$$
$$\cdots\cdots$$
$$= (r, b) = (b, r).$$

よって，$(a, b) = (b, r)$ … ①
①の結果を繰り返し使うと，次のようになる：
　b を r で割ったときの剰余を r_1 とすると，$(b, r) = (r, r_1)$，
　r を r_1 で割ったときの剰余を r_2 とすると，$(r, r_1) = (r_1, r_2)$，
　r_1 を r_2 で割ったときの剰余を r_3 とすると，$(r_1, r_2) = (r_2, r_3)$，
$$\cdots\cdots$$
この操作を反復すると，非負整数の減少列
$$b > r > r_1 > r_2 > r_3 > \cdots$$
が得られます．ところが，b 以下の非負整数は b 個しかないので，ある番号 t があって，$r_{t+1} = 0$ でなければならない．これは $r_t \mid r_{t-1}$ を意味する．例題 2(3) より，
$$(a, b) = (b, r) = (r, r_1) = (r_1, r_2) = \cdots = (r_{t-1}, r_t) = r_t$$

となり，2つの自然数 a, b の最大公約数を求めることができる．

注 このようにして，a, b の最大公約数を求める方法をユークリッドの**互除法** (Euclid's Algorithm) という．Euclid は BC3 世紀のアレキサンドリアの数学者で，『原論』(ストイケイア, $\Sigma\tau o\iota\chi\epsilon\iota\alpha$, Elements) 全 13 巻を著した．『原論』の主要部分は幾何学であるが，実数論や整数論も含み，ユークリッドの互除法は第 VII 巻の命題 2 で述べられている．

例題 4 GCD $(136, 595)$ を求めよ．

解答
$$595 = 136 \cdot 4 + 51,$$
$$136 = 51 \cdot 2 + 34,$$
$$51 = 34 \cdot 1 + 17,$$
$$34 = 17 \cdot 2.$$
$$\therefore (136, 595) = 17.$$

第 4 章 練習問題（初級）

1. $a, b, c \in \mathbb{Z}$ で，$(a, b) = 1$ とするとき，次を示せ．
$$a \mid c \ \text{かつ} \ b \mid c \implies ab \mid c$$

2. n を 2 以上の整数とする．n の正の約数すべてを小さいものから順に $d_1, d_2, \cdots, d_k$ とおく．このとき，
$$1 = d_1 < d_2 < \cdots < d_k = n$$
である．$1 \leq i \leq n$ なる i について，次を確かめよ：
(1) $d_i \geq i$, (2) $d_i d_{k+1-i} = n$.

3. 次を証明せよ：
(1) 自然数 n が 2 で割り切れる $\iff$ n の 1 桁目が 2 で割り切れる．
(2) 自然数 n が 5 で割り切れる $\iff$ n の 1 桁目が 0 または 5.
(3) 自然数 n が 10 で割り切れる $\iff$ n の 1 桁目が 0.
(4) 自然数 n が 4 で割り切れる $\iff$ n の下 2 桁が 4 で割り切れる．

(5) 自然数 n が 3 で割り切れる $\iff$ n の各桁の（数字の）和が 3 で割り切れる．

(6) 自然数 n が 9 で割り切れる $\iff$ n の各桁の（数字の）和が 9 で割り切れる．

4. (AMC/2014/10B12)　整数 $2{,}014{,}000{,}000$ の最大の約数は，それ自身である．この整数の 5 番目に大きい約数を求めよ．

5. (AMC/2014/10B17)　$10^{1002} - 4^{501}$ の約数のうち，2 の最大の冪を求めよ．

6. (JJMO/2012 予選 5)　1 桁の正整数の組 (a, b, c, d) のうち，$a+bcd = ab+cd$ をみたすものは何組あるか．

第 4 章 練習問題（中級）

1. (JMO/2006 予選 7)　x, y, z は相異なる 2 桁の正整数であり，x の一の位の数字と y の十の位の数字は等しく，y の一の位の数字と z の十の位の数字は等しく，z の一の位の数字と x の十の位の数字は等しい．このような 3 数 x, y, z の最大公約数として考えられる値は何個あるか．

2. (JMO/2010 予選 3)　各桁の数字が相異なり，どれも 0 でないような 3 桁の正整数 n がある．n の各桁の数字を並べ替えてできる 6 つの数の最大公約数を g とする．g として考えられる最大の値を求めよ．

3. (JJMO/2013 本選 3)　正整数 x, y に対し，x と y の最大公約数を $\gcd(x, y)$ で表す．
$$a = \gcd(b^2+1, c^2+1), \quad b = \gcd(c^2+1, a^2+1), \quad c = \gcd(a^2+1, b^2+1)$$
をみたす正整数の組 (a, b, c) をすべて求めよ．

4. (JMO/1992 本選 1)　x と y は互いに素な正整数で，$xy \neq 1$ とし，n は正の偶数とする．このとき，$x+y$ は $x^n + y^n$ の約数ではないことを証明せよ．

5. (AUSTRALIAN MO/2001(Senior Contest))　方程式 $y+y^2 = x+x^2+x^3$ をみたす整数解 (x, y) は，$(0, 0), (0, -1)$ 以外には存在しないことを証明せよ．

第4章 練習問題（上級）

1. (IMO/1992(1))　$(a-1)(b-1)(c-1)$ が $abc-1$ の約数となるような整数 $a, b, c, 1 < a < b < c$, をすべて求めよ.

2. (IMO/2002(4))　n を2以上の整数とする. n の正の約数を小さいものから順に $d_1, d_2, \cdots, d_k$ とおく. このとき,
$$1 = d_1 < d_2 < \cdots < d_k = n$$
である. $D = d_1 d_2 + d_2 d_3 + \cdots + d_{k-1} d_k$ とおく.
(a)　$D < n^2$ であることを証明せよ.
(b)　D が n^2 の約数となるような n をすべて決定せよ.

3. (JMO/1996 本選 2)　$\mathrm{GCD}\,(m, n) = 1$ なる自然数 m, n に対して,
$$\mathrm{GCD}\,(5^m + 7^m, 5^n + 7^n)$$
を求めよ. ただし, $\mathrm{GCD}\,(x, y)$ は x と y の最大公約数を表す.

4. (JJMO/2014 予選 10)　x, y, z を, それら3数の最大公約数が1であるような正の整数とする. このとき, 500 以下の整数のうち,
$$\frac{x^2}{y} + \frac{y^2}{z} + \frac{z^2}{x}$$
としてあり得る値をすべて求めよ.

第5章 公倍数・最小公倍数

$a, b, c \in \mathbb{Z}$, $ab \neq 0$ とする．$a \mid c$ かつ $b \mid c$ であるとき，c を a と b の**公倍数** (common multiple) という．

積 ab やその絶対値 $|ab|$ は明らかに a と b の公倍数である．また，定義から，0 も公倍数である．

例 6 と 8 の公倍数を考える：

6 の倍数：0, ±6, ±12, ±18, **±24**, ±30, ±36, ±42, **±48**, ±54, $\cdots$

8 の倍数：0, ±8, ±16, **±24**, ±32, ±40, **±48**, ±56, $\cdots$

正の公倍数の中で最小のものは 24 であり，任意の公倍数は 24 の倍数になっている．また，任意の公倍数は -24 の倍数にもなっている． □

$a, b \in \mathbb{Z}$ で，$ab \neq 0$ とする．$\ell \in \mathbb{Z}$ が a, b の**最小公倍数** (least common multiple, LCM) であるとは，次の 3 つの性質をもつことであるとする：

(0) $\ell > 0$,

(i) ℓ は a, b の公倍数である：$a \mid \ell$ かつ $b \mid \ell$,

(ii) a と b の任意の公倍数 ℓ' は ℓ の倍数である：
$$a \mid \ell' \quad \text{かつ} \quad b \mid \ell' \implies \ell \mid \ell'.$$

このとき，ℓ を $\mathrm{LCM}\,(a, b)$ と表す．

注 上の最小公倍数の定義は，最大公約数の定義の文章の「約」を「倍」に換えただけであることに注意．

次は，最小公倍数の存在と一意性を示す定理であるが，その証明にはすでに証明

した最大公約数の存在（定理 4.3）と一意性（定理 4.2）を用いることにする．

定理 5.1. $a, b \in \mathbb{Z}$, $ab \neq 0$ とすると，a, b の最小公倍数 ℓ はただ 1 つ存在し，$\ell = \dfrac{|ab|}{(a, b)}$ で与えられる：
$$|ab| = d\ell, \quad d = (a, b).$$

証明（存在の証明）$\ell = \dfrac{|ab|}{(a, b)}$ とすると，絶対値と最大公約数の定義から，$\ell > 0$ であるから，ℓ が最小公倍数の定義の条件（ⅰ）と（ⅱ）をみたすことを示せばよい．

（ⅰ）の証明：第 4 章の例題 2(4) より，整数 a_1, b_1 が存在して，
$$a = a_1(a, b), \quad b = b_1(a, b), \quad (a_1, b_1) = 1$$
をみたす．したがって，
$$\ell = \frac{|a_1 b_1| \cdot (a, b)^2}{(a, b)} = |a_1 b_1| \cdot (a, b)$$
である．この式より，$\ell = |ab_1| = |ba_1|$ を得るから，ℓ は a と b の公倍数である．

（ⅱ）の証明：a と b の任意の公倍数を ℓ' とすると，$a_2, b_2 \in \mathbb{Z}$ が存在して，
$$\ell' = aa_2 = bb_2$$
となる．この式に $a = a_1(a, b), b = b_1(a, b)$ を代入して，
$$a_1 a_2 (a, b) = b_1 b_2 (a, b) \quad \therefore\ a_1 a_2 = b_1 b_2$$
を得る．$(a_1, b_1) = 1$ であるから，$b_1 \mid a_2$ すなわち，$c \in \mathbb{Z}$ が存在して，$a_2 = b_1 c$ となる．このとき，上の ℓ' は
$$\ell' = ab_1 c = a_1 b_1 (a, b) c = \pm \ell c$$
となる．これは ℓ' が ℓ の倍数であることを示す．

（一意性の証明）ℓ, ℓ' を最小公倍数とすると，最小公倍数の条件（ⅰ），（ⅱ）より，
$$\ell \mid \ell', \quad \ell' \mid \ell$$
である．$\ell, \ell' > 0$ より，$\ell = \ell'$ を得る． $\square$

例題 1 $a_1, a_2, \cdots, a_n \in \mathbb{Z}$, $a_1 a_2 \cdots a_n \neq 0$, $n \geq 2$, とする. $a_1, a_2, \cdots, a_n$ の最小公倍数 $\ell = \mathrm{LCM}(a_1, a_2, \cdots, a_n)$ を次のように定義する：

(0) $\ell > 0$,
(i) ℓ は $a_1, a_2, \cdots, a_n$ の公倍数である；$a_i \mid \ell$ $(i = 1, 2, \cdots, n)$,
(ii) $a_1, a_2, \cdots, a_n$ の任意の公倍数 ℓ' は ℓ の倍数である．

次を証明せよ：

(1) (一意性) 最小公倍数は (存在すれば) ただ一つである．
(2) (存在) $\ell' = \mathrm{LCM}(\mathrm{LCM}(a_1, a_2, \cdots, a_{n-1}), a_n)$ とすれば，$\ell' = \ell$ である．

証明 (1) ℓ, ℓ' を最小公倍数とすると，条件 (i), (ii) より，
$$\ell \mid \ell', \quad \ell' \mid \ell$$
である．$\ell > 0, \ell' > 0$ より，$\ell = \ell'$ を得る．

(2) n に関する帰納法で証明する．

[1] $n = 2$ のときは，定理 5.1 の存在の主張そのものである．

[2] $\ell_k = \mathrm{LCM}(\mathrm{LCM}(a_1, \cdots, a_{k-1}), a_k)$ として，$2 \leq k < n$ なるすべての k について，$\ell_k = \mathrm{LCM}(a_1, a_2, \cdots, a_k)$ であるとする．すると，

(0) $\ell_k > 0$ であって，
(i)$_k$ ℓ_k は $a_1, \cdots, a_k$ の公倍数である；$a_i \mid \ell_k$ $(i = 1, \cdots, k)$,
(ii)$_k$ $a_1, \cdots, a_k$ の任意の公倍数 ℓ'_k は ℓ_k の倍数である；
$$a_i \mid \ell'_k \Longrightarrow \ell_k \mid \ell'_k \quad (i = 1, \cdots, k)$$
という性質をもっている．上で定めた記法と，最小公倍数の定義から，
$$\ell_{k+1} = \mathrm{LCM}(\ell_k, a_{k+1})$$
である．よって，

(i) ℓ_{k+1} は ℓ_k と a_{k+1} の公倍数である；$\ell_k \mid \ell_{k+1}, a_{k+1} \mid \ell_{k+1}$．
上の (i)$_k$ と合わせて，第 4 章の定理 4.1(2) より，$a_i \mid \ell_{k+1}$ $(i = 1, \cdots, k+1)$．

(ii) ℓ_k と a_{k+1} の任意の公倍数 ℓ'_{k+1} は ℓ_{k+1} の倍数である；
$$\ell_k \mid \ell'_{k+1}, \ a_{k+1} \mid \ell'_{k+1} \Longrightarrow \ell_{k+1} \mid \ell'_{k+1}.$$
上の (ii)$_k$ と合わせて，第 4 章の定理 4.1(2) より，

$$a_i \mid \ell'_{k+1} \ (i = 1, \cdots, k+1) \implies \ell'_{k+1} \mid \ell_{k+1}.$$

よって，$\mathrm{LCM}(a_1, \cdots, a_{n-1}, a_n) = \mathrm{LCM}(\mathrm{LCM}(a_1, \cdots, a_{n-1}), a_n)$ である． □

第 5 章 練習問題（初級）

1. $a, b \in \mathbb{N}$, $a \leq b$ とし，a, b の最小公倍数を ℓ とする．
$(a, b) = 12$，$\ell \mid 72$ であるとき，a, b の値をすべて求めよ．

2. $a, b \in \mathbb{Z}$ が互いに素であるとき，次を証明せよ．
(1) a と $a + b$ は互いに素である．
(2) ab と $a + b$ は互いに素である．

3. $a, b \in \mathbb{N}$ で，次の 2 条件をみたすものを求めよ：

$$a + b = 160, \quad \mathrm{LCM}(a, b) = 728.$$

（ヒント）上の練習問題 2(2) を利用せよ．

4. (九州大学/2015/理系入試)　以下の問いに答えよ．
(1) n が正の偶数のとき，$2^n - 1$ は 3 の倍数であることを示せ．
(2) n を自然数とする．$2^n + 1$ と $2^n - 1$ は互いに素であることを示せ．
(3) p, q を異なる素数とする．$2^{p-1} - 1 = pq^2$ をみたす p, q の組をすべて求めよ．（素数の定義は第 7 章）

5. (JJMO/2010 予選 4)　3 桁の正整数 m, n があり，m と n はちょうど 1 つの桁の数字が異なる．また，n は m の倍数である．考えられる組 (m, n) は何通りあるか．

第 5 章 練習問題（中級）

1. (JMO/2008 予選 1)　4 つの相異なる 1 桁の正整数がある．これらの最小公倍数として考えられる最大の値を求めよ．

2. (AIME/2012) 3桁の正整数 abc, $a \neq 0$, $c \neq 0$ で, abc と cba がともに4の倍数であるものの個数を求めよ.

3. (JMO/2013 予選1) 3つの正整数 x, y, z の最小公倍数が 2100 であるとき, $x+y+z$ としてあり得る最小の値を求めよ.

4. (JMO/2012 予選4) A を3の倍数であるが9の倍数ではない正の整数とする. A の各桁の積を A に足すと9の倍数になった. このとき, A としてあり得る最小の値を求めよ.

5. (JJMO/2010 予選11) 2010 以下の正整数の組 (a, b, c) で, $a+b+c$ が a, b, c すべての倍数になっているようなものはいくつあるか. ただし, 3つの数が並ぶ順番が異なる組は区別する.

第5章 練習問題（上級）

1. (IMO/2006(4)) 以下の等式をみたす整数の組 (x, y) をすべて求めよ.
$$1 + 2^x + 2^{2x+1} = y^2.$$

2. (JJMO/2014 本選5) $\dfrac{n^n + n + 2}{(n+1)^2} = 2^k$ をみたす正整数の組 (n, k) をすべて求めよ.

第6章　ディオファントス方程式

多変数の整数係数多項式 $f(x_1, x_2, \cdots, x_n)$ について，方程式
$$f(x_1, x_2, \cdots, x_n) = 0$$
の整数解 $(x_1, x_2, \cdots, x_n)$ を求める問題を**ディオファントスの問題**といい，方程式 $f(x_1, x_2, \cdots, x_n) = 0$ を**ディオファントス方程式**という．

通常，ディオファントス方程式あるいは連立のディオファントス方程式系では，方程式の個数は未知数の個数より少なく，したがって解は一意的ではなく，有限個ですらないことがほとんどである．それでこの種の方程式は**不定方程式** (indefinite equations) とよばれる．

> **注**　Diophantus は 3 世紀（古代ローマ帝国の後半の頃）にアレキサンドリアを中心に活動した数学者として知られ，Diophantine 方程式という呼称は彼を称えてつけられたものである．

1 次ディオファントス方程式

まず，Diophantus 自身が研究した 1 次方程式の例題を 2 つ与える．

例題 1　次の方程式の整数解を求めよ：
$$12x + 9y = 3. \qquad (*)$$

解答　$(*)$ 式を 3 で割って
$$4x + 3y = 1 \qquad (**)$$
となる．$(**)$ の整数解は $(*)$ の解であり，$(*)$ の整数解は $(**)$ の解でもあるから，

($**$) を解けばよい．

$(4-3=1$ だから) 視察により，
$$4 \times 1 + 3 \times (-1) = 1 \tag{1}$$
を得る．($**$) 式から (1) を辺辺引くと，
$$4x + 3y - 4 + 3 = 0, \quad 4(x-1) = -3(y+1) \tag{2}$$
である．$\mathrm{GCD}(4, -3) = 1$ でかつ $-3 \mid 4(x-1)$ であるから，定理 4.5 により，
$$-3 \mid x-1.$$
ゆえに，ある整数 t に関して $x - 1 = -3t$ が成り立つ．このとき，上の式 (2) は
$$4 \times (-3t) = -3(y+1), \quad 4t = y+1$$
となる．逆に，任意の整数 t について，
$$x = -3t + 1, \quad y = 4t - 1 \quad (t \in \mathbb{Z})$$
とすれば，これらは方程式 ($**$) をみたすから，これらは与えられた方程式 ($*$) の整数解である． □

未知数 x, y の 1 次方程式
$$ax + by = n, \quad a, b, n \in \mathbb{Z} \tag{$*$}$$
は，a, b の少なくとも一方は 0 でないとするとき，($*$) が 1 組の整数解 x_0, y_0 をもつならば，$ax_0 + by_0 = n$ であるから，定理 4.1(3) により，
$$(a, b) \mid n$$
でなければならない．このとき，
$$a = (a, b)a_1, \quad b = (a, b)b_1, \quad n = (a, b)n_1$$
として，($*$) の両辺を (a, b) で割ると，
$$a_1 x + b_1 y = n_1, \quad (a_1, b_1) = 1 \tag{$**$}$$
となる．したがって，この ($**$) の形の方程式が解ければよいことになる．これは，1 組の整数解さえ見つかれば，定理 4.5 のもとで例題 1 のように解くことができ

ることを示している.

例題 2 GCD $(136, 595)$ を求めよ. これを利用して,

$$\text{GCD}\,(136, 595) = 136x + 595y \qquad ①$$

をみたす整数 x_0, y_0 を一組求めよ. さらに, ①の整数解を求めよ.

解答
$$595 = 136 \cdot 4 + 51,$$
$$136 = 51 \cdot 2 + 34,$$
$$51 = 34 \cdot 1 + 17,$$
$$34 = 17 \cdot 2.$$
$$\therefore \text{GCD}\,(136, 595) = 17.$$

次に①の両辺を 17 で割って,

$$1 = 8x + 35y \qquad ②$$

となる整数 x_0, y_0 を求めればよい.

$$35 = 8 \cdot 4 + 3, \quad 8 = 3 \cdot 2 + 2, \quad 3 = 2 \cdot 1 + 1.$$

だから, この計算手順を逆に辿れば,

$$1 = 3 - 2$$
$$= (35 - 32) - (8 - 6)$$
$$= (35 - 32) - 8 + 2(35 - 32)$$
$$= 3 \cdot 35 - 4 \cdot 8 - 8 - 2 \cdot 4 \cdot 8$$
$$= 3 \cdot 35 - 13 \cdot 8.$$

よって, $x_0 = -13, y_0 = 3$ は②をみたす. すなわち,

$$1 = 8 \cdot (-13) + 35 \qquad ③$$
$$② - ③ : 0 = 8(x + 13) + 35(y - 3).$$
$$\therefore 8(x + 13) = -35(y - 3) \qquad ④$$

ところで, $(8, -35) = 1$ なので, $8 \mid y - 3$.
したがって, $t \in \mathbb{Z}$ が存在して, $y - 3 = 8t$.
これを④に代入して, $8(x + 13) = -35 \times 8t$ を得る. 逆に,

$$x = -35t - 13, \quad y = 8t + 3, \quad (t \in \mathbb{Z}) \qquad ⑤$$

とすれば，②がみたされる．したがって，①の整数解は⑤で与えられる． □

定理 6.1. (1) ディオファントス方程式 $ax + by = n \cdots (*)$ が

整数解をもつ $\iff (a, b) \mid n$.

(2) $(*)$ が特殊解 (x_0, y_0) をもつならば，$(*)$ の一般解 (x, y) は，

$$x = x_0 + bt, \quad y = y_0 - at, \quad t \in \mathbb{Z}.$$

---

2 次のディオファントス方程式

2 次以上のディオファントス方程式の一般的な解法は存在しない．そこで，与えられた方程式の形・特性を駆使して解決することになる．2 次の場合には 2 つの典型的な解法があるので，例題で紹介する．

（Ⅰ） 因数分解の利用法：与えられた方程式の右辺を定数，特に 0 や素数の冪などにして，左辺を 2 つの 1 次式の積に因数分解する．因数分解ができれば，各 1 次式と右辺の因数との対応で，1 次式の解を議論できることになる．

（Ⅱ） 判別式の活用法：整数係数の 2 次方程式が整数解をもつならば，その判別式は平方数となるはずである．このことを活用する．

2 次方程式の変数が 2 変数 x, y のとき，x に関する 2 次方程式とみて解の公式を使って解 x を求めると，その判別式は y で表される．判別式が平方数であることと y が整数であることを使うと，多くの場合に整数解 y が求まる．

なお，この方法を利用する際には，「解と係数の関係」を利用するのが有効なことも多い．

例題 3 (SSSMO/2008)　n は正整数で，$n^2 + 19n + 48$ は平方数であるという．n の値を求めよ．

解答　$n^2 + 19n + 48 = m^2, m \in \mathbb{N}$，とおく．すると，4 倍して，

$$4n^2 + 76n + 192 = 4m^2.$$
$$\therefore (2n+19)^2 - (2m)^2 = 169.$$
$$\therefore (2n-2m+19)(2n+2m+19) = 1 \times 169 = 13 \times 13.$$

n, m に関する連立 1 次方程式 $2n-2m+19 = 1$, $2n+2m+19 = 169$ を解いて，$m = 42$, $n = 33$ を得る．

同様に，連立 1 次方程式 $2n-2m+19 = 13$, $2n+2m+19 = 13$ を解くと，$m = 0$, $n = -3$ を得るが，これは $n > 0$ に反する．

よって，求める値は，$n = 33$ のみである． □

例題 4 (SSSMO/2005 改)　次の方程式の整数解 (x, y) を求めよ．
$$x^2 + y^2 = 2(x+y) + xy.$$

解答　与式を変形して，次の x に関する 2 次方程式を得る：
$$x^2 - (2+y)x + y^2 - 2y = 0.$$

この方程式は x の整数解をもつから，その判別式は平方数である．そこで，ある整数 n を用いて，
$$D = (2+y)^2 - 4(y^2 - 2y) = -3y^2 + 12y + 4 = 16 - 3(y-2)^2 = n^2$$
と書き表せる．これより，次を得る：
$$(y-2)^2 \le \frac{16}{3}. \quad \therefore \quad -3 < -\frac{4}{3}\sqrt{3} \le y-2 < \frac{4}{3}\sqrt{3} < 3.$$

したがって，y の値の可能性があるのは 0, 1, 2, 3, 4 である．
$y = 0$ のとき，$x^2 - 2x = 0$ だから，$x = 0$, 2.
$y = 1$ のとき，$D = 13$ となって，これは平方数ではない．
$y = 2$ のとき，$x^2 - 4x = 0$ だから，$x = 0$, 4.
$y = 3$ のとき，$D = 13$ となって，これは平方数ではない．
$y = 4$ のとき，$x^2 - 6x + 8 = 0$ だから，これを解いて，$x = 2$, 4.
以上より，求める解は $(x, y) = (0, 0)$, $(2, 0)$, $(0, 2)$, $(4, 2)$, $(2, 4)$, $(4, 4)$． □

第6章 練習問題（初級）

1. 次の方程式の整数解を求めよ．
(1) $5x + 8y = 2$
(2) $5x + 8y = 1$
(3) $16x + 30y = 3$
(4) $21x + 23y = 1$

2. (AHSME/1992) x についての方程式 $kx - 12 = 3k$ が整数解をもつような正整数 k をすべて求めよ．

3. (CHINA MC/2007) 方程式 $\dfrac{4}{3}x - a = \dfrac{2}{5}x + 140$ は整数解をもつという．このとき，正整数 a の最小値を求めよ．

4. (SSSMO(J)/2002) 2つの正整数 A, B は $\dfrac{A}{11} + \dfrac{B}{3} = \dfrac{17}{33}$ をみたす．$A^2 + B^2$ の値を求めよ．

5. (CHINA MC/1997) m, n は整数で，$3m + 2 = 5n + 3$, $30 < 3m + 2 < 40$ をみたす．このとき，積 mn の値を求めよ．

第6章 練習問題（中級）

1. 5円の切手と7円の切手を組み合わせて，何円の切手をつくることができるか，すなわち，x, y が非負整数のとき，

$$5x + 7y$$

の形の数でどのくらいの自然数をカバーできるかを考える．次を示せ．
(1) 22円の切手はつくることができる．
(2) 23円の切手はつくることができない．
(3) 24円以上の切手はすべてつくることができる．

2. (CHINA MC/2003) 方程式 $6xy + 4x - 9y - 7 = 0$ の整数解を求めよ．

3. (JMO/1993 予選12) 4つの3桁の正整数があり，百の位はすべて1．このうち3つの数は，4つの数の和の約数になっている．このような4つの数の組をすべて求めよ．

4. (JMO/2009 予選 3) 次の 2 つの方程式をみたす正整数の組 (a, b, c) をすべて求めよ．ただし，3 つの数の並ぶ順番が異なる組は区別する．

$$ab + c = 13, \quad a + bc = 23.$$

5. (SSSMO(J)/1997) x, y, z は正整数で，次をみたす：

$$x > y > z > 663,$$
$$x + y + z = 1998,$$
$$2x + 3y + 4z = 5992.$$

x, y, z の値を求めよ．

6. (CHINA MC/2005) p, q は整数で，次の x についての方程式の 2 つの解が p, q であるという．

$$x^2 - \frac{p^2 + 11}{9}x + \frac{15}{4}(p+q) + 16 = 0.$$

p, q の値を求めよ．

7. (SSSMO/2003) p を正の素数とする．方程式

$$x^2 - px - 580p = 0$$

は 2 つの整数解をもつという．p の値を求めよ．（素数の定義は第 7 章．）

8. (JMO/1996 予選 7) 次の方程式の正の整数解 (a, b) をすべて求めよ．

$$\mathrm{LCM}\,(a, b) + \mathrm{GCD}\,(a, b) + a + b = ab.$$

ただし，$a \geq b$ とする．

第 6 章 練習問題（上級）

1. (SSSMO(J)/2009) 次の方程式が整数解のみをもつような正整数 m の最小値を求めよ．

$$x^2 + 2(m+5)x + (100m + 9) = 0.$$

2. (IMO/2003(2)) $\dfrac{a^2}{2ab^2 - b^3 + 1}$ が正整数となるような正整数の組 (a, b) をすべて求めよ.

3. (KOREAN MO/2011) 次の方程式をみたす正整数の組 (x, y, z) は存在しないことを証明せよ：
$$x^2y^4 - x^4y^2 + 4x^2y^2z^2 + x^2z^4 - y^2z^4 = 0.$$

4. (JMO/2002 予選 9) 方程式
$$xy^2 + xy + x^2 - 2y - 1 = 0$$
をみたす整数 x, y の組は何個あるか.

第7章　素数

自然数 p が**素数** (prime number) であるとは，$p > 1$ であって，1 と p 自身以外に正の約数をもたない場合をいう．つまり，p が $1 < d < p$ なる約数をもたない場合である．

一般に，整数 a が
$$a = bc\ (b, c \in \mathbb{Z}), \quad b \neq \pm 1 \quad \text{かつ} \quad c \neq \pm 1$$
で表されるとき，a は**可約** (reducible) であるといい, そのような整数を**合成数** (composite number) という．そうでないとき，すなわち，
$$a = bc\ (b, c \in \mathbb{Z}) \implies b = \pm 1 \quad \text{または} \quad c = \pm 1$$
がみたされるとき，a は**既約** (irreducible) であるという．

素数の定義における p のもつ性質はこの既約性である．1 もこの既約性をもつが，整数論では 1 は素数の仲間には入れない．

例　　2, 3, 5, 7, 11, 13, 17, 19, 23, 29, 31, $\cdots$ は素数．
　　　　$\cdots, -7, -5, -3, -2, -1, 1, 2, 3, 5, 7, \cdots$ は既約．
　　　　$\cdots, -8, -6, -4, 4, 6, 8, 9, 10, \cdots$ は可約（合成数）．

整数 a の素数である因数を**素因数**または**素因子** (prime factor) という．そして，a をそのすべての因数が素数となるように分解することを**素因数分解**という．

定理 7.1.（素因数分解定理）　1 以外の自然数は有限個の素因数の積として表される．

証明 1 a を 1 以外の自然数とする．a が素数ならば，a 自身が a の素因数分解である．a が素数でないとすると，それは合成数である．合成数の定義から，a は，自然数 b, c を用いて，

$$a = bc, \quad 1 < b < a, \quad 1 < c < a$$

と表される．b, c がともに素数のときは，これが求める素因数分解である．

b（または c）が合成数のときは，再び合成数の定義から，

$$b = b_1 b_2, \quad 1 < b_1, b_2 < b \quad (\text{または，} c = c_1 c_2, \quad 1 < c_1, c_2 < c)$$

と表される．このとき，

$$a = b_1 b_2 c \quad (\text{または，} a = b c_1 c_2)$$

である．このようにして，次々と因数の積に分解していくと，素数の最小値は 2 であるから，この分解は有限回で終了する．

証明 2. 1 以外の自然数で，有限個の素因数の積で表されないものの集合を S とする．$S = \emptyset$ を示せば十分である．

いま，$S \neq \emptyset$ であるとすると，$\mathbb{N}$ の整列性（出発点 3）により S には最小数が存在する：それを a とする．a は素数ではないから合成数であり，自然数 b, c が存在して，

$$a = bc, \quad 1 < b < a \quad \text{かつ} \quad 1 < c < a$$

をみたす．a の選び方から $b \notin S, c \notin S$ である．したがって，b, c は有限個の素因数の積である．すると a は有限個の素因数の積となり，矛盾が生じた． □

|例| 6370 を素因数分解する．6370 は $10 = 2 \times 5$ で割り切れる：

$$6370 = 2 \times 5 \times 637.$$

637 は $2, 3, 5$ では割り切れないから，7 で割ってみると割り切れて，$637 = 7 \times 91$ となるから，

$$6370 = 2 \times 5 \times 7 \times 91$$

を得る．91 を再び 7 で割ってみると：$91 = 7 \times 13$．

$$\therefore 6370 = 2 \times 5 \times 7 \times 7 \times 13 = 2 \cdot 5 \cdot 7^2 \cdot 13.$$

この例のように，与えられた自然数 n を素因数分解するには，まず 2 が素因数であるかを確かめ，さらに 2 が残りの因数の素因数であるかを確かめ，……，この操作を 2 で割り切れなくなるまで続ける．次に，3 が残りの因数の素因数であるかを確かめ，さらに 3 が残りの因数の素因数であるかを確かめ，……，この操作を 3 で割り切れなくなるまで続ける．次に，残りの因数の素因数として 5 があるかを確かめ，次に 7 を，次に 11 を，……というように，小さい素数から順番に素因数であるかどうかを確かめていけばよいことになる．

この自然な方法は，与えられた自然数 n より小さな素数をすべて見出すための方法に通ずる．まず 2 の倍数を順次除去し，次に 3 の倍数を順次除去し，次に 5 の倍数を順次除去し，……という作業を続けるとよいことになる．この方法は，エラトステネスの篩 (Sieve of Eratosthenes) として，紀元前から知られている．

したがって，n より小さい素数がすべて見出せれば，これらで順次 n を割ってみることによって，n の素因数分解が得られ，n が素数であるか否かの判定がつくことになる．

実際には，次の定理が成り立つ：

定理 7.2. n を 1 以外の自然数とする．

n が合成数ならば，n の素因数 p で $p^2 \leq n$ となるものが存在する．

したがって，n が $p^2 \leq n$ をみたす素因数 p をもたないならば，n は素数である．

証明 n が合成数であるから，n は少なくとも 2 つの素因数をもつ；それらを p, q とする．$p \leq q$ と仮定してよい．n の因数であることから，$p \cdot q \leq n$ である．（出発点 2）の (4) より，

$$p \cdot p \leq p \cdot q \leq n.$$

したがって，p は n の素因数で，$p^2 \leq n$ をみたす． □

注 (1) この結果，自然数 n に対して，$\sqrt{n}$ 以下のすべての素数をすべて見出すことができれば，n の素因数分解が得られることになる．

(2) $119 = 7 \times 17$ で，$7^2 = 49 < 119$ であるが，$17^2 = 289 > 119$ である．定理 7.2 は，その素因数 p すべてが $p^2 \leq n$ をみたすことを主張しているのではない．

次の定理は，ユークリッドもすでに知っていたと言われるものである．

定理 7.3. 素数は無限に存在する．

証明 背理法によって証明する．素数が有限個しか存在しないと仮定する．素数が全部で m 個であるとし，それらを $p_1, p_2, \cdots, p_m$ とする．このとき，
$$a = p_1 p_2 \cdots p_m + 1$$
は自然数だから，定理 7.1 より，素因数をもつ．その 1 つを p とし，$a = pq$ とする．

仮定により，p は $p_1, p_2, \cdots, p_m$ のどれかと一致するから，$p = p_1$ としてよい．すると，
$$1 = p(q - p_2 \cdots p_m)$$
となり，$p \geq 2$ は素数で，$q - p_2 \cdots p_m$ は整数であるから，矛盾である．よって，素数は有限個ではない． □

第 7 章 練習問題（初級）

1. エラトステネスの篩の方法で，100 以下のすべての素数を求めよ．

2. 2773, 5917 を素因数分解せよ．

3. $a, b \in \mathbb{Z}, ab \neq 0$ とする．次を証明せよ：
$$(a, b) = 1 \implies (a+b, a-b) = 1 \text{ または } 2.$$

4. $a, n \in \mathbb{N}, a > 1, n > 1$ とする．$a > 2$ であるか，n が合成数ならば，$a^n - 1$ は合成数であることを示せ．

5. p, q は素数で，$p \neq q$ とする．このとき，$M_p = 2^p - 1$ と $M_q = 2^q - 1$ は互いに素であることを証明せよ．

6. $a, n \in \mathbb{N}, a > 1, n > 1$ とする．a が奇数であるか，n が奇数因数 (> 1) を

もつならば，$a^n + 1$ は合成数であることを示せ．

7. $m, n \in \mathbb{N}_0, m \neq n$ とする．このとき，$F_m = 2^{2^m} + 1$ と $F_n = 2^{2^n} + 1$ は互いに素であることを証明せよ．

8. (JJMO/2013 予選 2) 1 以上 20 以下の整数から相異なる 10 個の数を選んだところ，その 10 個の積が 45405360000 になった．選んだ 10 個の数を答えよ．ただし，10 個の数の順序については問わない．

第 7 章 練習問題（中級）

1. (AMC/2005/12A) ある正整数が合成数であり，2, 3, 5 のいずれでも割り切れないとき，準素数であるということにする．準素数を小さい方から 3 つ挙げると，49, 77, 91 である．1000 以下の素数は 168 個ある．1000 以下の準素数はいくつあるか．

2. (ROMANIAN MO/Grade 7/2008) p, q, r は素数で，次の条件をみたす：
(1) $5 \leq p < q < r$,
(2) $2p^2 - r^2 \geq 49$,
(3) $2q^2 - r^2 \leq 193$.
p, q, r を決定せよ．

3. (JMO/2005 予選 7) 50 以下の正整数 n で，次の条件をみたすものはいくつあるか．
条件：$a^2 - b^2 = n$ をみたす 0 以上の整数 a, b がただ 1 組存在する．

4. (JMO/2011 予選 3) 相異なる 7 以下の正整数 a, b, c, d, e, f, g を用いて，$a \times b \times c \times d + e \times f \times g$ と表せる素数をすべて求めよ．

5. (JMO/2012 予選 5) 正整数であって，その正の約数すべての積が 24^{240} となるようなものをすべて求めよ．

6. (JMO/2015 予選 6) 正整数 a, b, c が次の 4 つの条件をみたすとする．
- a, b, c の最大公約数は 1 である．

- a, $b+c$ の最大公約数は 1 より大きい.
- b, $c+a$ の最大公約数は 1 より大きい.
- c, $a+b$ の最大公約数は 1 より大きい.

このとき，$a+b+c$ のとり得る最小の値を求めよ.

第7章 練習問題（上級）

1. (IMO/2001(6))　a, b, c, d を整数とし，$a > b > c > d$ とする．これらが
$$ac + bd = (b+d+a-c)(b+d-a+c)$$
をみたすとする．このとき，$ab + cd$ は素数でないことを示せ.

2. (JBMO/2009(3))　次の方程式をみたす素数 p, q, r をすべて求めよ：
$$\frac{p}{q} - \frac{4}{r+1} = 1.$$

3. (ROMANIAN MO/Grade 7/2015)　次の方程式をみたす相異なる素数 p, q, r, s をすべて求めよ.
$$1 - \frac{1}{p} - \frac{1}{q} - \frac{1}{r} - \frac{1}{s} = \frac{1}{pqrs}.$$
ただし，$p < q < r < s$ とする.

第8章 素因数分解の一意性

まず,ユークリッドの互助法から導かれる基本的な性質から証明する.

> **定理 8.1.** p を素数とし,$a, b \in \mathbb{N}$ とする.次が成り立つ:
> $$p \mid ab \implies p \mid a \quad \text{または} \quad p \mid b.$$

証明 $p \nmid a$ と仮定する.素数 p の因数は 1 と p のみであるから,$\mathrm{GCD}\,(p, a) = 1$ である.よって,系 4.4 より,整数 x, y が存在して,
$$xp + ya = 1$$
をみたす.両辺を b 倍して,次を得る:
$$xpb + yab = b.$$
ところで,$p \mid xpb$,$p \mid yab$ だから,定理 4.1(3) によって,$p \mid b$.
まったく同じ議論によって,$p \nmid b \implies p \mid a$ を得る. □

この定理は,次の系のかたちでしばしば用いられる:

> **系 8.2.** $p, q, p_1, p_2, \cdots, p_n$ を素数とするとき,次が成り立つ:
> (1) $p \mid p_1 p_2 \cdots p_n \implies p = p_1$,または $p = p_2, \cdots,$
>   または $p = p_n$.
> (2) $p \mid q^m \,(m \geq 1) \implies p = q$.
> (3) $p \neq q \implies p \nmid q^m \,(m \geq 1)$.

証明 (1) $p_1 p_2 \cdots p_n = p_1 (p_2 \cdots p_n)$ に定理 7.1 を適用すると, $p \mid p_1$ または $p \mid p_2 \cdots p_n$ が成り立つ. $p \mid p_2 \cdots p_n$ に再び定理 7.1 を適用して, $p \mid p_2$ または $p \mid p_3 \cdots p_n$ が成り立つ. 以下, 同じ議論を反復すればよい.

(2) は (1) の特別な場合, (3) は (2) の対偶である. □

定理 8.3 (一意分解定理 (Unique Factorization Theorem))
　1 以外の自然数は有限個の素数の積として表されるが, この表し方は素因数の順序を除いて一意的である.

証明　自然数 a の 2 通りの素因数分解

$$a = p_1^{e_1} \cdots \cdots p_n^{e_n} \quad (p_1, \cdots, p_n \text{ は互いに異なる素数}, \quad e_i \in \mathbb{N})$$
$$= q_1^{f_1} \cdots \cdots q_m^{f_m} \quad (q_1, \cdots, q_m \text{ は互いに異なる素数}, \quad f_j \in \mathbb{N})$$

があったとする. まず,

(1) 　各 p_i は $q_1, \cdots, q_m$ のいずれかと一致する

ことを証明する. p_i が $q_1, \cdots, q_m$ のどれとも一致しないとする.

$$p_i \mid a \quad \text{であるから,} \quad p_i \mid q_1^{f_1} \cdots \cdots q_m^{f_m}.$$

また, $p_i \neq q_1$ であるから, 系 8.2(3) により, $p_i \nmid q_1^{f_1}$.
したがって, 定理 8.1 により,

$$p_i \mid q_2^{f_2} \cdots \cdots q_m^{f_m}.$$

次に, これと $p_i \neq q_2$ から,

$$p_i \mid q_3^{f_3} \cdots \cdots q_m^{f_m}.$$

以下, この議論を反復して, $p_i \mid q_m^{f_m}$ を得るが, これは $p_i \neq q_m$ に反する.
この結果,

$$n \leq m, \quad \{p_1, \cdots, p_n\} \subset \{q_1, \cdots, q_m\}.$$

p と q の立場を逆にして, 次を得る.

(2) 　各 q_j は $p_1, \cdots, p_n$ のいずれかと一致する;

$$m \leq n, \quad \{q_1, \cdots, q_m\} \subset \{p_1, \cdots, p_n\}.$$

(1), (2) より，次が結論される：

(3) $n = m$, $\{p_1, \cdots, p_n\} = \{q_1, \cdots, q_n\}$,
$$a = p_1^{e_1} \cdots \cdots p_n^{e_n} = p_1^{f_1} \cdots \cdots p_n^{f_n}.$$

最後に，次を証明する：

(4) $e_i = f_i \ (i = 1, \cdots, n)$.

もし，ある番号 i について，$e_i \neq f_i$ である仮定する．$e_i < f_i$ としてよい．このとき，(3) の最後の式の両辺から $p_i^{e_i}$ を消去できて

$$p_1^{e_1} \cdots p_{i-1}^{e_{i-1}} p_{i+1}^{e_{i+1}} \cdots p_n^{e_n} = p_1^{f_1} \cdots p_i^{f_i - e_i} \cdots p_n^{f_n}$$

を得る．この左辺には p_i は現れないが，右辺は素因数 p_i をもっている．よって，

$$p_i \mid p_1^{e_1} \cdots p_{i-1}^{e_{i-1}} p_{i+1}^{e_{i+1}} \cdots p_n^{e_n}$$

が成立するが，これは系 8.2(1) に反する． □

この一意分解定理は，算術 (**Arithmetic**) の基本定理ともよばれる．何気なく，当然のように使うが，使い方を示してみる．自然数 11250 の素因数分解

$$11250 = 2 \cdot 3 \cdot 3 \cdot 5 \cdot 5 \cdot 5 \cdot 5 = 2 \cdot 3^2 \cdot 5^4$$

に対して，

$$[2, 3, 3, 5, 5, 5, 5] \equiv [2, 3^2, 5^4]$$

を 11250 の**素因数の収集**とよぶことにする．（ここだけの用法で，一般に認められたものではありません．）また，$[3, 5, 5] \equiv [3, 5^2]$ のように，素因数の収集の一部分を集めたものを素因数の**部分収集**とよぶことにする．一般に，自然数 a の素因数分解

$$a = p_1^{e_1} p_2^{e_2} \cdots p_m^{e_m}$$

に対して，

$$[p_1^{e_1}, p_2^{e_2}, \cdots, p_m^{e_m}]$$

を a の素因数の収集ということにする．素因数の部分収集も自然に定める．

すると，例えば，次のような定理が容易に証明できる．

定理 8.4. $d > 1$ を自然数 a の因数とすると（すなわち $d \mid a$），d の素因数の収集は，a の素因数の収集の部分収集となる．

また，a の素因数の収集のある部分収集が与えられたとき，その要素の積は a の因数である．

証明 もし，$d > 1$ が a の因数であるならば，自然数 q が存在して，$a = dq$ と表される．もし，p が d の素因数ならば，自然数 r が存在して，$d = pr$ と表される．したがって，$a = prq$ となるが，これは p が a の素因数であることを示す．このことは，d の任意の素因数が a の素因数でもあることを示す；すなわち，d の素因数の収集は，a の素因数の収集の部分収集であることを示す．

また，d が a の素因数の収集のある部分収集の要素の積であるとすると，a を d で割った商は残りの部分収集の要素の積となる．これは d が a の因数であることを示す． □

これより，以下の定理も容易に証明される．

定理 8.5. 正整数 n が，$n = p_1^{e_1} p_2^{e_2} \cdots p_m^{e_m}$ ($p_1, p_2, \cdots, p_m$ は互いに異なる素数，$e_1, e_2, \cdots, e_m$ は正整数) と素因数分解されるとき，次が成り立つ：

(1) n の約数の個数は $\tau(n) = (e_1 + 1)(e_2 + 1) \cdots (e_m + 1)$.

(2) n^2 の約数の総和は $\tau(n^2) = (2e_1 + 1)(2e_2 + 1) \cdots (2e_m + 1)$.

(3) n の約数の総和は $\dfrac{p_1^{e_1+1} - 1}{p_1 - 1} \cdots \dfrac{p_m^{e_m+1} - 1}{p_m - 1}$.

定理 8.6. 2つの自然数 a, b の最大公約数は，a の素因数の収集と b の素因数の収集の共通の極大部分収集の要素の積である：

$$a = p_1^{e_1} \cdots p_m^{e_m} q_1^{g_1} \cdots q_n^{g_n}, \quad b = p_1^{f_1} \cdots p_m^{f_m} r_1^{h_1} \cdots r_\ell^{h_\ell}.$$

ここに，$p_1, \cdots, p_m, q_1, \cdots, q_n, r_1, \cdots, r_\ell$ は互いに異なる素数と素因数分解されるとき，

$$\mathrm{GCD}\,(a, b) = p_1^{\min\{e_1, f_1\}} \cdots p_m^{\min\{e_m, f_m\}}.$$

ただし，$\min\{e_i, f_i\}$ は，e_i と f_i の小さい方を表す．

定理 8.7. 2つの自然数 a, b の最小公倍数は，a の素因数の収集と b の素因数の収集を含むような極小の素数の収集の要素の積である：

$$a = p_1^{e_1} \cdots p_m^{e_m} q_1^{g_1} \cdots q_n^{g_n}, \quad b = p_1^{f_1} \cdots p_m^{f_m} r_1^{h_1} \cdots r_\ell^{h_\ell}.$$

ここに，$p_1, \cdots, p_m, q_1, \cdots, q_n, r_1, \cdots, r_\ell$ は互いに異なる素数と因数分解されるとき，

$$\mathrm{LCM}\,(a, b) = p_1^{\max\{e_1, f_1\}} \cdots p_m^{\max\{e_m, f_m\}} q_1^{g_1} \cdots q_n^{g_n} r_1^{h_1} \cdots r_\ell^{h_\ell}.$$

ただし，$\max\{e_i, f_i\}$ は e_i と f_i の大きい方を表す．

|例| 上の2つの定理は，いずれも2つの自然数に関して述べたが，3つ以上の場合についても同様に成り立つ．例えば，

$$16 = 2^4, \quad 21 = 3 \cdot 7, \quad 24 = 2^3 \cdot 3$$

であるから，

$$\mathrm{GCD}\,(16, 21, 24) = 1, \quad \mathrm{LCM}\,(16, 21, 24) = 2^4 \cdot 3 \cdot 7 = 336.$$

■ 第 8 章 練習問題（初級） ■

1. p を素数とし，$a, b \in \mathbb{N}$ とする．このとき，次の3条件は同等であることを証明せよ．

(1) $p \mid ab \implies p \mid a$ または $p \mid b$,

(2) $p \nmid a, \; p \nmid b \implies p \nmid ab$,

(3) $p \mid ab, \; p \nmid a \implies p \mid b$.

2. 定理 8.5 を証明せよ．

3. (JMO/2012 予選 5)　正整数であって，その正の約数すべての積が 24^{240} となるようなものをすべて求めよ．

4. (JJMO/2008 予選 7)　正整数の組 (a, b, c) で，a, b, c の最小公倍数が 720 となるものはいくつあるか．ただし，3 つの数の並ぶ順番が異なる組は区別して数える．

5. (JJMO/2009 予選 6)　$14n, 16n, 18n, 20n$ の正の約数の個数がすべて等しくなるような最小の正整数 n を求めよ．

第 8 章 練習問題（中級）

1. (JMO/2008 予選 4)　正整数であって，その正の約数のうち 4 で割った余りが 2 でないようなものの総和が 1000 であるものをすべて求めよ．

2. (AUSTRALIAN MO(TST)/2001(5))　次の方程式の整数解 (x, y) の個数を求めよ：
$$x^2 + 2001 = y^2.$$

3. (JMO/2001 予選 11)　正整数 n に対して，n の正の約数の総和を $S(n)$ で表す．このとき，$S(6n) \geq 12S(n)$ をみたす 3 桁の正整数 n の個数を求めよ．

4. (EGMO/2014)　正整数 m に対し，$d(m)$ で m の正の約数の個数を表し，$\omega(m)$ で m の異なる素因数の個数を表す．k を正整数とするとき，次の 2 つの条件をみたす正整数 n が無限個存在することを示せ．

- $\omega(n) = k$.
- $a + b = n$ なる任意の正整数 a, b について，$d(n)$ が $d(a^2 + b^2)$ を割り切らない．

5. (JJMO/2014 本選 1)　以下の条件をみたす 2 以上の整数 n をすべて求めよ．
　　条件：n の正の約数 d であって，$\sqrt{n}$ 以下であるものすべてに対し，d^2 が n を割り切る．

6. (ROMANIAN MO/Grade 5/2015)　ちょうど 2015 個の正の約数をもつ正

整数のうちで最小のものを求めよ．

第8章 練習問題（上級）

1.（**ピタゴラス数**）　方程式 $a^2+b^2=c^2$ の整数解は，互いに素なある整数の組 (m, n) について，

$$a = k(m^2 - n^2), \quad b = 2kmn, \quad c = k(m^2 + n^2)$$

のかたちに表されることを示せ．

このような形で与えられる 3 数 a, b, c を**ピタゴラス数**とよぶ．

（ヒント）a, b, c のどの 2 つも互いに素ならば，互いに素なある整数 m, n について，$a = m^2 - n^2, b = 2mn, c = m^2 + n^2$ であることを示す．第 7 章練習問題 (初級 3) を利用する．

2. (IMO/2000(5))　次の 2 つの条件をみたす正整数 n は存在するか．
(1)　n を割り切る相異なる素数はちょうど 2000 個ある．
(2)　$2^n + 1$ は n で割り切れる．

第9章　平方数

整数 n が**平方数** (square number) であるとは，整数 m が存在して $n = m^2$ となる場合をいう．

> **注意**　平方数を英語では perfect square number ということが多いが，perfect に特別な意味はない．

平方数に関する基本的な性質

(1) 平方数の一の位の数字として現れるのは，0, 1, 4, 5, 6, 9 のみである．
実際，$0^2, 1^2, 2^2, \cdots, 9^2$ を調べてみるとよい．

(2) $n = p_1^{e_1} p_2^{e_2} \cdots p_k^{e_k}$ と素因数分解されているならば，

$$n \text{ が平方数} \iff e_1, e_2, \cdots, e_k \text{ がすべて偶数.}$$

これより，平方数の下偶数桁が 0 となることがわかる．実際，素因数分解で素因数 2, 5 の指数がいずれも偶数となるからである．

(3) $n^2 \equiv 1$ または $0 \pmod{2, 3, 4}$．
実際，$(2m)^2, (2m+1)^2$ を 2 または 4 を法として計算し，$(3m)^2, (3m\pm 1)^2$ を 3 を法として計算してみるとよい．

(4) $n^2 \equiv 0, 1$ または $4 \pmod 8$．
実際，$(4m\pm 1)^2, (4m)^2, (4m+2)^2$ を 8 を法として計算してみるとよい．

(5) 奇数の平方数の十の位は偶数である．（一桁の平方数 $1^2, 3^2$ については，これらを，それぞれ，01, 09 とみなす．）

(6) 2つの隣り合う平方数 k^2 と $(k+1)^2$ の間には平方数は存在しない．
実際，存在したとすると，2つの連続する整数 k と $k+1$ の間に整数が存在す

ることになり，これは不可能である．

例題 1 任意の $k \in \mathbb{Z}$ について，以下の整数は平方数ではないことを示せ．

$$3k+2, \quad 4k+2, \quad 4k+3, \quad 5k+2, \quad 5k+3, \quad 8k\pm3, \quad 8k+7.$$

解答 $3k+2 \equiv 2 \pmod{3}$, $4k+2 \equiv 2 \pmod{4}$, $4k+3 \equiv 3 \pmod{4}$ だから，上の (3) により，平方数ではない．

$5k+2$ の一の位は 2 または 7 であり，$5k+3$ の一の位は 3 または 8 である．上の (1) により，平方数ではない．

$8k\pm3 \equiv \pm3 \pmod{8}$, $8k+7 \equiv 7 \pmod{8}$ で，$\pmod{8}$ での剰余が 0, 1, 4 のいずれでもないので，上の (4) より，平方数でない．

例題 2 (AHSME/1979) x が平方数のとき，その次の平方数を求めよ．

解答 $x \geq 0$ なので，$x = (\sqrt{x})^2$ であるから，その次の平方数は

$$(\sqrt{x}+1)^2 = x + 2\sqrt{x} + 1.$$

例題 3 （ⅰ）4 つの連続する整数の積に 1 を加えた整数は平方数であることを示せ．

（ⅱ）5 つの連続する平方数の和は平方数にはなり得ないことを示せ．

解答 （ⅰ）$k, k+1, k+2, k+3$ を連続する整数とする．すると，

$$k(k+1)(k+2)(k+3) + 1 = (k^2+3k)(k^2+3k+2) + 1 = (k^2+3k+1)^2$$

と変形できるから，（ⅰ）は示された．

（ⅱ）$(k-2)^2, (k-1)^2, k^2, (k+1)^2, (k+2)^2$ を任意の連続する 5 つの平方数とする．すると，

$$(k-2)^2 + (k-1)^2 + k^2 + (k+1)^2 + (k+2)^2 = 5k^2 + 10 = 5(k^2+2)$$

となる．$5(k^2+2)$ が平方数ならば，$5 \mid k^2+2$ であるから，k^2 の一の位は 3 または 8 でなければならないが，これは不可能である．よって，（ⅱ）も示された．

第9章 練習問題（初級）

1. (KIMC/2014)　整数 n であって，$\left(\dfrac{21}{n}-2\right)^2 - 2\left(\dfrac{21}{n}-2\right) = n+42$ をみたすものをすべて求めよ．

2. (JJMO/2011 予選7)　n 以上 $n+2011$ 以下の平方数がちょうど 23 個存在するような正整数 n の最小値を求めよ．

3. (KIMC/2014)　相異なる素数 p, q, r, s について，$p+q+r+s$ もまた素数であり，p^2+qr，p^2+qs はともに平方数である．$p+q+r+s$ を求めよ．

4. (JJMO/2014 予選6)　$n+16$，$16n+1$ がともに平方数となるような正整数 n をすべて求めよ．

5. (JMO/2015 予選1)　6000 の正の約数であって，平方数でないものはいくつあるか．

第9章 練習問題（中級）

1. (JMO/2006 予選4)　相異なる3つの正整数の組であって，どの2つの和も平方数になるようなもののうち，3数の和が最小になるものをすべて求めよ．
　ただし，「1と2と3」と「3と2と1」のように，順番を並べ替えただけの組は同じものとみなす．

2. (KIMC/2014)　100 より小さく，正の約数をちょうど4つもつ正整数で，約数のうち2つの和から残りの2つの和を引いたものが平方数になるようなものをすべて求めよ．

3. (JMO/2008 予選7)　6桁の平方数の上3桁として考えられるものは全部でいくつあるか．

4. (AUSTRALIAN MO/2002(1))　m, n は正整数で，
$$2001m^2 + m = 2002n^2 + n$$
をみたす．$m-n$ は平方数であることを証明せよ．

5. (JMO/2004 本選 1)　$2n^2+1$, $3n^2+1$, $6n^2+1$ がどれも平方数であるような正整数 n は存在しないことを示せ.

6. (KOREAN MO/2007)　方程式 $1+4^x+4^y=z^2$ をみたす正整数の 3 組 (x,y,z) をすべて求めよ.

第9章 練習問題（上級）

1. (BALKAN MO/2008(4))　c を正整数とする. 数列 $\{a_n\}_{n\geq 1}$ を,
$$a_1=c,\quad a_{n+1}=a_n^2+a_n+c^3\ (n\in\mathbb{N})$$
により, 帰納的に定める. 次の性質をもつ c の値をすべて求めよ：

整数 $k\geq 1$, $m\geq 2$ が存在して, $a_k^2+c^3$ はある整数の m 乗となる.

2. (JMO/2013 本選 3)　n を 2 以上の整数とする. 以下の 2 つの条件をみたす正整数 $a_1,\cdots,a_n$ が存在するような正整数 m の最小値を求めよ.

- $a_1<a_2<\cdots<a_n=m$,
- $n-1$ 個の数 $\dfrac{a_1^2+a_2^2}{2},\cdots,\dfrac{a_{n-1}^2+a_n^2}{2}$ はすべて平方数である.

3. (APMO/2013(2))　$\dfrac{n^2+1}{[\sqrt{n}\,]+2}$ が整数となるような正整数 n をすべて求めよ.

ただし, 実数 r に対して r を超えない最大の整数を $[r]$ で表す.

4. (BALKAN MO/2005(2))　p^2-p+1 が立方数となるような素数 p をすべて求めよ.

ただし, 整数 n が立方数であるとは, 整数 m が存在して $n=m^3$ となる場合をいう.

5. (ROMANIAN MO/Grade 7/2015)　3 つの整数 $n+8$, $2n+1$, $4n+1$ が立方数となるような整数 n をすべて求めよ.

第10章　同値関係による類別

　集合 S の要素の間にある関係が定められているとき，それを S 上の**二項関係**という．

　集合 S 上にある二項関係 $\sim$ が定められていて，S の任意の 2 つの要素 x, y の間に関係 $\sim$ があるかないかが確定しているものとする：x, y が関係 $\sim$ にあることを $x \sim y$ で表し，その否定を $x \not\sim y$ で表すことにする．$\sim$ が次の 3 条件をみたすとき，$\sim$ を S 上の**同値関係** (equivalence relation) という：

- (E1)　任意の $x \in S$ について，$x \sim x$　　　（反射律）
- (E2)　任意の x, y について，$x \sim y \Longrightarrow y \sim x$　　　（対称律）
- (E3)　任意の x, y, z について，$x \sim y$ かつ $y \sim z \Longrightarrow x \sim z$　　　（推移律）

上の 3 条件 (E1), (E2), (E3) をまとめて**同値律**ということがある．

例　数学で「集合」S というとき，S の要素 x, y について，x と y が同じ要素 $x = y$ であるか，異なる要素 $x \neq y$ であるかが規定されているものとする．さて，この「相等関係」$=$ には，当然次の条件が要請される：

- $x = x$　　　（反射律）
- $x = y \Longrightarrow y = x$　　　（対称律）
- $x = y$ かつ $y = z \Longrightarrow x = z$　　　（推移律）

したがって，相等関係は同値律をみたし，同値関係であることがわかる．
　一般に，同値関係は相等関係を「ゆるめた」概念であると考えられる．

例題 1　整数全体の集合 $\mathbb{Z}$ 上に二項関係 $\sim$ を次のように定義する：

$$m \sim n \iff m-n \text{ は } 2 \text{ の倍数}.$$

すると，$\sim$ は同値関係であることを示せ．

解答　実際，同値律を確かめてみる：
(E1)　任意の $n \in \mathbb{Z}$ について，$n - n = 0$ で，0 は 2 の倍数だから，$n \sim n$.
(E2)　$m \sim n$ とすると，整数 k が存在して，$m - n = 2k$ となる．
$$n - m = -(m-n) = 2(-k). \quad \therefore n \sim m.$$

(E3)　$m \sim n, n \sim s$ とすると，整数 k, h が存在して，$m-n = 2k, n-s = 2h$ となる．2 つの式を辺々加えると，
$$m - s = (m-n) + (n-s) = 2k + 2h = 2(k+h). \quad \therefore m \sim s. \quad \square$$

いま，集合 S 上に同値関係 $\sim$ が与えられているとする．このとき，$a \sim b$ であることを，a は b に**同値** (equivalent) であるという．

要素 $a \in S$ に同値な要素全体の集合を $C(a)$ で表し，a の（または a を含む）**同値類** (equivalence class) という；
$$C(a) = \{x \in S \mid x \sim a\}.$$

(E1) により，$a \sim a$ だから，$a \in C(a)$ であり，とくに $C(a) \neq \emptyset$ である．また，$S = \bigcup_{a \in S} C(a)$ が成り立つ．そして，同値類を要素とする S の部分集合族を $S/\sim$ で表し，S の $\sim$ による**商集合** (quotient set) という；
$$S/\sim = \{C(a) \mid a \in S\}.$$

次の基本的な性質が示される

命題 10.1.　集合 S 上に同値関係 $\sim$ が与えられている．このとき，S の要素 a, b に関する次の 4 つの条件は同等である：

(1)　$a \sim b$,
(2)　$a \in C(b)$,
(3)　$C(a) = C(b)$,
(4)　$C(a) \cap C(b) \neq \emptyset$.

証明 (1) $\Longrightarrow$ (2) の証明:

$a \sim b$ ならば,同値類 $C(b)$ の定義により,$a \in C(b)$ である.

(2) $\Longrightarrow$ (3) の証明:

任意の要素 $x \in C(a)$ について,定義により $x \sim a$ である.一方,仮定 (2) $a \in C(b)$ より $a \sim b$ であるから,(E3) により $x \sim b$ である.よって,$x \in C(b)$ が成り立つから,$C(a) \subset C(b)$ が得られる.

また,$a \in C(b)$ と (E2) から,$b \sim a$ である.これより,逆向きの包含関係 $C(a) \supset C(b)$ が成り立つ.前半と合わせて,$C(a) = C(b)$ を得る.

(3) $\Longrightarrow$ (4) の証明:

$C(a) \neq \emptyset$, $C(b) \neq \emptyset$ であり,(3); $C(a) = C(b)$ であるから,$C(a) \cap C(b) \neq \emptyset$ である.

(4) $\Longrightarrow$ (1) の証明:

$c \in C(a) \cap C(b) \neq \emptyset$ とすると,$c \in C(a)$ かつ $c \in C(b)$ であるから,$c \sim a$ かつ $c \sim b$ である.(E2) と (E3) より,$a \sim b$ が結論される. □

集合 S 上に同値関係 $\sim$ が与えられたとき,上の命題から,S は互いに共通の要素をもたないいくつかの同値類に分割されることがわかる.このことを,集合 S の同値関係 $\sim$ による**類別** (classification) という.同値類による集合の類別は,数学を構成していく際に必ず必要となる最も基礎的な概念の一つである.

また,ある同値類 $C(a)$ について,$x \in C(a)$ ならば $C(x) = C(a)$ となる.よって,各同値類から 1 つの要素 x を選ぶと,逆に x の属する同値類 $C(x)$ が確定する.この意味で,各同値類 C に属する各要素を C の**代表元** (representative) という.

さらに,各要素 $x \in S$ にその同値類 $C(x)$ を対応させることにすると,上の命題より,$x \sim y \iff \gamma(x) = \gamma(y)$ であるから,この対応

$$\gamma \colon S \longrightarrow S/\sim \ ; \quad \gamma(x) = C(x)$$

は全射 (上への写像) であることがわかる.この写像を**自然な射影** (natural projection),または**商写像** (quotient map) という.

例題 2 集合 $S = \left\{ \left(\dfrac{a}{b} \right) \mid a, b \in \mathbb{Z},\ b \neq 0 \right\}$ 上に二項関係 $\sim$ を

$$\left(\frac{a}{b} \right) \sim \left(\frac{c}{d} \right) \iff ad = bc$$

(1) 二項関係 ∼ は S における同値関係であることを証明せよ．

(2) $\left(\dfrac{a}{b}\right)$ を代表元とする同値類を単に $\dfrac{a}{b}$ と表し，**有理数**という．このとき，
$$\dfrac{a}{b} = \dfrac{c}{d}$$
は a, b, c, d のどのような関係を意味するか．

(3)* 上の (2) で定めた有理数の全体を $\mathbb{Q}$ と表す．$\mathbb{Q}$ に加法 $+$ と乗法 $\times$ を次のように定義する：

任意の $\dfrac{a}{b}, \dfrac{c}{d} \in \mathbb{Q}$ に対し，
$$\dfrac{a}{b} + \dfrac{c}{d} = \dfrac{ad+bc}{bd} \cdots\cdots (+), \qquad \dfrac{a}{b} \times \dfrac{c}{d} = \dfrac{ac}{bd} \cdots\cdots (\times)$$
$(+), (\times)$ が定義可能であること（well-defined であること）を示せ．

| 注 | 「定義可能」とは，次のような意味である．$(+), (\times)$ の右辺の同値類は同値類 $\dfrac{a}{b}$ の代表元 $\left(\dfrac{a}{b}\right)$ と同値類 $\dfrac{c}{d}$ の代表元 $\left(\dfrac{c}{d}\right)$ に依存して記述されている．これが代表元の選び方に依らずに同値類が定まるという意味である．したがって，次のことを示せばよい：

$$\left(\dfrac{a}{b}\right) \sim \left(\dfrac{a'}{b'}\right), \left(\dfrac{c}{d}\right) \sim \left(\dfrac{c'}{d'}\right) \Longrightarrow \left(\dfrac{ad+bc}{bd}\right) \sim \left(\dfrac{a'd'+b'c'}{b'd'}\right),$$
$$\left(\dfrac{ac}{bd}\right) \sim \left(\dfrac{a'c'}{b'd'}\right).$$

解答 (1) (E1) の証明：$ab = ba$ より，$\left(\dfrac{a}{b}\right) \sim \left(\dfrac{a}{b}\right)$．

(E2) の証明：$\left(\dfrac{a}{b}\right) \sim \left(\dfrac{c}{d}\right)$ ならば，$ad = bc$ である．この式を書き換えて，
$$cb = da. \quad \therefore \left(\dfrac{c}{d}\right) \sim \left(\dfrac{a}{b}\right).$$

(E3) の証明：$\left(\dfrac{a}{b}\right) \sim \left(\dfrac{c}{d}\right), \left(\dfrac{c}{d}\right) \sim \left(\dfrac{e}{f}\right)$ ならば，$ad = bc, cf = de$ である．前の式に f を，後の式に b をかけて，$adf = deb$ を得る．これから等式 $d(af - be) = 0$ を得るが，$d \neq 0$ であるから，
$$af - be = 0 \quad \therefore af = be. \quad \therefore \left(\dfrac{a}{b}\right) \sim \left(\dfrac{e}{f}\right).$$

(2) $\dfrac{a}{b} = \dfrac{c}{d}$ とは，2つの同値類が同一ということであるから，それぞれの代表元どうしは同値である：
$$\left(\dfrac{a}{b}\right) \sim \left(\dfrac{c}{d}\right). \quad \therefore\ ad = bc.$$

(3) $\left(\dfrac{a}{b}\right) \sim \left(\dfrac{a'}{b'}\right),\ \left(\dfrac{c}{d}\right) \sim \left(\dfrac{c'}{d'}\right)$ とすると，
$$ab' = ba' \qquad (*)$$
$$cd' = dc' \qquad (**)$$
$$\begin{aligned}(ad+bc)b'd' &= (ab')(dd') + (bb')(cd') \\ &= (ba')(dd') + (bb')(c'd) \quad (\because (*),\ (**) \text{を代入}) \\ &= (a'd' + b'c')bd.\end{aligned}$$

しかも，$b'd' \neq 0,\ bd \neq 0$ であるから，
$$\left(\dfrac{ad+bc}{bd}\right) \sim \left(\dfrac{a'd' + b'c'}{b'd'}\right).$$

再び $(*),\ (**)$ を使って変形する：
$$(ac)(b'd') = (ab')(cd') = (ba')(c'd) = (a'c')(bd).$$

しかも，$b'd' \neq 0,\ bd \neq 0$ であるから，
$$\left(\dfrac{ac}{bd}\right) \sim \left(\dfrac{a'c'}{b'd'}\right).$$

例題 3 実数を要素とする 2 次の正方行列全体の集合を $\mathcal{M}_2$ とする．
$$A = \begin{pmatrix} a & b \\ c & d \end{pmatrix}$$
に対し，$\det A = ad - bc$ を A の行列式といい，$\operatorname{tr} A = a + d$ を A のトレイス (trace) という．以下の問いに答えよ．

(1) $\mathcal{M}_2$ 上に二項関係 $\sim$ を次のように定義する：
$$A \sim B \iff P \in \mathcal{M}_2 \text{ が存在して } A = P^{-1}BP \text{ となる}.$$
この関係 $\sim$ は同値関係であることを証明せよ．
$A \sim B$ のとき，A と B は**相似** (similar) であるという．

$A, B \in \mathcal{M}_2$ について，次が成り立つことを証明せよ：

(2) $\det AB = \det A \cdot \det B$.

(3) $A \sim B \implies \det A = \det B$.

(4) $A \sim B \implies \operatorname{tr} A = \operatorname{tr} B$.

解答 (1) (E1) の証明：任意の $A \in \mathcal{M}_2$ は，単位行列 E を用いて $A = E^{-1}AE$ と表されるから，$A \sim A$ である．

(E2) の証明：$A \sim B$ ならば，$P \in \mathcal{M}_2$ が存在して，$A = P^{-1}BP$ となる．すると，$B = PAP^{-1} = (P^{-1})^{-1}AP^{-1}$ とできるから，$B \sim A$ である．

(E3) の証明：$A \sim B$, $B \sim C$ ならば，$P, Q \in \mathcal{M}_2$ が存在して，$A = P^{-1}BP$, $B = Q^{-1}CQ$ である．B を消去して，$A = (QP)^{-1}C(QP)$ を得るから，$A \sim C$ である．

(2)
$$A = \begin{pmatrix} a & b \\ c & d \end{pmatrix}, \quad B = \begin{pmatrix} p & q \\ r & s \end{pmatrix}$$

とすると，
$$AB = \begin{pmatrix} ap+br & aq+bs \\ cp+dr & cq+ds \end{pmatrix}$$

であるから，
$$\det(AB) = (ap+br)(cq+ds) - (aq+bs)(cp+dr)$$
$$= (ad-bc)(ps-qr) = \det A \cdot \det B.$$

(3) 一般に，$P \in \mathcal{M}_2$ が逆行列 P^{-1} をもてば，$\det(PP^{-1}) = \det E = 1$ だから，上の (2) により，$\det P^{-1} = (\det P)^{-1}$ となる．

そこで，$A \sim B$ ならば，$P \in \mathcal{M}_2$ が存在して，$A = P^{-1}BP$ となるから，
$$\det A = \det(P^{-1}BP) = \det P^{-1} \cdot \det B \cdot \det P = \det B.$$

(4)
$$P = \begin{pmatrix} x & y \\ z & w \end{pmatrix}$$

が逆行列 P^{-1} をもつとき，
$$P^{-1} = \begin{pmatrix} k & h \\ m & n \end{pmatrix}$$

とすれば，$PP^{-1} = E$ の両辺を比較して，次の 4 つの等式を得る：

$$xk+ym=1, \quad zh+wn=1, \quad zk+wm=0, \quad xh+yn=0$$

$$P^{-1}BP = \begin{pmatrix} k & h \\ m & n \end{pmatrix} \begin{pmatrix} p & q \\ r & s \end{pmatrix} \begin{pmatrix} x & y \\ z & w \end{pmatrix}.$$

右辺を計算すると，

$$P^{-1}BP = \begin{pmatrix} k(px+qz)+h(rx+sz) & * \\ * & m(py+qw)+n(ry+sw) \end{pmatrix}.$$

したがって，

$$\begin{aligned}\operatorname{tr}(P^{-1}BP) &= k(px+qz)+h(rx+sz)+m(py+qw)+n(ry+sw) \\ &= p(kx+my)+q(kz+mw)+r(hx+ny)+s(hz+nw) \\ &= p+s = \operatorname{tr} B.\end{aligned}$$

第 10 章の練習問題はありません．次の章で，整数全体の集合 $\mathbb{Z}$ 上の同値関係を取り扱います．

第11章　$\mathbb{Z}$ の類別
　　　　$\cdots m$ を法とする剰余類$\cdots$

ここで再び整数の話に戻る．m を正整数とし，固定する．

任意の整数 a は，除法の定理（定理 3.1）より，

$$a = mq + r, \quad 0 \leq r \leq m-1$$

と表され，剰余 r は a に対して一意に定まる．

そこで，整数全体の集合 $\mathbb{Z}$ 上に 2 項関係 $\sim$ を次のように定義する：

$$a \sim b \iff a = mq + r, \ b = mq' + r, \ 0 \leq r \leq m-1.$$

つまり，a, b をそれぞれ m で割った剰余が等しいときに，$a \sim b$ であると定める．このとき，$a - b = mq - mq' = m(q - q')$ であることから，$a - b$ が m の倍数であると定めても同等になることがわかる（第 10 章の例題 1 を参照）．

さて，この 2 項関係が同値律 (E1), (E2), (E3) をみたすことは直ちに確かめられる．関係 $\sim$ は $\mathbb{Z}$ 上の同値関係である．そこで，同値類を求め，$\mathbb{Z}$ を類別してみよう．

$r \in \mathbb{Z}$ を $0 \leq r \leq m-1$ とする．このとき，$r = m \cdot 0 + r$ だから，

$$a \sim r \iff a = mq + r \quad (0 \leq r \leq m-1)$$

が得られる．したがって，r を代表元とする同値類は

$$C(r) = \{a \in \mathbb{Z} \mid a \sim r\} = \{m \text{ で割った剰余が } r \text{ である整数の全体}\}$$

となる．そこで，剰余 $0, 1, 2, \cdots, m-1$ のそれぞれを代表元とする同値類は

$C(0) = \{\cdots, -2m, -m, 0, m, 2m, \cdots\} = \{mq \mid q \in \mathbb{Z}\} = C(m),$

$C(1) = \{\cdots, -2m+1, -m+1, 1, m+1, 2m+1, \cdots\} = \{mq+1 \mid q \in \mathbb{Z}\},$

$$C(2) = \{\cdots, -2m+2, -m+2, 2, m+2, 2m+2, \cdots\} = \{mq + 2 \mid q \in \mathbb{Z}\},$$
　......
$$C(m-1) = \{mq + (m-1) \mid q \in \mathbb{Z}\}$$
となり，これらは互いに異なる同値類で，
$$\mathbb{Z} = C(0) \cup C(1) \cup C(2) \cup \cdots \cup C(m-1)$$
が成り立つ．結局，同値関係 $\sim$ による $\mathbb{Z}$ の類別は次のようになる．

定理 11.1. $\mathbb{Z} = C(0) \cup C(1) \cup \cdots \cup C(m-1), \quad C(i) \cap C(j) = \emptyset \ (i \neq j)$

上で定義した $\mathbb{Z}$ 上の同値関係 $a \sim b$ を
$$a \equiv b \pmod{m}$$
と表し，a と b は m **を法として合同** (congruent modulo m) であるという．そして，この式を，m を法とする**合同式** (congruence) という．

また，各同値類を，m **を法とする剰余類** (residue class modulo m) という．(「同値」を「合同」に言い換えたので，合同類と言うこともある．)

また，剰余類の集合を $\mathbb{Z}/m\mathbb{Z}$ で表し，**剰余系**という：
$$\mathbb{Z}/m\mathbb{Z} = \{C(0), C(1), C(2),, \cdots, C(m-1)\}.$$
次に，$\mathbb{Z}/m\mathbb{Z}$ 上に加法の演算 "+" と乗法の演算 "×" を以下のように導入する：
各 $0 \le i, j \le m-1$ について，
$$C(i) + C(j) = C(k), \quad k \equiv i + j \pmod{m}.$$
$$C(i) \times C(j) = C(h), \quad h \equiv ij \pmod{m}.$$
このような定義が可能である（意味をもつ）ことを確認しておく
$mp + i, \ mp' + i \in C(i), \ mq + j, \ mq' + j \in C(j)$ について，
$$(mp + i) + (mq + j) = m(p+q) + (i+i) \equiv i + j \pmod{m},$$
$$(mp' + i) + (mq' + j) = m(p'+q') + (i+j) \equiv i + j \pmod{m},$$
$$(mp + i) \times (mq + j) = m^2 pq + m(jp + iq) + (ij) \equiv ij \pmod{m},$$
$$(mp' + i) \times (mq' + j) = m^2 p'q' + m(jp' + iq') + (ij) \equiv ij \pmod{m}.$$

定理 11.2. 剰余系 $\mathbb{Z}/m\mathbb{Z}$ 上に加法 $+$ と乗法 $\times$ を上のように定めたとき，以下の性質が成り立つ：

[1] 1. (加法に関する結合法則)
$$C(i) + (C(j) + C(k)) = (C(i) + C(j)) + C(k).$$
2. (加法に関する交換法則)
$$C(i) + C(j) = C(j) + C(i).$$
3. (加法単位元の存在)
$$C(i) + C(0) = C(i) = C(0) + C(i).$$
4. (加法逆元の存在)
$$C(i) + C(-i) = C(0) = C(-i) + C(i).$$

[2] 1. (乗法に関する結合法則)
$$C(i) \times (C(j) \times C(k)) = (C(i) \times C(j)) \times C(k).$$
2. (乗法に関する交換法則)
$$C(i) \times C(j) = C(j) \times C(i).$$
3. (乗法単位元の存在)
$$C(i) \times C(1) = C(i) = C(1) \times C(i).$$

[3] (分配法則)
$$C(i) \times (C(j) + C(k)) = C(i) \times C(j) + C(i) \times C(k),$$
$$(C(i) + C(j)) \times C(k) = C(i) \times C(k) + C(j) \times C(k).$$

この定理で挙げた性質は，環の公理といわれるもので，剰余系 $\mathbb{Z}/m\mathbb{Z}$ が上に定めた演算 $+, \times$ に関して環であることを主張している．そこで，$\mathbb{Z}/m\mathbb{Z}$ を m を法とする $\mathbb{Z}$ の剰余環という．（第 1 章（出発点 1）の後の覚書を参照のこと．）

ここで剰余環 $\mathbb{Z}/m\mathbb{Z}$ における乗法の構造を調べてみる．

|例| $\mathbb{Z}/6\mathbb{Z}$ において，次が成り立つ：
$$C(0) \times C(i) = C(0) \ (0 \leq i \leq 5), \quad C(1) \times C(j) = C(j) \ (1 \leq j \leq 5),$$
$$C(2) \times C(2) = C(4), \quad C(2) \times C(3) = C(0), \quad C(2) \times C(4) = C(2),$$
$$C(2) \times C(5) = C(4), \quad C(3) \times C(3) = C(3), \quad C(3) \times C(4) = C(0),$$
$$C(3) \times C(5) = C(3), \quad C(4) \times C(4) = C(4), \quad C(4) \times C(5) = C(2),$$

$$C(5) \times C(5) = C(1).$$

これによると，$C(0)$ は加法単位元（零元），$C(1)$ は乗法単位元の役割を果たしているが，$\mathbb{Z}/6\mathbb{Z}$ は整域ではないことがわかる．また，$C(i) \times X = C(1)$ となる X を $C(i)$ の**乗法逆元**ということにすると，$C(1), C(5)$ は自身が乗法逆元であるが，$C(2), C(3), C(4), C(0)$ の乗法逆元は存在しないこともわかる．

そこで乗法逆元の存在と一意性の問題を調べてみる．言葉を一つ導入する：

各剰余類から 1 つずつ代表元を選ぶ：

$$x_r \in C(r) \quad (r = 0, 1, \cdots, m-1).$$

このとき集合

$$\{x_0, x_1, \cdots, x_{m-1}\}$$

を（一組の）m **を法とする完全剰余系** (complete system of residues modulo m) という．もちろん $\{0, 1, 2, \cdots, m-1\}$ はその典型的な完全剰余系の一つであるが，$\{m, 1, 2, \cdots, m-1\} = \{1, 2, \cdots, m-1, m\}$ もよく用いられる．

補題 1 p を素数とする．$a \in \mathbb{N}$ について，$\mathrm{GCD}\,(a, p) = 1$ のとき，$ax \equiv 1 \pmod{p}$ となる $x \in \mathbb{N}$ が存在する．

証明 p を法とする完全剰余系 $\{0, 1, \cdots, p-1\}$ を選ぶ．ここで，次章の定理 12.3 を先取りして使用する．$\mathrm{GCD}\,(a, p) = 1$ だから，$\{a \cdot 0, a \cdot 1, \cdots, a(p-1)\}$ も p を法とする完全剰余系である．よって，この中に p を法として 1 と合同な数がある． □

定理 11.3. p を素数とする．剰余環 $\mathbb{Z}/p\mathbb{Z}$ の加法単位元 $C(0)$ を除くすべての元は乗法逆元をもつ．

証明 $1 \leq i \leq p-1$ について，$\mathrm{GCD}\,(i, p) = 1$ であるから，合同式 $ix \equiv 1 \pmod{p}$ は $\{1, 2, \cdots, p-1\}$ の中に解をもつ．その解を j とすれば，$C(i) \times C(j) = C(1)$ となる．

また，この解 j が一意的であることも，$1, 2, \cdots, p-1$ が互いに素であるこ

とから，明らかである． □

(覚書) 環 R から加法単位元 0 を除いたすべての元が，乗法逆元をもつとき，つまり，乗法に関しても群であるとき，R は**体**であるという．この意味で，剰余環 $\mathbb{Z}/p\mathbb{Z}$ を p を法とする $\mathbb{Z}$ の**剰余体**という．

定理 11.4 p を素数とするとき，次が成り立つ：
(1) $p \neq 2$ ならば，合同式 $x^2 \equiv 1 \pmod{p}$ の解の個数は 2 である．
(2) (**Wilson の定理**) $(p-1)! \equiv -1 \pmod{p}$．
(3) 整数 $m \geq 2$ について，$(m-1)! \equiv -1 \pmod{m} \implies m$ は素数．

証明 この証明においては，剰余体 $\mathbb{Z}/p\mathbb{Z}$ における方程式を扱う．煩雑さを避けるために，元 $C(i)$ を $\bar{i}$ で表す．また，$\bar{i}$ の乗法逆元を $\bar{i}^{-1}$ で表す．

(1) 剰余体 $\mathbb{Z}/p\mathbb{Z}$ において，$X^2 - \bar{1} = (X+\bar{1})(X-\bar{1})$ と分解される．$\mathbb{Z}/p\mathbb{Z}$ は体であるから，$X^2 - \bar{1} = \bar{0}$ の解は $\bar{1}$ と $-\bar{1}$ だけであり，$p > 2$ であるから，これらは異なる解である．

(2) 合同式 $(p-1)! \equiv -1 \pmod{p}$ $\qquad (*)$
は，$p=2$ のとき $1 \equiv -1 \pmod{2}$，$p=3$ のとき $1 \times 2 \equiv -1 \pmod{3}$ であるから，成り立っている．

そこで，以下では $p \geq 5$ とする．

$$\text{乗法群}\quad \mathbb{Z}/p\mathbb{Z} - \bar{0} = \{\bar{1}, \bar{2}, \cdots, \overline{p-1}\}$$

において，$\bar{i}^{-1} = \bar{i}$，すなわち，$\bar{i}^2 = \bar{1}$ をみたす元 $\bar{i}$ は，(1) により，$\bar{1}$ と $-\bar{1} = \overline{p-1}$ だけである．

これ以外の元については，$\bar{i}^{-1} \neq \bar{i}$ であり，すべて $\bar{2}, \cdots, \overline{p-1}$ の中に現れる．$\bar{i} \times \bar{i}^{-1} = \bar{1}$ であるから，

$$\bar{2} \times \bar{3} \times \cdots \times \overline{p-2} = \bar{1} \quad \text{すなわち} \quad 2 \times 3 \times \cdots \times (p-2) \equiv 1 \pmod{p}$$

が成り立つ．以上から，

$$1 \times 2 \times \cdots \times (p-1) \equiv p-1 \equiv -1 \pmod{p}$$

である．

(3)（背理法）もし，$m = n \times \ell$, $n, \ell \geq 2$，と書けるとすると，
$$n \mid 1 \times 2 \times \cdots \times n \times \cdots \times (m-1) + 1$$
となって矛盾する． □

覚書 Wilson の定理は，定理 11.3 を使わずとも証明可能であるが，本質的に定理 11.3 までの道を辿ることになる．数学オリンピックで抽象代数学の知識をどこまで仮定するのか定かでないが，Wilson の定理までを許容している国が多い．

第 11 章 練習問題（初級）

1. (1) $\{3, 4, 5, 6, 7\}$ は 5 を法とする完全剰余系であることを確かめよ．
(2) $\{6, 8, 10, 12, 14\}$ は 5 を法とする完全剰余系であることを確かめよ．

2. $a, b, c \in \mathbb{Z}$ をピタゴラス数とすると（第 8 章 練習問題（上級 1）を参照），$P = abc$ は $60 = 3 \cdot 4 \cdot 5$ で割り切れる（$60 \mid abc$）ことを証明せよ．

第 11 章 練習問題（中級）

1. (ROMANIAN MO/Grade 9/2008) 集合 $A = \{1, 2, 3, \cdots, n\}$ を考える．ただし，n は 6 以上の整数とする．次を証明せよ：

A が次の条件（i），（ii），（iii）をみたす 3 つの部分集合 B, C, D に分割されるための必要十分条件は，n が 3 の倍数であることである．

（i） $A = B \cup C \cup D$, $B \cap C = C \cap D = D \cap B = \emptyset$.
（ii） $|B| = |C| = |D|$. ただし，集合 X について，$|X|$ でその要素の個数を表す．
（iii） B の要素の総和と，C の要素の総和，および D の要素の総和が相等しい．

第 11 章 練習問題（上級）

1. (CANADA MO/2014) p を奇素数とする．整数の組 $(a_1, a_2, \cdots, a_p)$ が

GOOD であるとは，次の3つの性質をみたす場合をいう：
(1) すべての $1 \le i \le p$ で，$1 \le a_i \le p-1$ が成り立つ．
(2) $\sum_{i=1}^{p} a_i$ が p で割り切れない．
(3) $a_1 a_2 + a_2 a_3 + \cdots + a_{p-1} a_p + a_p a_1$ が p で割り切れる．
GOOD な組はいくつあるか．

2. (APMO/2008(5)) $0 < a < c-1$, $1 < b < c$ をみたす整数 a, b, c がある．$0 \le k \le a$ なる整数 k に対し，kb を c で割った余りを r_k ($0 \le r_k < c$) とする．このとき，2つの集合 $\{r_0, r_1, r_2, \cdots, r_a\}$ と $\{0, 1, 2, \cdots, a\}$ は異なることを示せ．

3. (AUSTRALIAN MO/2002(7)) n, q は整数で，$n \ge 5$, $2 \le q \le n$ である．このとき，$q-1$ は
$$\left\lfloor \frac{(n-1)!}{q} \right\rfloor$$
を割り切ることを証明せよ．

ただし，$\lfloor x \rfloor$ は x 以下の最大の整数を表す．

第12章　合同式の基本性質

まず，合同式 $a \equiv b \pmod{m}$ の基本的な計算法則を整理する．

合同式 $a \equiv b \pmod{m}$ とは，a と b をそれぞれ m で割った剰余が等しいことであった．つまり，a, b が m に関する同じ剰余類に属することであった．この判定に有効な言い換えをまず挙げておく．

補題 12.1.　$a \equiv b \pmod{m} \iff m \mid a - b$.

証明　$a = mq_1 + r_1$, $b = mq_2 + r_2$, $0 \leq r_1, r_2 \leq m-1$ とすると，
$$a - b = m(q_1 - q_2) + (r_1 - r_2).$$
($\Longrightarrow$) $a \equiv b \pmod{m}$ ならば，$r_1 = r_2$ であるから，$m \mid a - b$ である．
($\Longleftarrow$) $m \mid a - b$ ならば，$m \mid r_1 - r_2$ となるが，$|r_1 - r_2| < m$ なので，$r_1 = r_2$ でなければならない．　□

定理 12.2. (合同式の計算法則)
(1)　$a \equiv b \pmod{m}$, $c \equiv d \pmod{m}$
　　$\Longrightarrow a + c \equiv b + d \pmod{m}$, $ac \equiv bd \pmod{m}$.
(2)　簡約律 (cancellation law)
　　$ca \equiv cb \pmod{m}$, $(c, m) = 1 \Longrightarrow a \equiv b \pmod{m}$.
(3)　$a \equiv b \pmod{m}$, $d \mid m \Longrightarrow a \equiv b \pmod{d}$.
(4)　$d \neq 0$ のとき,
　　$ad \equiv bd \pmod{md} \iff a \equiv b \pmod{m}$.

証明 (1) 仮定より，$m \mid a-b$, $m \mid c-d$ である（補題 12.1）．ところで，
$$(a+c) - (b+d) = (a-b) + (c-d), \quad ac - bd = a(c-d) + d(a-b)$$
であるから，これらは m で割り切れる．

(2) $m \mid c(a-b)$ かつ $(m, c) = 1$ ならば，定理 4.5 により，$m \mid a-b$ である．

(3) 仮定より，$m \mid a-b$ で $d \mid m$ だから，定理 4.1(2) により，$d \mid a-b$ である．よって，$a \equiv b \pmod{d}$．

(4) $ad \equiv bd \pmod{md} \iff md \mid (a-b)d$
$\iff m \mid a-b \iff a \equiv b \pmod{m}$． □

注 上の定理で，(1) と (2) は合同式でも通常の等式とほぼ同じ計算ができるという保証であり，(3) と (4) は法 m を減じるための法則である．

定理 12.2(1) を反復して用いることにより，次を得る：

系 12.3 $x \equiv y \pmod{m}$
$\implies$ 任意の $n \in \mathbb{N}$ について，$x^n \equiv y^n \pmod{m}$．

また，任意の整数 $a_0, a_1, \cdots, a_n$ に対して，次も成り立つ：
$$a_n x^n + a_{n-1} x^{n-1} + \cdots + a_1 x + a_0$$
$$\equiv a_n y^n + a_{n-1} y^{n-1} + \cdots + a_1 y + a_0 \pmod{m}.$$

定理 12.4. $\{x_0, x_1, \cdots, x_{m-1}\}$ が m を法とする完全剰余系であるとする．このとき，$(a, m) = 1$ ならば，
$$\{ax_0, ax_1, \cdots, ax_{m-1}\}$$
も m を法とする完全剰余系である．

証明 m を法とする異なる剰余類の個数は m であるから，$\{ax_0, ax_1, \cdots, ax_{m-1}\}$ が完全剰余系であることを示すには，$ax_0, ax_1, \cdots, ax_{m-1}$ のどの 2 つも m を法として合同でないことを示せば十分である．

いま，$i \neq j$ について，$ax_i \equiv ax_j \pmod{m}$ であるとする．仮定 $(a, m) = 1$

のもとでは，定理 10.2(2) によって，

$$x_i \equiv x_j \pmod{m}$$

が成り立つ．これは $\{x_0, x_1, \cdots, x_{m-1}\}$ が完全剰余系であることに反する．よって，$ax_0, ax_1, \cdots, ax_{m-1}$ のどの 2 つも m を法として合同でない． □

例題 1 (JMO/2000 予選 8)　${}_{40}C_{20}$ を 41 で割った余りを求めよ．

解答
$$\begin{aligned}
{}_{40}C_{20} \times 20! &= 40 \times 39 \times \cdots \times 21 \\
&\equiv (-1) \times (-2) \times \cdots \times (-20) \pmod{41} \\
&= (-1)^{20} \times 20! \\
&= 20!
\end{aligned}$$

よって，$({}_{40}C_{20} - 1) \times 20! \equiv 0 \pmod{41}$．41 は素数なので，41 と $20!$ は互いに素である．よって，${}_{40}C_{20} - 1 \equiv 0 \pmod{41}$ であり，${}_{40}C_{20} \equiv 1 \pmod{41}$ である．すなわち，求める余りは 1 である．

注　上の解答の核心は，41 が素数であるという点にある．同様の考えから，p が素数のとき，${}_{p-1}C_{2k} \equiv 1, {}_{p-1}C_{2k+1} \equiv -1 \pmod{p}$ となる．

■ 第 12 章 練習問題（初級）■

1. (1)　$m \in \mathbb{N}$ が素数のとき，$a, b \in \mathbb{Z}$ について，次を証明せよ：

$$a \equiv 0 \pmod{m}, \ b \equiv 0 \pmod{m} \implies ab \equiv 0 \pmod{m}$$

(2)　m が合成数ならば，上の (1) は成立しない．その例を挙げよ．

2.　$(a, m) = 1$ のとき，$ax \equiv 1 \pmod{m}$ となる整数 x が存在することを示し，$5x \equiv 1 \pmod{7}$ となる整数 x を 1 つ求めよ．
（ヒント）定理 12.3 を使うか，$(a, m) = 1$ を直接に使う．

3. (AUSTRIAN MO(J)/2007)　すべての整数 $n \geq 0$ について，整数

$$9^n + 8^n + 7^n + 6^n - 4^n - 3^n - 2^n - 1^n$$

は 10 で割り切れることを証明せよ．

4. (JMO/2001 予選 5) $1^{2001} + 2^{2001} + 3^{2001} + \cdots + 2000^{2001} + 2001^{2001}$ を 13 で割ったときの余りを求めよ．

5. (JJMO/2011 予選 9) 正整数 k に対し，k の各桁の和を $S(k)$ で表す．$S(n^2) = S(n) - 7$ となる正整数 n の最小値を求めよ．

6. (ROMANIAN MC/TST(JBMO)/2009) 次の等式をみたす非負整数 a, b, c, d をすべて求めよ：
$$7^a = 4^b + 5^c + 6^d.$$

第 12 章 練習問題（中級）

1. (JJMO/2013 予選 6) a, b, c を 2 桁の相異なる正整数とする．積 abc の下 2 桁が 99 であるとき，$a + b + c$ としてありうる最大の値を求めよ．

2. (JMO/2011 予選 8) 2 桁の整数 x, y があり，x の十の位は y の一の位と等しく，y の十の位は x の一の位と等しい．また，x と y の積を P とすると，P の下 2 桁を 2 桁の整数とみなしたものは上 2 桁を 2 桁の整数とみなしたものより 23 大きくなった．このとき，P の値を求めよ．

3. (JMO/2004 予選 4) $7m + 3n = 10^{2004}$ をみたす正整数の組 (m, n) で，$\dfrac{n}{m}$ が整数となるようなものはいくつあるか．

4. (JMO/2015 予選 10) 正整数に対して，次の操作を行うことを考える：
　　　一の位の数字を取り去り，それを 4 倍したものを加える．
たとえば，1234 に操作を行うと $123 + 16 = 139$ となり，7 に操作を行うと 28 になる．
25^{2015} から始めて操作を 10000 回行った後に得られる数はいくつか．

5 (ROMANIAN MO/TST/2005) 方程式 $3^x = 2^x y + 1$ の正の整数解 (x, y) をすべて求めよ．

第12章 練習問題（上級）

1. (JMO/2014 本選 2)　$2^a + 3^b + 1 = 6^c$ をみたす正整数の組 (a, b, c) をすべて求めよ．

2. (IMO/2008(3))　次の条件をみたす正整数 n が無数に存在することを示せ：
条件：$n^2 + 1$ は $2n + \sqrt{10n}$ より大きい素因数をもつ．

3. (IMO/2007(5))　a, b を正整数とする．$4ab - 1$ が $(4a^2 - 1)^2$ を割り切るならば，$a = b$ であることを示せ．

4. (IMO/1994(4))　$\dfrac{n^3 + 1}{mn - 1}$ が整数となるような正整数の組 (m, n) をすべて決定せよ．

5. (APMO/2014(3))　以下の条件をみたす正整数 n をすべて求めよ．
条件：任意の整数 k に対して，$a^3 + a - k$ が n で割り切れるような整数 a が存在する．

第13章　1次の合同式

$n \in \mathbb{N}$ について，$f(x)$ を変数 x に関する整数係数の n 次多項式とする：
$$f(x) = a_n x^n + a_{n-1} x^{n-1} + \cdots + a_1 x + a_0.$$
$a_n \neq 0$ のとき，合同式
$$f(x) \equiv 0 \pmod{m} \qquad (*)$$
を，未知数が1つの **n 次の合同式**という．（n 次の合同方程式というべきものであるが，通常は n 次の合同式という.)

整数 a が $f(a) \equiv 0 \pmod{m}$ をみたすとき，a をこの合同式 $(*)$ の **解** (solution) といい，解を求めることを合同式 $(*)$ を**解く**という．

a が合同式 $(*)$ の解であれば，法 m に関する剰余類 $C(a)$ に属するすべての整数は，やはり合同式 $(*)$ の解となる．実際，
$$b \equiv a \pmod{m} \quad \text{ならば，} \quad f(b) \equiv f(a) \pmod{m}$$
であるから（第12章例題1を参照），$f(b) \equiv 0 \pmod{m}$ も成り立つからである．

このことから，合同式 $(*)$ の解は
$$x \equiv a \pmod{m}$$
と記述する．

もちろん，合同式によっては，2つ以上の剰余類に属する整数が解となることもあるし，また解がないこともあり得る．

さて，ここからは未知数が1つである1次の合同式

$$ax \equiv b \pmod{m} \qquad (**)$$

のみを扱い，その解をもつための条件と解の形を求めることにする．

合同式 (**) の解が m を法とするただ 1 つの剰余類 $C(a)$ に属する整数であるときには，代表元の 1 つを a_1 として，

$$x \equiv a_1 \pmod{m}$$

と表される．このとき，合同式 (**) は **m を法としてただ 1 つの解をもつ**という．

また，合同式 (**) が d 個の異なる剰余類に属する整数を解にもつとき，各剰余類の代表元を $a_1, a_2, \cdots, a_d$ とすると，解は

$$x \equiv a_1, a_2, \cdots, a_d \pmod{m}$$

と表される．このとき，合同式 (**) は **m を法として d 個の異なる解をもつ**という．

定理 13.1. 合同式 $ax \equiv b \pmod{m}$
は，$(a, m) = 1$ のとき，m を法としてただ 1 つの解をもつ．

証明 m を法とする完全剰余系 $\{0, 1, \cdots, m-1\}$ をとれば，定理 10.3 によって，$\{a \cdot 0, a \cdot 1, \cdots, a \cdot (m-1)\}$ も完全剰余系である．ゆえに，$0 \leq j \leq m-1$ であるただ 1 つの j について

$$a \cdot j \equiv b \pmod{m}$$

となる． □

例題 1 次の合同式を解け：

$$19x \equiv 105 \pmod{131} \qquad ①$$

解答 $(19, 131) = 1$ だから，合同式①は 131 を法としてただ 1 つの解をもつ．合同式 $131x \equiv 0 \pmod{131}$ と①を定理 10.2(1) によって辺々加えて，

$$150x \equiv 105 \pmod{131}$$

を得る．$(15, 131) = 1$ であるから，両辺を 15 で割ることができる (定理 10.2(2))：

$$10x \equiv 7 \pmod{131}.$$

$131 \times 3 = 393$ を右辺に加えて

$$10x \equiv 400 \pmod{131}.$$

$(10, 131) = 1$ であるから，両辺を 10 で割って

$$x \equiv 40 \pmod{131}. \qquad \square$$

注 この解法は，x の係数が小さくなるように眼で見て判断する方法である．系統的ではないが，現れる数が小さい場合には有力な方法である．次のように，ユークリッドの互除法を用いれば系統的だが，計算はコンピュータ向きである．

例題 1 の別解 $(19, 131) = 1$ だから，ユークリッドの互除法により

$$\begin{aligned} 1 &= (131 - 19 \cdot 6) - 8(19 - 17) \\ &= 131 - 14 \cdot 19 + 8 \cdot 17 \\ &= 131 - 14 \cdot 19 + 8(131 - 19 \cdot 6) \\ &= 9 \cdot 131 - 62 \cdot 19. \end{aligned}$$

これより，

$$19 \cdot (-62) \equiv 1 \pmod{131}.$$

両辺を 105 倍して，

$$19 \cdot (-62) \cdot 105 \equiv 105 \pmod{131}.$$

解の一意性により，$x \equiv -62 \cdot 105 \pmod{131}$ がただ 1 つの解である．

$$\begin{aligned} x &\equiv -6310 \pmod{131} \\ &\equiv 40 \pmod{131}. \end{aligned} \qquad \square$$

一般の 1 次の合同式に関しては，次が得られる：

定理 13.2. 1 次の合同式

$$ax \equiv b \pmod{m} \qquad (**)$$

において，$(a, m) = d$ とすると，次が成り立つ：

> 合同式 $(**)$ が解をもつ $\iff d \mid b$.
>
> このとき，合同式 $(**)$ は m を法として d 個の異なる解をもつ．
> 整数解の 1 つを x_0 とし，$m = m_1 d$ とするとき，d 個の解は
>
> $$x \equiv x_0, x_0 + m_1, x_0 + 2m_1, \cdots, x_0 + (d-1)m_1 \pmod{m}$$
>
> で与えられる．

証明 $(a, m) = d$ より，$a_1, m_1 \in \mathbb{Z}$ が存在して，

$$a = a_1 d, \quad m = m_1 d, \quad (a_1, m_1) = 1$$

と表される．

($\Longrightarrow$ の証明) 合同式 $(**)$ が解をもつとし，その 1 つを x_0 とすると，$m \mid ax_0 - b$ であるから，

$$t \in \mathbb{Z} \text{ が存在して，} ax_0 - b = mt$$

となる．ゆえに，

$$b = ax_0 - mt = (a_1 x_0 - m_1 t)d$$

となり，$d \mid b$ である．

($\Longleftarrow$ の証明) $b = b_1 d$ とする．このとき，合同式 $(**)$ は

$$a_1 d x \equiv b_1 d \pmod{m_1 d} \qquad (**)'$$

であり，定理 12.2(4) により，

$$a_1 x \equiv b_1 \pmod{m_1} \qquad (***)$$

と同等である．すなわち，合同式 $(**)'$ と $(***)$ の解の集合は一致する．

さて，いま $(a_1, m_1) = 1$ だから，定理 13.1 により，$(***)$ は m_1 を法としてただ 1 つの解をもつ；この解を x_0 とする．このとき，解の集合は

$$\{x_0 + m_1 t \mid t \in \mathbb{Z}\}$$

と表され，これは $(**)'$ の解の集合でもある．この集合を m を法として類別するには，異なる剰余類の代表元を

$$x_0 \leq x_0 + m_1 t < x_0 + m$$

をみたすように選べばよい．よって，$(**)$ の解は
$$x \equiv x_0,\ x_0 + m_1,\ x_0 + 2m_1,\ \cdots,\ x_0 + (d-1)m_1 \pmod{m}$$
となる． □

例題 2 次の合同式を解け：
$$10x \equiv 4 \pmod{42} \qquad ②$$

解答 $(10, 42) = 2,\ 2 \mid 4$
であるから，合同式②は 42 を法として 2 個の解をもつ．
合同式②の整数解を求める．両辺を法も含めて 2 で割って
$$5x \equiv 2 \pmod{21} \qquad ②'$$
を解く（定理 12.2(4)）．$21 \cdot 3 = 63$ を②′ の右辺に加えて
$$5x \equiv 65 \pmod{21} \quad \therefore\ x \equiv 13 \pmod{21}.$$
よって，②′ の整数解は
$$13 + 21t, \quad (t \in \mathbb{Z})$$
である．このうちで 42 を法として合同でないものは
$$x \equiv 13,\ 34 \pmod{42}. \qquad □$$

例題 1 の別解や例題 2 の解答で気付いた方も居られると思うが，未知数が 2 つの不定方程式の整数解を求める問題は，合同式に直して解くことができる．逆に，1 次の合同式を解くのに不定方程式を利用することができる．この辺の関係を次の 2 つの例題で示す．最初の例題は，第 4 節で取り上げた例題 7 である．

例題 3 次の方程式の整数解を求めなさい：
$$136x + 595y = 17 \qquad ③$$

解答 係数について，$(136, 595) = 17$ であるから，辺々割って
$$8x + 35y = 1 \qquad ③'$$
を解けばよい．

$$35y \equiv 1 \pmod{8}.$$

35 から 8×4 を引き,

$$3y \equiv 1 \pmod{8}.$$

右辺に 8 を加えて

$$3y \equiv 9 \pmod{8} \quad \therefore \quad y \equiv 3 \pmod{8}.$$

したがって, y の整数解は $y = 3 + 8t$ $(t \in \mathbb{Z})$ とおける. これを③′に代入して, $x = -13 - 35t$ を得る.

任意の $t \in \mathbb{Z}$ について, これらは③′をみたすから, 方程式③の整数解は

$$x = -13 - 35t, \quad y = 3 + 8t \ (t \in \mathbb{Z}). \qquad \square$$

|例題 4| 次の合同式を解け:

$$19x \equiv 41 \pmod{243} \qquad ④$$

解答 $(19, 243) = 1$ より, 解は 243 を法としてただ 1 つであるから, 不定方程式

$$19x_0 + 243y_0 = 41 \qquad ④'$$

をみたす整数 x_0 が 1 つ見つかればよい.

$$243y_0 \equiv 41 \pmod{19}, \quad 15y_0 \equiv 3 \pmod{19},$$
$$5y_0 \equiv 20 \pmod{19}. \quad \therefore \quad y_0 \equiv 4 \pmod{19}.$$

$y_0 = 4$ を④′に代入して

$$19x_0 = 41 - 243 \times 4 = -931, \quad x_0 = -49.$$

したがって, $19(-49) \equiv 41 \pmod{243}$ であるから, 合同式④の解は

$$x \equiv -49 \equiv 194 \pmod{243}. \qquad \square$$

上の 2 つの例題で見られるように, 未知数が 1 つの 1 次の合同式を解くことと, 未知数が 2 つの 1 次の不定方程式の整数解を求めることは同等である.

第13章 練習問題（初級）

1. 2次の合同式について，次の問に答えよ：

(1) $x^2 \equiv 2 \pmod{3}$ は解をもたないことを示せ．

(2) $x^2 \equiv 1 \pmod{12}$ は 12 を法として 4 個の解をもつことを示せ．

2. 解があるか否かを判定し，次の合同式を解け：

(1) $16x \equiv 11 \pmod{27}$ (2) $123x \equiv 38 \pmod{119}$

(3) $1261x \equiv 71 \pmod{91}$ (4) $-21x \equiv 6 \pmod{18}$

(5) $115x \equiv 35 \pmod{455}$

3. 解があるか否かを判定し，次の方程式の整数解を求めよ：

(1) $16x - 30y = 2$ (2) $281x + 81y = 1$

(3) $12851x - 3692y = 71$

4. $(2^{100} - 1)^{111} \equiv a \pmod{100}$ であり，$0 \leq a < 100$ をみたす整数 a を求めよ．

5. $3^{30} \equiv a \pmod{29^2}$ であり，$0 \leq a < 29^2$ をみたす整数 a を求めよ．

第13章の練習問題（中級），（上級）はありません．

第14章　連立1次合同式

中国古代の後漢の時代（AD25–220），明帝の頃に書かれたといわれる算術書『孫子算経』には次のような問題と解答が載っている（原本は縦書き）：

　　物があってその個数が分からない．
　　3つずつ数えていくと2つ余る．
　　5つずつ数えていくと3つ余る．
　　7つずつ数えていくと2つ余る．
　　物はいくつあるか．

直後に答と孫子による解法が書かれている：

　　（答）　23
　　（解法）
　　3つずつ数えていくと2つ余る数を140と置く．
　　5つずつ数えていくと3つ余る数を63と置く．
　　7つずつ数えていくと2つ余る数を30と置く．
　　これを合わせて233を得る．
　　233から210を引いて答を得る．

この問題を合同式で表してみると次のようになる：

$$\begin{cases} x \equiv 2 \pmod{3} \\ x \equiv 3 \pmod{5} \\ x \equiv 2 \pmod{7} \end{cases}$$

を同時にみたす正整数 x を求めよ．

上の問題のように，いくつかの1次の合同式を並べ，これらを同時にみたす整

数解を求める問題を**連立 1 次合同式**といい，整数解を**解**という．

上の問題に戻る．3, 5, 7 はどの 2 つも互いに素であることに注意する．これらの最小公倍数は $3 \cdot 5 \cdot 7 = 105$ であることに注目して，（解法）を分析してみる．

$$35 \cdot 4 = 140 \equiv 2 \pmod{3},$$
$$21 \cdot 3 = 63 \equiv 3 \pmod{5},$$
$$15 \cdot 2 = 30 \equiv 2 \pmod{7},$$
$$x_0 = 35 \cdot 4 + 21 \cdot 3 + 15 \cdot 2 = 233,$$
$$x \equiv 233 \equiv 23 \pmod{105}$$

のように表すことができる．ただし，この解法には 140, 63, 30 などを見出す方法は述べられていない．しかし，これは組織的な解法になっている．この道筋を一般的に定理のかたちで述べてみる．証明における「解の構成」がそのまま解法になっている．

定理 14.1（中国の剰余定理）(Chinese remainder theorem)

自然数 $m_1, m_2, \cdots, m_k$ はどの 2 つも互いに素であるとし，

$$M = m_1 m_2 \cdots m_k$$

とする．このとき，任意の整数 $a_1, a_2, \cdots, a_k$ に対し，連立 1 次合同式

$$\begin{cases} x \equiv a_1 \pmod{m_1} \\ x \equiv a_2 \pmod{m_2} \\ \quad \cdots \cdots \\ x \equiv a_k \pmod{m_k} \end{cases}$$

は，M を法としてただ 1 つの解をもつ．

証明

(1) 解の構成法 $M_j = \dfrac{M}{m_j}$ $(j = 1, 2, \cdots, k)$

とする．これより，

$$i \neq j \Longrightarrow m_i \mid M_j \qquad ①$$

また，$m_1, m_2, \cdots, m_k$ のどの 2 つも互いに素であるから，

$$(m_i, M_i) = 1 \quad (i = 1, 2, \cdots, k) \qquad ②$$

このとき，各 i について，m_i を法とする合同式

$$M_i t_i \equiv a_i \pmod{m_i}$$

は，②により，解をもつ．解の1つを改めて t_i とし，

$$x_0 = M_1 t_1 + M_2 t_2 + \cdots + M_k t_k$$

とする．これを法 m_i で考えると，①より

$$x_0 \equiv M_i t_i \equiv a_i \pmod{m_i} \quad (i = 1, 2, \cdots, k)$$

となり，x_0 は与えられた連立1次合同式の解である．さらに，x_0 に M の整数倍を加えてもやはりこの連立1次合同式の解となるから，この連立1次合同式は M を法として解 x_0 をもつ．

(2) M を法とする解の一意性

整数 y_0 を与えられた連立1次合同式の任意の解とする：

$$\begin{cases} y_0 \equiv a_1 \pmod{m_1} \\ y_0 \equiv a_2 \pmod{m_2} \\ \qquad \cdots\cdots \\ y_0 \equiv a_k \pmod{m_k} \end{cases}$$

このとき，各 i について，

$$x_0 - y_0 \equiv a_i - a_i \equiv 0 \pmod{m_i}, \quad \therefore\ m_i \mid x_0 - y_0$$

が成り立つから，$m_1, m_2, \cdots, m_k$ の最小公倍数は $x_0 - y_0$ を割り切る．いま，$m_1, m_2, \cdots, m_k$ のどの2つも互いに素であるから，$M = \mathrm{LCM}(m_1, m_2, \cdots, m_k)$ であり，

$$x_0 \equiv y_0 \pmod{M}$$

が成り立つ．すなわち，2つの解は M を法として合同である． □

ここで，この定理の「解の構成法」の過程に従って，『孫子算経』の問題を再び解いてみる．

例題 1 次の連立1次合同式を解け．

$$\begin{cases} x \equiv 2 \pmod{3} \\ x \equiv 3 \pmod{5} \\ x \equiv 2 \pmod{7} \end{cases}$$

解答 法である 3, 5, 7 はどの 2 つも互いに素であり，$3 \cdot 5 \cdot 7 = 105$ である．
$x \equiv 2 \pmod 3$ を解く．$35t_1 \equiv 2 \pmod 3$, $2t_1 \equiv 2$, $t_1 \equiv 1 \pmod 3$.
$x \equiv 3 \pmod 5$ を解く．$21t_2 \equiv 3 \pmod 5$, $t_2 \equiv 3 \pmod 5$.
$x \equiv 2 \pmod 7$ を解く．$15t_3 \equiv 2 \pmod 7$, $t_3 \equiv 2 \pmod 7$.
よって，解の 1 つは

$$x_0 = 35 \cdot 1 + 21 \cdot 3 + 15 \cdot 2 = 35 + 63 + 30 = 128.$$

105 を法とする解の一意性より，

$$x \equiv 128 \equiv 23 \pmod{105}. \qquad \square$$

例題 2 次の連立 1 次合同式を解け．

$$\begin{cases} x \equiv 5 \pmod{16} \\ x \equiv 9 \pmod{25} \end{cases}$$

解答 16 と 25 は互いに素で，$16 \cdot 25 = 400$ である．
$x \equiv 5 \pmod{16}$ を解く．

$25t_1 \equiv 5 \pmod{16}$, $\quad 5t_1 \equiv 1 \equiv -15 \pmod{16}$, $\quad t_1 \equiv -3 \pmod{16}$.

$x \equiv 9 \pmod{25}$ を解く．

$16t_2 \equiv 9 \pmod{25}$, $\quad 16t_2 \equiv -16 \pmod{25}$, $\quad t_2 \equiv -1 \equiv 24 \pmod{25}$.

よって，解の 1 つは

$$x_0 = 25 \cdot (-3) + 16 \cdot 24 = 309.$$

400 を法とする解の一意性より，

$$x \equiv 309 \pmod{400}. \qquad \square$$

例題 3（中国の剰余定理：法が互いに素でない場合） 自然数 m, n は必ずしも互いに素ではないとき，次を証明せよ：

連立1次合同式

$$(*) \quad \begin{cases} x \equiv a \pmod{m} \\ x \equiv b \pmod{n} \end{cases}$$

について,

$$(*) \text{ が解をもつ} \iff (m, n) \mid b - a.$$

このとき, 解は, $\ell = \mathrm{LCM}(m, n)$ を法として一意に定まる.
(ヒント) ($\Longleftarrow$) 解は次のように構成できる: $(*)$ より,

$$\begin{cases} x \equiv x - a \equiv 0 & \pmod{m} \\ x \equiv x - a \equiv b - a & \pmod{n} \end{cases}$$

第1式から, $nt_1 \equiv 0 \pmod{m}$, $t_1 \equiv 0 \pmod{m}$.
第2式から, $mt_2 \equiv b - a \pmod{n}$.
ここで, t_2 は決定できるから,

$$x \equiv mt_2 + a \pmod{\ell}$$

が解となる.

解答 ($\Longrightarrow$ の証明) $\mathrm{GCD}(m, n) = d$ とする. $(*)$ が解 x_0 をもてば,

$$x_0 \equiv a \pmod{m}, \quad x_0 \equiv b \pmod{n}$$

より, 次が成り立つ:

$$x_0 \equiv a \pmod{d}, \quad x_0 \equiv b \pmod{d}.$$

辺々引いて,

$$b - a \equiv 0 \pmod{d}, \quad \therefore d \mid b - a.$$

($\Longleftarrow$ の証明) 連立1次合同式 $(*)$ は, 次の合同式と同等である:

$$\begin{cases} x - a \equiv 0 & \pmod{m} \\ x - a \equiv b - a & \pmod{n} \end{cases}$$

$d \mid b - a$ であるから, 合同式 $mt_2 \equiv b - a \pmod{n}$ は解をもつ. (ヒント) を参照.
解の1つを改めて t_2 とし, 整数 x_0 を

$$x_0 - a = mt_2 \quad \text{すなわち,} \quad x_0 = mt_2 + a$$

とすれば，

$$x_0 \equiv a \pmod{m}, \quad x_0 \equiv (b-a) + a \equiv b \pmod{n}$$

であるから，x_0 は 1 つの解である．このとき，任意の $k \in \mathbb{Z}$ について，$x_0 + k\ell$ も解であるから，

$$x \equiv x_0 \pmod{\ell}$$

は $(*)$ の ℓ を法とする解である．

（ℓ を法とする解の一意性の証明）x_0, y_0 がともに $(*)$ の解とすると，

$$x_0 - y_0 \equiv 0 \pmod{m}, \quad x_0 - y_0 \equiv 0 \pmod{n}$$

であるから，$x_0 - y_0$ は m, n の公倍数である．よって，ℓ の倍数であり，$x_0 \equiv y_0 \pmod{\ell}$ が成り立つ．

覚書　AD1 世紀に書かれたといわれる『孫子算経』であるが，その著者は明らかではありません．「子」は先生という意味ですから，孫という先生の講義を弟子達がまとめたものであると思われます．序文は「孫子曰……」で始まっています．何度も注釈つきで出版され，18 世紀には日本にも持ち込まれました．この本は，イギリス人宣教師 Alexander Wylie（偉烈亜力）によって 1852 年にヨーロッパに紹介され，数学者達を驚かせたとのことです．実際，ここで取り上げた連立 1 次合同式の解法は組織的で，当時の第一人者 C.F.Gauss (1777–1855) がその著書『Disquisitions Arithmeticae』で示した解法と同じでした．「中国の剰余定理」という命名はヨーロッパの数学者が著者の先駆性を称えてつけたもので，中国では「孫子の定理」といわれます．

■■ 第 14 章 練習問題（初級）■■

1. 次の連立 1 次合同式を解け．

(1) $\begin{cases} x \equiv 3 & \pmod{7} \\ x \equiv 4 & \pmod{15} \end{cases}$
　　　(2) $\begin{cases} x \equiv 1 & \pmod{3} \\ x \equiv 2 & \pmod{5} \\ x \equiv 3 & \pmod{7} \end{cases}$

(3) $\begin{cases} x \equiv 2 & (\bmod\ 3) \\ x \equiv 3 & (\bmod\ 5) \\ x \equiv 4 & (\bmod\ 7) \\ x \equiv 5 & (\bmod\ 11) \end{cases}$

2.（籠の中の卵の問題）

籠の中の卵は，2つずつ数えていくと1つ余る．同様に，3つずつ，4つずつ，5つずつ，6つずつ数えていくと1つ余る．7つずつ数えていくと余らない．卵はいくつあるか．

（これは，アメリカインディアンの7世紀の文章にあるとされる問題です．）

3. 例題3を利用して，次の連立1次合同式を解け．

$\begin{cases} x \equiv 1 & (\bmod\ 48) \\ x \equiv 13 & (\bmod\ 30) \end{cases}$

第14章 練習問題（中級）

1. (JMO/1993 予選1)　n^2 を 120 で割ると 1 余るような，120 以下の正整数はいくつあるか．

2. (AUSTRIAN MO/2007)　次の条件をみたす整数 a をすべて決定せよ．

(1)　$0 \leq a < 2007$,

(2)　合同式 $x^2 + a \equiv 0 \pmod{2007}$ はちょうど2つの相異なる整数解 α, β をもつ．

(3)　$0 \leq \alpha,\ \beta < 2007$.

第14章 練習問題（上級）

1. (JMO/2000 予選12)　数列 $a_1, a_2, a_3, \cdots, a_{30}$ は以下の条件（ⅰ），（ⅱ）をみたす．このような数列は何通りあるか．

条件（ⅰ）：$a_1, a_2, a_3, \cdots, a_{30}$ は自然数 1, 2, 3, $\cdots$, 30 の並べ換えである．

条件 (ii)：m が $2, 3, 5$ のそれぞれの場合，$1 \leq n < n+m \leq 30$ となる任意の整数 n に対して，$a_{n+m} - a_n$ は m で割り切れる．

注 例えば，$a_1 = 1, a_2 = 2, a_3 = 3, \cdots, a_{30} = 30$ は条件 (i), (ii) をみたす．

2. (USAMO/TST/2015) 整数 $n \geq 3$ について，相異なる n 個の整数 $a_1, a_2, \cdots, a_n$ で，次のような条件をみたすものが存在することを示せ：

相異なる $1 \leq i, j, k \leq n$ で，
$$a_i - a_j \mid a_i, \quad a_i - a_j \mid a_j, \quad a_i - a_j \nmid a_k.$$

第15章　フェルマーの小定理

フェルマーの小定理は，次節で述べる「オイラーの定理」の特別な場合にすぎないのだが，通常独立して扱われる．この定理を述べる前に，多項式の素数乗を展開した場合に成り立つ合同式を調べる．

以下では，自然数 $p \geq r$ について，${}_p C_r$ によって，p 個の異なるものから r 個とる組合せの個数を表す．

したがって，これは整数で，次のようになる：
$$ {}_p C_r = \frac{p(p-1)\cdots(p-r+1)}{r!}. $$

例題 1　p を素数とするとき，次の合同式が成り立つことを示せ．

(1)　$(x+y)^p \equiv x^p + y^p \pmod{p}$.
(2)　$(x_1 + \cdots + x_n)^p \equiv x_1^p + \cdots + x_n^p \pmod{p}$.

解答　(1)　二項定理により
$$ (x+y)^p = x^p + {}_pC_1 x^{p-1}y + \cdots + {}_pC_r x^{p-r}y^r + \cdots + {}_pC_{p-1} xy^{p-1} + y^p $$
と展開される．ところで，上で示した ${}_pC_r$ の右辺の分母を払うと，整数の等式
$$ p(p-1)\cdots(p-r+1) = {}_pC_r \cdot r! $$
を得る．いま，$r = 1, 2, \cdots, p-1$ に対しては r と p は互いに素であるから，$r!$ の素因数のなかに素数 p は現れない．一意分解定理 7.3 により，素数 p は整数 ${}_pC_r$ の因数のなかに現れる．したがって，
$$ p \mid {}_pC_r. $$

すなわち，次が成り立つから，(1) は証明された：
$$_pC_r \equiv 0 \pmod{p} \quad (r = 1, 2, \cdots, p-1).$$

(2) n に関する帰納法で証明する．$n = 1$ の場合は自明．$n = 2$ の場合は (1) である．$k \geq 2$ について，
$$(x_1 + \cdots + x_{k+1})^p = \{(x_1 + \cdots + x_k) + x_{k+1}\}^p$$
$$\equiv (x_1 + \cdots + x_k)^p + x_{k+1}^p \pmod{p}$$

であるから，すべての自然数 n について (2) が成り立つ． □

定理 15.1 (Fermat の小定理)

p を素数とするとき，任意の整数 a について次の合同式が成り立つ：
(1) $a^p \equiv a \pmod{p}$．
(2) 特に，$(p, a) = 1$ ならば，$a^{p-1} \equiv 1 \pmod{p}$．

証明 (1) $a = 0$ のときは明らかに成り立つから，$a \neq 0$ とする．
$a > 0$ のときは，上の例題 1 の結果を用いると，
$$a^p = (\underbrace{1 + 1 + \cdots + 1}_{a})^p \equiv 1^p + 1^p + \cdots + 1^p = a \pmod{p}.$$

$a < 0$ のときは，$a = -b$ $(b > 0)$ とおけば，
$$a^p = (-1)^p b^p \equiv (-1)^p b \pmod{p}.$$

ここで，
$$p \text{ が奇素数ならば}, \quad (-1)^p = -1,$$
$$p = 2 \text{ ならば}, \quad (-1)^p = 1 \equiv -1 \pmod{2}$$

であるから，いずれにしても，次式を得る：
$$a^p \equiv a \pmod{p}.$$

(2) $(p, a) = 1$ のときは，$a^p \equiv a \pmod{p}$ に定理 10.2(2) 簡約律を適用して，
$$a^{p-1} \equiv 1 \pmod{p}.$$
□

例 $p = 3$ のとき，
$$(-2)^3 = -8 \equiv -2 \pmod{3}, \qquad (-2)^{3-1} = 4 \equiv 1 \pmod{3}$$
が成り立っている．

Fermatの小定理と定理 13.1 から，法 p が素数の場合の1次の合同式の解が直ちに得られる．

系 15.2. p を素数とする．

(1) p を法とする完全剰余系 $\{0, 1, \cdots, p-1\}$ から 0 を除いた剰余系 $\{1, \cdots, p-1\}$ の中の任意の整数 a に対して，合同式
$$ax \equiv 1 \pmod{p}$$
の解は，この剰余系の中にただ1つ存在し，
$$x \equiv a^{p-2} \pmod{p}$$
である．

(2) $(p, a) = 1$ ならば，合同式
$$ax \equiv b \pmod{p}$$
の解は，次で与えられる：
$$x \equiv a^{p-2}b \pmod{p}.$$

証明 (1) $1, \cdots, p-1$ のどれも p とは互いに素なので，$ax \equiv 1 \pmod{p}$ の両辺に a^{p-2} をかければ，
$$a^{p-1}x \equiv a^{p-2} \pmod{p}, \qquad x \equiv a^{p-2} \pmod{p}$$
であり，これは p を法とするただ1つの解である．p で割った剰余は $1, \cdots, p-1$ の中にただ1つ決まる．

(2) $ax \equiv b \pmod{p}$ の両辺に a^{p-2} をかければ，
$$x \equiv a^{p-2}b \pmod{p}. \qquad \square$$

例題 2 上の系 15.2 を用いて，次の合同式を解け：

$$7x \equiv 9 \pmod{31}.$$

解答 31 は素数であり，$(31, 7) = 1$ であるから，系 15.2(2) により，

$$x \equiv 7^{29} \cdot 9 \pmod{31},$$
$$7^2 = 49 \equiv 18 \pmod{31}, \quad 7^3 \equiv 126 \equiv 2 \pmod{31}$$

であることに注意すると，

$$x \equiv (7^3)^9 \cdot 7^2 \cdot 9 \equiv 2^9 \cdot 18 \cdot 9 \equiv (2^5)^2 \cdot 81 \equiv 81 \equiv 19 \pmod{31}. \quad \square$$

注 合同式 $7x \equiv 9 \pmod{31}$ の解法としては，この例題の方法は実用的でない．実際，(1) $31y \equiv 9 \pmod 7$ を解くか，(2) ユークリッドの互除法をによって，$7x \equiv 1 \pmod{31}$ を解く方が一般的である．Fermat の小定理を用いここでの解法は，解の形が $x \equiv a^{p-2}b$ のように決まることに意味がある．

例題 3 (係数を法 m で考えた整数係数多項式，その割り算)
整数係数の 2 つの n 次多項式

$$f(X) = a_n X^n + a_{n-1} X^{n-1} + \cdots + a_1 X + a_0,$$
$$g(X) = b_n X^n + b_{n-1} X^{n-1} + \cdots + b_1 X + b_0$$

が，すべての $k = 0, 1, 2, \cdots, n$ について，条件

$$a_k \equiv b_k \pmod{m}$$

をみたすとき，この 2 つの多項式は m を法として合同であるといい，

$$f(X) \equiv g(X) \pmod{m}$$

と表す．

例えば，$X^2 + mX + (m-1) \equiv X^2 - 1 \pmod{m}$ である．
いま，$f(X) = X^4 + X^3 + 2X^2 + 3X + 5$ とする．

(1) $f(1) \equiv 2 \pmod 5$ である．$f(X) \equiv (X-1)q(X) + 2 \pmod 5$ となる多項式 $q(X)$ を見出せ．
また，$\pmod 5$ を $\pmod 6$ に変えると，$f(1), q(X)$ はどうなるか．

(2) 多項式 $2X+1$ に対し，次の条件をみたす多項式 $q(X)$ と定数 r を見出せ：

$$f(X) \equiv (2X+1)q(X) + r \pmod 5, \quad \deg q(X) = 3$$

また，(mod 5) を (mod 6) に変えたとき，このような $q(X)$ を見出すことは可能であるか．

（ヒント） (1) 法が5でも6でも，$X-1$ で通常の「割り算」が行える．
(2) 法が5ならば，$2 \cdot 3 \equiv 1 \pmod 5$ を使って，やはり通常の「割り算」が行える．一方，法が6であると，$2x \equiv 1 \pmod 6$ は解をもたない（第12章練習問題（初級2）を参照）．

解答 (1) $f(X) \equiv (X-1)(X^3 + 2X^2 + 4X + 2) + 2 \pmod 5$.
また，
$$f(1) \equiv 0 \pmod 6,$$
$$f(X) \equiv (X-1)(X^3 + 2X^2 + 4X + 1) \pmod 6.$$

(2) $f(X) \equiv (2X+1)(3X^3 + 4X^2 + 4X + 2) + 3 \pmod 5$.
なお，合同式 $2X+1 \equiv 0 \pmod 5$ の解は $X \equiv 2 \pmod 5$ であるから，剰余は $f(2) = 43 \equiv 3 \pmod 5$ としても得られる．

また，$f(X) \equiv (2X+1)q(X) + r \pmod 6$ となる3次の多項式 $q(X)$ は存在しない．もし存在するとすれば，最高次 X^4 の係数を比較して，合同式 $2a_n \equiv 1 \pmod 6$ を得るが，$(2, 6) = 2$ であるから，この合同式は解をもたず，矛盾である．

注 $q(X)$ が3次式であるという条件を取り除くと，4次の場合に
$$X^4 + X^3 + 2^2 + 3X + 5 \equiv (2X+1)(3X^4 + 5X^3 + 4X^2 + 5X + 5) \pmod 6$$
が成り立っている．$q(X)$ の次数が5以上や2以下では，
$$f(X) \equiv (2X+1)q(X) + r \pmod 6$$
である整数係数の多項式 $q(X)$ は存在しない．この証明は容易であるから，試みてみるとよい．

第15章 練習問題（初級）

1. 7を法とする剰余系 $\{1, 2, 3, 4, 5, 6\}$ の各々の元 a に対して，

$$ab \equiv 1 \pmod{7}$$

となる b をこの剰余系の中に見出せ.

2. p が合成数のとき, 系 15.2 は成り立たない. $p=6$ のときに反例を挙げよ.

3. 例題 2 の方法で, 次の 1 次の合同式を解け：

$$11x \equiv 20 \pmod{29}$$

4. p が奇素数で, $(a, p) = (a-1, p) = 1$ のとき, 次の合同式が成り立つことを証明せよ.

$$1 + a + a^2 + \cdots + a^{p-2} \equiv 0 \pmod{p}$$

5. p を素数とするとき, 次を証明せよ：

$$a^p \equiv b^p \pmod{p} \implies a^p \equiv b^p \pmod{p^2}$$

（ヒント） Fermat の小定理から, $a \equiv b \pmod{p}$ である. $a = b + kp$ と表されるから, $a^p = (b + kp)^p$ を展開してみる. あるいは, $a^p - b^p$ を因数分解して, $a^r b^s \equiv a^{r+s}$ を用いる.

6. p, q を異なる素数とするとき, 次の合同式が成り立つことを証明せよ：

$$p^{q-1} + q^{p-1} \equiv 1 \pmod{pq}$$

■ 第 15 章 練習問題（中級） ■

1. (ROMANIAN MO/TST/2008) p を素数で, $p \neq 3$ とする. a, b を整数とし, $p \mid a+b$, $p^2 \mid a^3 + b^3$ が成り立つとする. このとき, $p^2 \mid a+b$ または $p^3 \mid a^3 + b^3$ が成り立つことを証明せよ.

2. (CGMO/2012(3)) 次の条件をみたす整数の組 (a, b) をすべて求めよ：
条件：2 以上の整数 d が存在して, $a^n + b^n + 1$ が任意の正整数 n について d で割り切れる.

3. (IMO/2005(4)) 数列 $a_1, a_2, \cdots$ を

$$a_n = 2^n + 3^n + 6^n - 1 \quad (n = 1, 2, \cdots)$$

で定める．この数列のどの項とも互いに素であるような正整数をすべて決定せよ．

4. (JMO/2012 本選 3)　p を素数とする．以下の条件がすべての整数 x について成り立つような整数 n をすべて求めよ．

条件：$x^n - 1$ が p で割り切れるならば，p^2 でも割り切れる．

5. (KOREAN MO/2007)　素数の対 (p, q) で，$p^p + q^q + 1$ が pq で割り切れるものをすべて求めよ．

第15章 練習問題（上級）

1. (JMO/2013 予選 9)　$10^{2013} - 1$ の約数のうち，1 以上 1000 以下のものをすべて求めよ．

2. (ROMANIAN MO/TST/2008)　次に挙げる整数の最大公約数を決定せよ：

$$2^{561} - 2, \quad 3^{561} - 3, \quad \cdots, \quad 561^{561} - 561.$$

3. (USAMO/2005(2))　次の連立方程式系は整数解 (x, y, z) をもたないことを証明せよ：

$$x^6 + x^3 + x^3 y + y = 147^{157},$$
$$x^3 + x^3 y + y^2 + y + z^9 = 157^{147}.$$

4. (IMO/2003(6))　p を素数とする．次をみたす素数 q が存在することを示せ．

どんな整数 n についても，$n^p - p$ は q で割り切れない．

5. (IMO/1996(4))　a と b は正整数で，$15a + 16b$ と $16a - 15b$ がともに正整数の平方になるような数を動くとする．この 2 つの平方数の小さい方がとり得る最小の値を求めよ．

第16章　オイラーの定理

オイラーの定理を紹介する前に，いくつかの準備をする．まず，最大公約数についての次の性質を確認しておく．

例題 1　$a, b \in \mathbb{Z}$，$m \in \mathbb{N}$ について，次が成り立つ：
$$a \equiv b \pmod{m} \implies (a, m) = (b, m).$$

解答　$a \equiv b \pmod{m}$ ならば，$a = b + km$ と表されるから，第 4 節の命題 4.5(6) から，この結果が得られる． □

自然数 $m\, (m \geq 2)$ を固定する．m を法とする剰余類
$$C(r) = \{mq + r \mid q \in \mathbb{Z}\} \quad (0 \leq r \leq m - 1)$$
の任意の元 a について，$a \equiv r \pmod{m}$ であるから，上の例題 1 により，
$$(a, m) = (r, m)$$
が成り立っている．

いま，m を法とするすべての剰余類
$$C(0),\ C(1),\ \cdots,\ C(r),\ \cdots,\ C(m-1)$$
の中で，$(r, m) = 1$ となるものを考える．

(1)　$(r, m) = 1$ であるとき，$C(r)$ を m を法とする**既約剰余類** (reduced residue class) という．

(2)　m を法とするすべての既約剰余類
$$C(r_1),\ C(r_2),\ \cdots,\ C(r_t)$$

の各々から代表元を 1 つずつ取り出してできる集合

$$\{r_1, r_2, \cdots, r_t\}$$

を，m を法とする**既約剰余系** (reduced system of residues modulo m) という．

この定義から，既約剰余系 $\{r_1, r_2, \cdots, r_t\}$ のうちのどの 2 つも m を法として合同ではないことが分かる．また，特に既約剰余系として完全剰余系 $\{0, 1, 2, \cdots, m-1\}$ の部分集合を採ることができる．

例 8 を法とする完全剰余系 $\{0, 1, 2, 3, 4, 5, 6, 7\}$ の要素の中で 8 と互いに素なものは 1, 3, 5, 7 であるから，

$$\{1, 3, 5, 7\} \text{ は } 8 \text{ を法とする既約剰余系}$$

である．したがって，既約剰余類は $C(1), C(3), C(5), C(7)$ の 4 個である．

例 素数 m を法とする既約剰余系として

$$\{1, 2, \cdots, m-1\}$$

を採ることができる．元の個数は $m-1$ 個である．

定理 16.1. $\{r_1, r_2, \cdots, r_t\}$ を，m を法とする既約剰余系とする．$(a, m) = 1$ ならば，

$$\{ar_1, ar_2, \cdots, ar_t\}$$

も m を法とする既約剰余系である．

証明 $(r_k, m) = 1$ でかつ $(a, m) = 1$ であるから，

$$(ar_k, m) = 1 \quad (k = 1, 2, \cdots, t)$$

である．m を法とする異なる既約剰余類は t 個であるから，$ar_1, ar_2, \cdots, ar_t$ のどの 2 つも m に関して合同でないことを示せば十分である．

もし，$k \neq h$ で，$ar_k \equiv ar_h \pmod{m}$ であるとすると，定理 10.2(2) 簡約律により，$r_k \equiv r_h \pmod{m}$ となって，$\{r_1, r_2, \cdots, r_t\}$ が既約剰余系であることに反する．

ゆえに，$\{ar_1, ar_2, \cdots, ar_t\}$ も m を法とする既約剰余系である． □

次の定義によって定められる自然数上の関数

$$\varphi : \mathbb{N} \longrightarrow \mathbb{N}$$

を**オイラー関数** (Euler function) という：

$n = 1$ のとき，$\varphi(1) = 1$,
$n \geq 2$ のとき，$\varphi(n) = [n$ を法とする既約剰余類の個数$]$

|注| オイラー関数として，φ の異書体である ϕ も多く使われる．

$n \geq 2$ のとき，$\varphi(n)$ は，1 から $n-1$ までの自然数の中で，n と互いに素となるものの個数になっている．

|例| $\varphi(2) = 1$, $\varphi(3) = 2$, $\varphi(5) = 4$.
一般に，素数 p については，$\varphi(p) = p - 1$.

$$\varphi(4) = 2, \quad \varphi(6) = 2, \quad \varphi(12) = 4.$$

オイラー関数については後に調べることにして，ここでオイラーの定理を述べる．

定理 16.2. (**Euler の定理**)
自然数 $m \geq 2$ と整数 a について，次が成り立つ：

$$(a, m) = 1 \implies a^{\varphi(m)} \equiv 1 \pmod{m}.$$

証明 m を法とする既約剰余系 $\{r_1, r_2, \cdots, r_{\varphi(m)}\}$ を考える．$(a, m) = 1$ であるから，定理 16.1 により，

$$\{ar_1, ar_2, \cdots, ar_{\varphi(m)}\}$$

も既約剰余系である．したがって, $ar_1, ar_2, \cdots, ar_{\varphi(m)}$ は順に $r_1, r_2, \cdots, r_{\varphi(m)}$ のある並べ替えと m を法として合同である．すなわち，集合 $\{1, 2, \cdots, \varphi(m)\}$ 上の置換 σ が存在して，

$$ar_1 \equiv r_{\sigma(1)}, \quad ar_2 \equiv r_{\sigma(2)}, \quad \cdots, \quad ar_{\varphi(m)} \equiv r_{\sigma(\varphi(m))} \pmod{m}$$

となる．これらの辺ごとの積をつくれば

$$(ar_1) \cdot (ar_2) \cdot \cdots \cdot (ar_{\varphi(m)}) \equiv r_1 \cdot r_2 \cdots \cdot r_{\varphi(m)} \pmod{m}.$$
$$\therefore \ a^{\varphi(m)} r_1 r_2 \cdots r_{\varphi(m)} \equiv r_1 r_2 \cdots r_{\varphi(m)} \pmod{m}.$$

積 $r_1 r_2 \cdots r_{\varphi(m)}$ は m と互いに素であるから，簡約律により

$$a^{\varphi(m)} \equiv 1 \pmod{m}. \qquad \square$$

注 (1) この定理で，m が素数 p の場合は，$\varphi(p) = p-1$ だから，

$$(a, p) = 1 \implies a^{\varphi(p)} \equiv 1 \pmod{p}$$

となる．したがって，Fermat の小定理は，Euler の定理の特殊な場合である．

(2) Euler の定理から，一般に次が成り立つ：
自然数 $m \geq 2$ と整数 a について，$(a, m) = 1$ ならば，合同式

$$ax \equiv b \pmod{m}$$

の解は，次で与えられる：

$$x \equiv a^{\varphi(m)-1} b \pmod{m}.$$

ここで，オイラー関数の値を計算する上で有効な性質を挙げることにする．

定理 16.3. p を素数，s を自然数とするとき，次が成り立つ：
$$\varphi(p^s) = (p-1)p^{s-1}.$$

証明 $1, 2, \cdots, p^s$ のうち，p と互いに素でないものは p の倍数であるから，

$$1 \cdot p, \quad 2 \cdot p, \quad \cdots, \quad p^{s-1} \cdot p$$

である．個数は p^{s-1} 個であるから，p と互いに素であるものの個数は

$$p^s - p^{s-1} = (p-1)p^{s-1}. \qquad \square$$

> **定理 16.4.** m, n を互いに素な自然数とすると，次が成り立つ：
> $$\varphi(mn) = \varphi(m)\varphi(n)$$

証明 $\varphi(1) = 1$ だから，m, n の少なくとも一方が 1 の場合には明らかに成り立つ．そこで，$m \geq 2, n \geq 2$ とする．

m, n, mn に関する完全剰余系を，それぞれ，

$$R = \{0, 1, \cdots, m-1\}, \quad S = \{0, 1, \cdots, n-1\}, \quad T = \{0, 1, \cdots, mn-1\}$$

とする．そこで，

T の元で，mn と互いに素であるもののつくる部分集合を T^*,
R の元で，m と互いに素であるもののつくる部分集合を R^*,
S の元で，n と互いに素であるもののつくる部分集合を S^*

とする．このとき，$\mathrm{card}\,(T^*) = \varphi(mn)$ である．ここに，$\mathrm{card}\,(X)$ は有限集合 X の元の個数を表す．また，

$$\mathrm{card}\,(R^* \times S^*) = \mathrm{card}\,(R^*) \times \mathrm{card}\,(S^*) = \varphi(m)\varphi(n)$$

である．そこで，$\mathrm{card}\,(T^*) = \mathrm{card}\,(R^* \times S^*)$ を示せば，定理が証明されたことになる．そのために，写像 $f : T^* \longrightarrow R^* \times S^*$ を導入し，f が全単射であることを証明する．

(1) 写像 $f : T^* \longrightarrow R^* \times S^*$ の定義：$x \in T^*$ に対して，x を m で割った剰余を r_1, n で割った剰余を r_2 とする．つまり，

$$x = mq_1 + r_1, \quad x = nq_2 + r_2, \quad 0 \leq r_1 < m, 0 \leq r_2 < n.$$

このとき，$f(x) = (r_1, r_2) \in R^* \times S^*$ と定める．$x \in T^*$ について，

$$(x, mn) = 1 \implies (x, m) = 1, (x, n) = 1 \implies (r_1, m) = 1, (r_2, n) = 1$$

であるから，f は確かに写像である．

(2) f が全射であることを証明：任意の要素 $(r_1, r_2) \in R^* \times S^*$ に対して，中国の剰余定理 11.1 により，$x\,(1 \leq x \leq mn)$ が存在して，

$$x \equiv r_1 \pmod{m}, \quad x \equiv r_2 \pmod{n}$$

をみたす．つまり，$f(x) = (r_1, r_2)$ である．ところが (1) での過程は逆に辿れて，

$$(r_1, m) = 1, \ (r_2, n) = 1 \implies (x, m) = 1, \ (x, n) = 1 \implies (x, mn) = 1$$

であるから，$x \in T^*$ が結論され，f は全射である．

(3) f が単射であることは，中国の剰余定理における解の一意性に他ならない． □

上の2つの定理により，任意の自然数 m について $\varphi(m)$ が計算できることになりました．

系 16.5. $p_1, p_2, \cdots, p_k$ は互いに異なる素数，$e_1, e_2, \cdots, e_k \in \mathbb{N}$ のとき，次が成り立つ：

$$\varphi(p_1^{e_1} p_2^{e_2} \cdots p_k^{e_k}) = (p_1 - 1)(p_2 - 1) \cdots (p_k - 1) p_1^{e_1-1} p_2^{e_2-1} \cdots p_k^{e_k-1}.$$

証明 定理 16.4 を繰り返し用いると

$$\varphi(p_1^{e_1} p_2^{e_2} \cdots p_k^{e_k}) = \varphi(p_1^{e_1}) \varphi(p_2^{e_2}) \cdots \varphi(p_k^{e_k})$$

である．これに定理 16.3 を適用すればよい． □

例 $\varphi(3) = 2, \ \varphi(3^2) = 2 \cdot 3 = 6, \ \varphi(3 \cdot 5) = \varphi(3)\varphi(5) = 2 \cdot 4 = 8$ より

$$\varphi(675) = \varphi(3^3 5^2) = \varphi(3^3)\varphi(5^2) = 2 \cdot 3^2 \cdot 4 \cdot 5 = 360.$$

■ 第16章 練習問題（初級） ■

1. $\{9, -5, 13, -1\}$ は 8 を法とする既約剰余系であるか．

2. 次を示せ：

(1) 5 を法とする既約剰余系として $\{1, 2, 2^2, 2^3\}$ を採ることができる．

(2) 7 を法とする既約剰余系として $\{1, 3, 3^2, 3^3, 3^4, 3^5\}$ を採ることができる．

(3) $9 = 3^2$ を法とする既約剰余系として $\{1, 2, 2^2, 2^3, 2^4, 2^5\}$ を採ること

ができる．

(4) $9 = 3^2$ を法とする既約剰余系として上の (3) を採用する．$a = 8$ とするとき，既約剰余系 $\{a \cdot 1, a \cdot 2, a \cdot 2^2, a \cdot 2^3, a \cdot 2^4, a \cdot 2^5\}$ の要素を再び 2^k のかたちで表せ．

第 16 章 練習問題（上級）

1. (JMO/2010 本選 2) k を正整数，m を奇数とする．このとき，$n^n - m$ が 2^k で割り切れるような正整数 n が存在することを示せ．

2. (JMO/2001 本選 4) p を任意の素数，m を任意の正整数とする．このとき，正整数 n をうまく選べば，p^n を 10 進法で表したとき，その数字列に 0 が連続して m 個以上並ぶ部分があるようにできることを示せ．

3. (BULGARIAN MO/2011) a を正整数とする．$\tau(a)$ によって a の正の約数の個数を，$\varphi(a)$ によって 1 から $a - 1$ の整数の中で a と互いに素なものの個数を表す．正整数 n で，ちょうど 2 つだけの素因数をもち，$\varphi(\tau(n)) = \tau(\varphi(n))$ をみたすものをすべて求めよ．

4. (IMO/2004(6)) 正整数が**交代的**であるとは，その整数を十進法表示したときに，どの隣接する 2 つの桁の数字についても，それらの偶奇が異なることをいう．

交代的な倍数をもつような正整数をすべて決定せよ．

5. (APMO/2012(3)) $\dfrac{n^p + 1}{p^n + 1}$ が整数となるような素数 p と正整数 n の組をすべて求めよ．

6. (ROMANIAN MO/TST/2015) 整数 a と正整数 n について，和 $\displaystyle\sum_{k=1}^{n} a^{(k,n)}$ は n で割り切れることを証明せよ．

ただし，(x, y) は整数 x, y の最大公約数を表す．

練習問題の解答

◆第1章◆

● 初級

1. (1) 加法単位元を $0,\ 0'$ とすると,
$$0' = 0' + 0\ (\because 0\text{ は単位元}) = 0\ (\because 0'\text{ は単位元})$$
乗法単位元を $1,\ 1'$ とすると,
$$1' = 1' \times 1\ (\because 1\text{ は単位元}) = 1\ (\because 1'\text{ は単位元})$$

(2) x, y を a の加法逆元とすると,
$$x = x + 0 = x + (a + y) = (x + a) + y = 0 + y = y$$

2. (1) $-a$ の定義と加法の性質 (出発点 1) により, 次が成り立つ:
$$a + (-a) = (-a) + a = 0$$
これは, $(-a)$ を基準に考えれば, $(-a)$ の加法逆元 $-(-a)$ が a であることを示す.

(2) 0 の性質と分配法則によって, 次が成り立つ:
$$a \cdot 0 = a \cdot (0 + 0) = a \cdot 0 + a \cdot 0$$
これと, 加法の結合法則と 0 の性質から, 次が成り立つ:
$$0 = a \cdot 0 + (-(a \cdot 0)) = (a \cdot 0 + a \cdot 0) + (-(a \cdot 0))$$
$$= a \cdot 0 + (a \cdot 0 + (-(a \cdot 0))) = a \cdot 0 + 0 = a \cdot 0$$

3. $a \cdot b + a \cdot (-b) = a \cdot (b + (-b)) = a \cdot 0 = 0$ より，$a \cdot (-b) = -(a \cdot b)$.
$a \cdot b + (-a) \cdot b = (a + (-a)) \cdot b = 0 \cdot b = 0$ より，$(-a) \cdot b = -(a \cdot b)$.

4. (1) $a > 0$ ならば，$-a \neq 0$ である．もし，$-a > 0$ であるとすると，出発点 2 の $(3')$ より，$a + (-a) > 0 + 0 = 0$ となり，加法の逆元の条件に反する．よって，$-a < 0$．

(2) $a \neq 0$ ならば，$a > 0$ または $a < 0$ である．
$a > 0$ ならば，出発点 2 の $(4'')$ により，$a^2 > 0$．
$a < 0$ ならば，$-a > 0$ であるから，再び出発点 $2(4'')$ により，$a^2 = (-a)^2 > 0$．

5. x の十の位を a，一の位を b としたとき，a, b, y として 7, 8, 9 だけを考えれば十分である．（a, b, y のうちに 6 以下の数がある場合は，それを 7, 8, 9 のうちで他の文字として用いられていない数に置き換える方が積 xy は大きくなる．これを繰り返せばよい．）また，a, b として用いる 2 つの数が決まっているときは，a を大きくした方が x，したがって，xy は大きくなる．よって，87×9，97×8，98×7 の 3 つのみを考えればよく，これらのうちで最大のもの，すなわち，$87 \times 9 = 783$ が求める最大の値である．

6. 2012 以下の回文数を，桁数で場合分けして数える．
(1) 1 桁のとき：9 個すべての数が回文数である．
(2) 2 桁のとき：回文数であることは，十の位と一の位が等しいことと同値である．十の位は 1 以上 9 以下の整数なので，2 桁の回文数は 9 個ある．
(3) 3 桁のとき：回文数であることは，百の位と一の位が等しいことと同値である．百の位は 1 以上 9 以下の整数なので，決め方は 9 通りあり，十の位は 0 以上 9 以下の整数なので，決め方は 10 通りある．よって，3 桁の回文数は $9 \times 10 = 90$ 個ある．
(4) 4 桁のとき：回文数であることは，千の位と一の位が等しく，百の位と十の位が等しいことと同値である．問題の条件から，千の位が 2 のものは 2002 のみであり，千の位が 1 のものは，百の位が 0 以上 9 以下の整数なので 10 個ある．これらを合わせて，4 桁の回文数は 11 個ある．

以上を合わせて，2012 以下の回文数は $9 + 9 + 90 + 11 = 119$ 個である．

7. 100〜199 の間に求める数は

$$101, 111, 121, 131, 141, 151, 161, 171, 181, 191$$

の 10 個がある．

同様に，200〜299 の間に求める数は

$$202, 212, 222, 232, 242, 252, 262, 272, 282, 292$$

の 10 個がある．

同様に，300〜399, 400〜499, 500〜599, 600〜699, 700〜799, 800〜899, 900〜999 の間には，それぞれ，10 個ある．

よって，求める数の総数は，$9 \times 10 = 90$（個）．

[別解] 求める 3 桁の自然数は，その百の位と一の位にある数字が同じなので，これを a とし，十の位にある数字を b とする．a は 1 以上 9 以下の 9 個の整数のどれでもよく，また b は 0 以上 9 以下の整数のどれでもよい．

したがって，求める数の個数は，1 以上 9 以下の 9 つの数から a を選び，0 以上 9 以下の 10 個の数から b を選ぶ選び方の数に等しい．この選び方の数は

$$9 \times 10 = 90 \text{ 通りである．}$$

8. まず 2 つの数の個数をどちらの数を先に選ぶかの順序をつけて数えてみる．

先に選んだ数が 1 のとき，後に選ばれる差の絶対値が 3 以下となる数は 2, 3, 4 の 3 個．

先が 2 のとき，後は 1, 3, 4, 5 の 4 個．

先が 3 のとき，後は 1, 2, 4, 5, 6 の 5 個．

先が 4 のとき，後は 1, 2, 3, 5, 6, 7 の 6 個．

先が 5 のとき，後は 2, 3, 4, 6, 7, 8 の 6 個．

　　　……

先が 11 のとき，後は 8, 9, 10, 12, 13, 14 の 6 個．

先が 12 のとき，後は 9, 10, 11, 13, 14 の 5 個．

先が 13 のとき，後は 10, 11, 12, 14 の 4 個．

先が 14 のとき，後は 11, 12, 13 の 3 個となるから，合計 72 個．

次に，例えば先に 1 を選び，後に 4 を選んだ組は，先に 4 を選び後に 1 を選んだ組と，選ぶ順序を考えなければ，同じ組になる．よって，求める組の個数は上の個数の半分の 36 である．

[別解] $1 \leq x, y \leq 14$ なる整数 x, y に対して，$y - x > 3$ であるための必要

十分条件は，$1 \leq x < y - 3 \leq 11$ であることである．

したがって，14 以下の正整数から，差が 3 より大きい 2 数を選ぶ方法の数は，11 以下の正整数から，相異なる 2 数を選ぶ方法の数に等しく，${}_{11}C_2$ 通りである．

よって，求める組の個数は，${}_{14}C_2 - {}_{11}C_2 = 36$ である．

9. $n^2 + 4n = (n+2)^2 - 4$ と変形できる．また，$0 < m < n$ のとき，$m^2 + 4m < n^2 + 4n$ である．$10000 = 100^2$ に注意すると，求める数は，$100^2 - 4 = 9996$ ($n = 98$ のとき) と，$101^2 - 4 = 10197$ ($n = 99$ のとき) のうち 10000 との差が小さい方，つまり，9996 である．

10. $2003n = 2n \times 1000 + 3n$ であるから，$2003n$ の下 3 桁は $3n$ の下 3 桁に等しい．$3n = 113$ となるような正整数 n は存在せず，$n = 371$ のときに，$3n = 1113$ となるので，条件をみたす最小の n は 371 である．

● 中級

1. 条件 $a < b < c$ および

$$abc = 12(a + b + c) \tag{1}$$

をみたす正整数の組 (a, b, c) の個数を求めればよい．

まず，$a \geq 5$ かつ $b \geq 6$ かつ $c \geq 8$ のとき，

$$\begin{aligned} abc - 12(a+b+c) &= a(bc - 12) - 12b - 12c \geq 5(bc - 12) - 12b - 12c \\ &= b(5c - 12) - 12c - 60 \geq 6(5c - 12) - 12c - 60 \\ &= 18c - 132 > 0 \end{aligned}$$

より，(1) は成立しない．

また，$(a, b, c) = (5, 6, 7)$ も (1) をみたさない．よって，$a \leq 4$．

さて，(1) を変形すると

$$12 + \left(\frac{12}{a}\right)^2 = \left(b - \frac{12}{a}\right)\left(c - \frac{12}{a}\right) \tag{2}$$

となるから，(2) と $a < b < c$ をみたす (b, c) を $a = 1, 2, 3, 4$ のそれぞれについて調べてみる．

（ⅰ） $a = 1$ のとき：(2) は $156 = (b - 12)(c - 12)$ となる．$156 = 2^2 \times 3 \times 13$ を整数の積に分解する方法を調べつくし，$a < b < c$ にも注意すれば，

$(b, c) = (13, 168), (14, 90), (15, 64), (16, 51), (18, 38), (24, 25)$

が解である．

(ii) $a = 2$ のとき，(2) は $48 = (b-6)(c-6)$ であり，同様にして，

$$(b, c) = (7, 54), (8, 30), (9, 22), (10, 18), (12, 14)$$

が解である．

(iii) $a = 3$ のとき，(2) は $28 = (b-4)(c-4)$ であり，同様にして，

$$(b, c) = (5, 32), (6, 18), (8, 11)$$

が解である．

(iv) $a = 4$ のとき，(2) は $21 = (b-3)(c-3)$ であり，同様にして，

$$(b, c) = (6, 10)$$

が唯一の解である．

以上 (i), (ii), (iii), (iv) を合わせて，条件をみたす組 (a, b, c) は 15 通りである．

2. $p = abc, q = def, r = ghi$ とおく．

まず，3 数 p, q, r の最大値を 72 以下にすることは可能である．実際，これは次の例からわかる：

$$1 \times 8 \times 9 = 72, \quad 2 \times 5 \times 7 = 70, \quad 3 \times 4 \times 6 = 72.$$

次に，3 数 p, q, r の最大値が必ず 72 以上になることを示す．$a, b, c, d, e, f, g, h, i$ には，1 以上 9 以下の整数がすべて 1 回ずつ現れるので，3 数 p, q, r の積 pqr は一定で，上の例より，$pqr = 72 \times 70 \times 72$ が常に成り立つ．特に，$70^3 < pqr$ となるので，3 数 p, q, r の最大値は 70 より大きい．また，71 は 1 以上 9 以下の整数の積では表せないので，p, q, r のどれかが 71 となることはない．よって，p, q, r の最大値は 71 でもないので，72 以上である．

以上より，3 数の最大値の考えられる最小の値は 72 である．

3. 条件より，$100 \leq m^2 - 1$，$(m-2)^2 \leq 999$ だから，$12 \leq m \leq 31$ である．こうした自然数 m の 1 つ 1 つに対して，問題の条件を計算で確かめる．すると，$m = 26$ のとき，$m^2 - 1 = 675$，$(m-2)^2 = 576$ で，条件がみたされる．その他の m ではこの条件はみたされない．よって，$m = 26$ である．

[別解] $(m-2)^2$ の百の位,十の位,一の位を,それぞれ,a, b, c とおくと,

$$(m-2)^2 = 100a + 10b + c \tag{1}$$

である.このとき,条件から,$m^2 - 1$ の百の位,十の位,一の位の数字は,それぞれ,c, b, a なので,

$$m^2 - 1 = 100c + 10b + a \tag{2}$$

である.(2) − (1) より,

$$4m - 5 = 99(c - a)$$

なので,$4m-5$ は 99 の倍数である.

ここで,$100 \leq (m-2)^2 \leq 999$,$100 \leq m^2 - 1 \leq 999$ で,m は自然数より,$12 \leq m \leq 31$ なので,$43 \leq 4m - 5 \leq 119$ である.

したがって,$4m - 5 = 99$ となり,$m = 26$ を得る.

このとき,$(m-2)^2 = 576$,$m^2 - 1 = 675$ となり,確かに条件をみたす.

4. n の百の位,十の位,一の位を,それぞれ,A, B, C とすると,

$$n - m = (100A + 10B + C) - (A + 10B + 100c) = 99(A - C).$$

ここで,A および C はどちらも 1 以上 9 以下の正整数をすべてとり得るから,$n - m$ の最大値は,$99 \times (9 - 1) = 792$ である.

5. 正整数の組 (m, n) であって,$m > n$ かつ $m + n = 22$ をみたすようなものは,$n = 1, 2, 3, \cdots, 10$ のそれぞれに対応した 10 組ある.問の条件をみたすような組 (a, b, c, d, e, f) を得ることは,これら 10 組から 3 組を選ぶことと等価である.実際,選んだ 3 組を n が小さい順に並べて,$(a, f), (b, e), (c, d)$ とすれば,$a > b > c > d > e > f$ もみたされ,また,逆に,問の条件をみたす組 (a, b, c, d, e, f) はすべてこのようにして得られる.

よって,このような組は,${}_{10}C_3 = 120$ 個ある.

6. $x = b - a$,$y = c - b$,$z = d - c$ とおく.これらは,$0 < x < y < z$ をみたす整数である.さらに,$x + y + z = d - a \leq 9 - 1 = 8$ なので,組 (x, y, z) は次の 4 つのどれかである:

$$(x, y, z) = (1, 2, 3), \quad (1, 2, 4), \quad (1, 2, 5), \quad (1, 3, 4).$$

(i) $(x, y, z) = (1, 2, 3)$ のとき,

$$(a, b, c, d) = (a, a+1, a+3, a+6)$$

であるから，条件をみたす組 (a, b, c, d) は $a = 1, 2, 3$ に対応する 3 個である．

（ⅱ） $(x, y, z) = (1, 2, 4)$ のとき，条件をみたす組は $a = 1, 2$ に対応する 2 個である．

（ⅲ） $(x, y, z) = (1, 2, 5)$ のとき，条件をみたす組は $a = 1$ に対応する 1 個である．

（ⅳ） $(x, y, z) = (1, 3, 4)$ のとき，条件をみたす組は $a = 1$ に対応する 1 個である．

よって，全体では $3 + 2 + 1 + 1 = 7$ 個の組が条件をみたす．

7. 多項式 $f(x) = (x+1)^3(x+2)^3(x+3)^3 = a_0 + a_1 x + \cdots + a_9 x^9$ に，$x = 1$, $x = -1$ を代入して，次を得る：

$$f(1) = a_0 + a_1 + a_2 + a_3 + a_4 + a_5 + a_6 + a_7 + a_8 + a_9 = 2^3 \times 3^3 \times 4^3,$$
$$f(-1) = a_0 - a_1 + a_2 - a_3 + a_4 - a_5 + a_6 - a_7 + a_8 - a_9 = 0,$$
$$f(0) = a_0 = 1^3 \times 2^3 \times 3^3 = 216.$$

$f(1) + f(-1) = 2(a_0 + a_2 + a_4 + a_6 + a_8)$ に，上の 3 式を代入して，次を得る：

$$a_2 + a_4 + a_6 + a_8 = \frac{f(1) + f(-1)}{2} - f(0)$$
$$= \frac{2^3 \times 3^3 \times 4^3 + 0}{2} - 216 = 6696.$$

● 上級

1. k を十分大きな正の整数とする．各 $i = 2, 3, \cdots, n$ に対して，a_i を次のように定める：2 が $k + i - 2$ 桁分，1 が $2^{k+i-1} - 2(k+i-2)$ 桁分現れるような，$2^{k+i-1} - (k+i-2)$ 桁の正整数のうちの 1 つ．

このとき，$S(a_i) = 2^{k+i-1}$, $P(a_i) = 2^{k+i-2}$ が成立している．

次に，a_1 を次のように定める：2 が $k + n - 1$ 桁分，1 が $2^k - 2(k+n-1)$ 桁分現れるような，$2^k - (k+n-1)$ 桁の正整数の 1 つ．

このとき，$S(a_1) = 2^k$, および $P(a_1) = 2^{k+n-1}$ が成立している．

k を十分大きくとることで，$2^k > 2(k+n-1)$ が成立するようにできるため，上記の $a_1, a_2, a_3, \cdots, a_n$ をとることができて，これは問題の条件をみたす．

2. $n = 1, 2, \cdots$ に対して，$d_n = (a_0 + a_1 + \cdots + a_n) - na_n$ によって d_n を定める．問題中の不等式の最初の不等号が成り立つことは，$d_n > 0$ と同値である．また，

$$na_{n+1} - (a_0 + a_1 + \cdots + a_n)$$
$$= (n+1)a_{n+1} - (a_0 + a_1 + \cdots + a_n + a_{n+1}) = -d_{n+1}$$

より，2つ目の不等号が成り立つことは $d_{n+1} \leq 0$ と同値である．したがって，$d_n > 0 \geq d_{n+1}$ をみたす n が一意的に存在することを示せばよい．

数列 $\{a_n\}$ が正整数からなる狭義単調増加数列であることに注意する．

$$d_1 = (a_0 + a_1) - a_1 = a_0 > 0,$$
$$d_{n+1} - d_n = ((a_0 + a_1 + \cdots + a_n + a_{n+1}) - (n+1)a_{n+1})$$
$$- ((a_0 + a_1 + \cdots + a_n) - na_n)$$
$$= n(a_n - a_{n+1}) < 0$$

である．したがって，$\{d_n\}$ は初項が正である狭義単調減少数列である．このとき，定義より，$\{d_n\}$ が整数列であることに注意すると，$d_n > 0 \geq d_{n+1}$ をみたすような n が一意的に存在するので，題意は示された．

3. n の偶奇で場合分けする．

(1) n が奇数の場合：
$n = 2m - 1$ として，答は $(m-1)(m+1) = m^2 - 1$ であることを示す．
まず，整数を

$$2m - 1, \ 1, \ 2m - 2, \ 2, \ 2m - 3, \ 3, \ \cdots, \ m + 1, \ m - 1, \ m$$

のように並べたとき，隣り合う2数の積の最大値が $(m+1)(m-1) = m^2 - 1$ であることを示す．$m + 1$ と $m - 1$ が隣り合う場所にあるので，隣り合う2数の積がすべて $m^2 - 1$ 以下であることを示せばよい．

隣り合う2数の和は，$2m$ または $2m - 1$ である．和が $2m$ の場合は，隣り合う2数を $m + k$, $m - k$ (2つは等しくないので $k \neq 0$) とおくと，積は $(m+k)(m-k) = m^2 - k^2 \leq m^2 - 1$ より，$m^2 - 1$ 以下であることが示せた．

次に，どのように整数を並べても，隣り合う2数の積が $(m+1)(m-1)$ 以上になる場所が存在することを示す．もし，隣り合う2数の積がすべて $(m+1)(m-1)$ 未満だとすると，$m + 1$ 以上の整数の隣は $m - 2$ 以下の整数である．$m + 1$ 以上

の整数は $m-1$ 個，$m-2$ 以下の整数は $m-2$ 個あるので，$m+1$ 以上の整数から始めて，$m-2$ 以下の整数と交互に並べるしかない．だがそうすると，$m-1$ や m の置き場所が存在せず，矛盾である．以上より，示せた．

(2) n が偶数の場合：
$n = 2m$ として，答は $m(m+1) = m^2 + m$ であることを示す．

まず，整数を

$$2m,\ 1,\ 2m-1,\ 2,\ 2m-2,\ 3,\ \cdots,\ m-1,\ m+1,\ m$$

のように並べたとき，隣り合う 2 数の積の最大値が $m(m+1) = m^2 + m$ であることを示す．m と $m+1$ が隣り合う場所があるので，隣り合う 2 数の積がすべて $m^2 + m$ 以下であることを示せばよいが，隣り合う 2 数の和が $2m+1$ または $2m$ であることに注目すると，n が奇数の場合と同様に示せる．

次に，どのように整数を並べても，隣り合う 2 数の積が $m(m+1)$ 以上になる場所が存在することを示す．もし，隣り合う 2 数の積がすべて $m(m+1)$ 未満だとすると，$m+1$ 以上の整数の隣は $m-1$ 以下の整数である．$m+1$ 以上の整数は m 個，$m-1$ 以下の整数は $m-1$ 個あるので，$m+1$ 以上の整数から始めて $m-1$ 以下の整数と交互に並べるしかない．だがそうすると，m の置き場所が存在せず，矛盾である．以上より，示された．

◆第 2 章◆

● 初級

1. [1] $n = 1$ のとき，$5^1 - 1 = 4$ だから，4 の倍数である．

[2] $n = k$ のとき，$5^k - 1$ が 4 の倍数であると仮定すると，自然数 m を用いて，

$$5^k - 1 = 4m \quad \text{より}, \quad 5^k = 4m + 1$$

と表すことができる．
$n = k+1$ のとき，

$$5^{k+1} - 1 = 5 \times 5^k - 1 = 5(4m+1) - 1 = 20m + 4 = 4(5m+1).$$

$5m+1$ は自然数だから，$4(5m+1)$ は 4 の倍数である．
よって，$5^{k+1} - 1$ は 4 の倍数である．

[1], [2] より, すべての自然数 n について, $5^n - 1$ は 4 の倍数である.

2. [1]　$n = 1$ のとき, ①の

$$(左辺) = 1, \qquad (右辺) = 1^2 = 1.$$

よって, ①は成り立つ.

[2]　$n = k$ のとき, ①が成り立つと仮定すると,

$$1 + 3 + 5 + \cdots + (2k - 1) = k^2 \qquad ②$$

$n = k + 1$ のとき, ①の左辺を②を用いて変形する:

$$1 + 3 + 5 + \cdots + (2k - 1) + (2k + 1)$$
$$= \{1 + 3 + 5 + \cdots + (2k - 1)\} + (2k + 1)$$
$$= k^2 + 2k + 1$$
$$= (k + 1)^2.$$

これは, $n = k + 1$ のときの①の右辺である.

よって, $n = k + 1$ のときも①が成り立つ.

[1], [2] より, ①はすべての自然数 n について成り立つ.

3. [1]　$n = 4$ のとき, ①の

$$(左辺) = 2^4 = 16, \qquad (右辺) = 3 \times 4 = 12.$$

よって, 不等式①が成り立つ.

[2]　$k \geq 4$ として, $n = k$ のとき, ①が成り立つと仮定すると,

$$2^k > 3k \qquad ②$$

$n = k + 1$ のとき, ①の左辺を②を用いて変形する:

$$2^{k+1} = 2 \times 2^k > 2 \times 3k = 6k \qquad ③$$

ところで, $6k - 3(k + 1) = 3k - 3 = 3(k - 1) > 0$ だから,

$$6k > 3(k + 1) \qquad ④$$

③, ④より, $2^{k+1} > 3(k + 1)$.

よって, $n = k + 1$ のときも①が成り立つ.

[1], [2] より, 不等式①は 4 以上のすべての自然数 n について成り立つ.

4. 略解. まず, サイズが $2^3 \times 2^3 = 8 \times 8$ の4つのチェス盤に分割する. これら4つが交叉するコーナーに, 欠損がない3つにまたがるようにL字牌を1つ敷く. この結果, 4つの欠損チェス盤 B_8 が得られる.

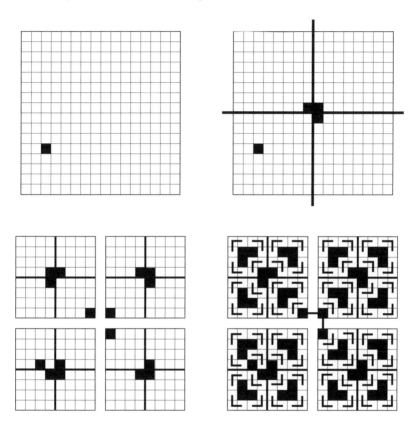

● 中級

1. (1) については省略する.

(2) ［1］ $n = 1, 2$ の場合には, いずれも成り立つことが簡単に確かめられるので, 省略する.

［2］ $n \geq 3$ とし, $0 \leq k < n$ なる任意の k で成り立つと仮定する. このとき,

$a_n = a_{n-1} + a_{n-2}$

$= \dfrac{1}{\sqrt{5}}\Big\{\Big(\dfrac{1+\sqrt{5}}{2}\Big)^{n-1} - \Big(\dfrac{1-\sqrt{5}}{2}\Big)^{n-1}$

$\qquad + \Big(\dfrac{1+\sqrt{5}}{2}\Big)^{n-2} - \Big(\dfrac{1-\sqrt{5}}{2}\Big)^{n-2}\Big\}$

$= \dfrac{1}{\sqrt{5}}\Big\{\dfrac{3+\sqrt{5}}{2}\Big(\dfrac{1+\sqrt{5}}{2}\Big)^{n-2} - \dfrac{3-\sqrt{5}}{2}\Big(\dfrac{1-\sqrt{5}}{2}\Big)^{n-2}\Big\}$

$= \dfrac{1}{\sqrt{5}}\Big\{\Big(\dfrac{1+\sqrt{5}}{2}\Big)^2\Big(\dfrac{1+\sqrt{5}}{2}\Big)^{n-2} - \Big(\dfrac{1-\sqrt{5}}{2}\Big)^2\Big(\dfrac{1-\sqrt{5}}{2}\Big)^{n-2}\Big\}$

$= \dfrac{1}{\sqrt{5}}\Big\{\Big(\dfrac{1+\sqrt{5}}{2}\Big)^n - \Big(\dfrac{1-\sqrt{5}}{2}\Big)^n\Big\}$

であるから,すべての n について主張は成り立つ.

2. (1) ［1］ $n=1$ のとき, $m=2^1=2$ だから,証明すべき不等式 $(*)$ は,

$$\dfrac{a_1+a_2}{2} \geq \sqrt{a_1 a_2} \qquad ①$$

この両辺は正だから,平方して比較する:

$$\Big(\dfrac{a_1+a_2}{2}\Big)^2 - (\sqrt{a_1 a_2})^2 = \dfrac{1}{4}(a_1^2 + 2a_1 a_2 + a_2^2 - 4a_1 a_2)$$

$$= \dfrac{1}{4}(a_1-a_2)^2 \geq 0.$$

よって, $n=1$ のとき,①は成立する.

［2］ $n=k$ のとき $(*)$ が成立すると仮定する: $m=2^k$,

$$\dfrac{a_1+a_2+\cdots+a_m}{m} \geq \sqrt[m]{a_1 a_2 \cdots a_m} \qquad ②$$

$n=k+1$ のとき, $2^{k+1}=2m$ に注意すると,

$$\dfrac{a_1+\cdots+a_m+a_{m+1}+\cdots+a_{2m}}{2m}$$

$$= \dfrac{1}{2}\Big(\dfrac{a_1+\cdots+a_m}{m} + \dfrac{a_{m+1}+\cdots+a_{2m}}{m}\Big)$$

$$\geq \dfrac{1}{2}\Big(\sqrt[m]{a_1 \cdots a_m} + \sqrt[m]{a_{m+1} \cdots a_{2m}}\Big) \quad (\because ②による)$$

$$\geq \sqrt{\sqrt[m]{a_1 \cdots a_m} \cdot \sqrt[m]{a_{m+1} \cdots a_{2m}}} \quad (\because ①による)$$

$$= \sqrt[2m]{a_1 \cdots a_m a_{m+1} \cdots a_{2m}}.$$

[1], [2] より, $m = 2^n$ であるとき, 不等式 (*) が成り立つ.

(2) $m = 1$ のとき, (*) は $a_1 \geq a_1$ で成立, $m = 2$ のときは上の (1) の [1] である. そこで, $m \geq 2$ とする.

m より大きい2べきの数 k については, (1) により,
$$\frac{a_1 + a_2 + \cdots + a_k}{k} \geq \sqrt[k]{a_1 a_2 \cdots a_k}$$
が成り立つ. そこで, $\dfrac{a_1 + a_2 + \cdots + a_m}{m} = d$ とすると,
$$d = \frac{md + (k-m)d}{k} = \frac{a_1 + a_2 + \cdots + a_m + (d + d + \cdots + d)}{k}$$
$$\geq \sqrt[k]{a_1 a_2 \cdots a_m \cdot d^{k-m}}$$
である. 両辺を k 乗すると, $d^k \geq a_1 a_2 \cdots a_m \cdot d^{k-m}$ であるから,
$$d^m \geq a_1 a_2 \cdots a_m$$
を得る. したがって,
$$\frac{a_1 + a_2 + \cdots + a_m}{m} \geq \sqrt[m]{a_1 a_2 \cdots a_m}$$
を得る. よって, すべての自然数 m について不等式 (*) が成り立つ.

なお, 等号は $a_1 = a_2 = \cdots = a_m$ のときにのみ成り立つことも導かれる.

● 上級

1. $f(x) = x + S(x)$ とする. 2以上の自然数 m に対して,
$$f(n_1) = f(x_2) = \cdots = f(n_m)$$
となる相異なる自然数 $n_1, n_2, \cdots, n_m$ が存在することを数学的帰納法で示す. 問題は, $m = 2002$ とした場合である.

[1] $m = 2$ のとき, $n_1 = 91$, $n_2 = 100$ とすると, これは条件をみたしている.

[2] $m = k \leq 2$ のとき, $f(x_1) = f(x_2) = \cdots = f(x_k) = X$ となる相異なる自然数 $x_1, x_2, \cdots, x_k$ が存在したとする. このとき, $f(y_1) = f(y_2) = \cdots = f(y_{k+1})$ と条件をみたす $k+1$ 個の相異なる自然数 $y_1, y_2, \cdots, y_{k+1}$ が存在することを以下で示す.

9つの自然数 $X + 2, X + 4, X + 6, \cdots, X + 18$ を9で割った余りはすべて異なるので, この9個のうちに9の倍数となるものが存在する. これを, $X + 2t$

とすると，$X = 9s - 2t$ $(s, t \in \mathbb{N}, 1 \leq t \leq 9)$ と書ける．そこで，
$$y_i = x_i + 10^s \ (1 \leq i \leq k), \quad y_{k+1} = 10^s - t$$
として，$y_1, y_2, \cdots, y_k, y_{k+1}$ を定める．すると以下に示すように，この $k+1$ 個の自然数が条件をみたす．

これらが互いに相異なるのは明らかである．また，$10^s \geq 10s > 9s > X = f(x_i) > x_i$ より 10^s は x_i より大きいので，$x_i + 10^s$ の計算では繰り上がりは起こらない．よって，$1 \leq i \leq k$ のとき，次が成り立つ：
$$f(y_i) = f(x_i) + 10^s + 1 = X + 10^s + 1.$$
一方，y_{k+1} は，一の位が $10-t$ で，その他の位が 9 である s 桁の数であるから，
$$\begin{aligned} f(y_{k+1}) &= y_{k+1} + S(y_{k+1}) \\ &= 10^s - t + \{9(s-1) + 10 - t\} \\ &= 10^s + 1 + 9s - 2t = 10^s + 1 + X. \end{aligned}$$
したがって，$f(y_1) = f(y_2) = \cdots = f(y_k) = f(y_{k+1})$ であり，$y_1, y_2, \cdots, y_k, y_{k+1}$ は条件をみたす．

> 注　上の証明では，整数の割り算・余り・約数など，この後の章で登場する言葉や性質等を使っている．

2. k に関する数学的帰納法で証明する．

[1] $k = 1$ のときは，$m_1 = n$ とすればよい．

[2] $k = j - 1 \leq 1$ で成立すると仮定し，$k = j$ でも成り立つことを示す．

(i) 正整数 t を用いて，$n = 2t - 1$ と表せるとき：
$$1 + \frac{2^j - 1}{2t - 1} = \frac{2t + 2^j - 2}{2t} \cdot \frac{2t}{2t - 1} = \left(1 + \frac{2^{j-1} - 1}{t}\right)\left(1 + \frac{1}{2t - 1}\right)$$
である．帰納法の仮定より，
$$1 + \frac{2^{j-1} - 1}{t} = \left(1 + \frac{1}{m_1}\right) \cdots \left(1 + \frac{1}{m_{j-1}}\right)$$
となる整数 $m_1, \cdots, m_{j-1}$ が存在するので，$m_j = 2t - 1$ とすると，条件をみたす．

(ii) 正整数 t を用いて $n = 2t$ と表せるとき：

$2t + 2^j - 2 > 0$ であり,
$$1 + \frac{2^j - 1}{2t} = \frac{2t + 2^j - 1}{2t + 2^j - 2} \cdot \frac{2t + 2^j - 2}{2t} = \left(1 + \frac{1}{2t + 2^j - 2}\right)\left(1 + \frac{2^{j-1} - 1}{t}\right)$$
である. (i) と同様に,
$$1 + \frac{2^{j-1} - 1}{t} = \left(1 + \frac{1}{m_1}\right) \cdots \left(1 + \frac{1}{m_{j-1}}\right)$$
となる整数 $m_1, m_2, \cdots, m_{j-1}$ が存在するので, $m_j = 2t + 2^j - 2$ とすることで, 条件をみたす.

◆第3章◆

● 初級

1. 197 と 290 を割った余りが等しいことから, 求める数はその差 93 を割り切る. また, 余りが 11 となることから, 求める数は 11 より大きいことがわかる. これらの条件をみたす数は 31, 93 のみであり, この 2 つの数はともに題意の条件をみたすので, 求める数は 31, 93 となる.

2. 3 で割ると 2 余り, 5 で割ると 3 余る正整数として 8 がある. このような整数は 15 ごとに現れるので, 2 桁の整数では, 23, 38, 53, 68, 83, 98 の 6 個である.

3. 1, 2, 3 からできる 5 桁の自然数は, 各桁に 1, 2, 3 の任意の数を入れてできるから, 3^5 個ある. こうした数は, 各桁に 1, 2, 3 の任意の数を入れてできる 4 桁の数に, その一桁の数として 1, 2, 3 を付け加えて得られるが, こうしてできた 3 つの数は大きさの順に連続して並んでいる. 自然数を 3 で割った余りは 0 (割り切れる) か 1 か 2 であるから, このように大きさの順に連続して並んでいる 3 つの数のどれか 1 つだけが必ず 3 で割り切れる. よって, 3 で割り切れる 5 桁の数の個数は, 4 桁の数の個数に等しく, $3^4 = 81$ 個である.

4. n の上 2 桁と下 2 桁からなる整数を, それぞれ, A, B とおくと, $n = 100A + B$ であり, n が条件をみたすことは, 積 AB が $100A + B$ を割り切ることと同値である. そのような A, B を求める.

A が $100A + B$ を割り切るので, B は A の倍数である. $B = kA$ とおくと,

A, B は 2 桁の整数なので, $10 \leq A$ かつ $kA = B < 100$, つまり, $10 \leq A < 100/k$ が成り立つ.

条件は, $AB = kA^2$ が $100A + kA$ を割り切ること, すなわち, $B = kA$ が $100 + k$ を割り切ることと同値である. k が $100 + k$ を割り切るのは k が 100 の約数のときで, $k < 10$ と合わせて, $k = 1, 2, 4, 5$. A が $(100+k)/k$ の約数で $10 \leq A < 100/k$ が成り立つことより, $(k, A) = (2, 17), (4, 13)$. これらに対応する n は, 1734, 1352 であり, これらは確かに条件をみたしている.

5. 2011 は 3 で割って 1 余ることに注意する.

A は $3 \times 0 + 1, 3 \times 1 + 1, \cdots, 3 \times 669 + 1, 3 \times 670 + 1$ の和であり,

B は $3 \times 0 + 2, 3 \times 1 + 2, \cdots, 3 \times 669 + 2$ の和である.

$0 \leq i \leq 669$ に対して $(3i + 1) - (3i + 2) = -1$ なので, 次がわかる：

$$A - B = (-1) \times 670 + (3 \times 670 + 1) = 1341.$$

● 中級

1. まず, 次のように変形する：

$$8^n + n = (2^n)^3 + n = (2^n + n)((2^n)^2 - 2^n n + n^2) - (n^3 - n).$$

正整数 n に対して, $(2^n)^2 - 2^n n + n^2$ は整数だから, $8^n + n$ が $2^n + n$ で割り切れることは, $n^3 - n$ が $2^n + n$ で割り切れることと同値である.

$n = 1$ ならば, $n^3 - n = 0$ なので, この条件はみたされる.

$n \geq 2$ のときは, $n^3 - n > 0$ であるから, $n^3 - n \geq 2^n + n$ でなければならず, 特に $n^3 > 2^n$ であることが必要である. 正整数 n に対して, $f(n) = \dfrac{n^3}{2^n}$ とおけば,

$n \geq 4$ のとき,

$$\frac{f(n+1)}{f(n)} = \frac{1}{2} \cdot \left(\frac{n+1}{n}\right)^3 = \frac{1}{2} \cdot \left(1 + \frac{1}{n}\right)^3 \leq \frac{1}{2} \cdot \left(1 + \frac{1}{4}\right)^3 = \frac{125}{128} < 1$$

が成り立つから, $f(4) > f(5) > f(6) > \cdots$ となる. $f(10) = \dfrac{1000}{1024} < 1$ なので, $n \geq 10$ ならば $f(n) < 1$, つまり, $n^3 < 2^n$ であることがわかった.

以上より, $2 \leq n < 10$ なる n について, $n^3 - n$ が $2^n + n$ で割り切れるかを調べればよい. $n = 2, 3, 4, 5, 6, 7, 8, 9$ について, $(n^3 - n, 2^n + n)$ の値は

$(6,6)$, $(24,11)$, $(60,20)$, $(120,37)$,
$(210,70)$, $(336,135)$, $(504,264)$, $(720,521)$

となる．このうち $n^3 - n$ が $2^n + n$ で割り切れるのは，$n = 2, 4, 6$ のときである．

$n = 1$ のときとあわせて，$n = 1, 2, 4, 6$ が求める解である．

2. n を正整数とし，$2011n$ の下 4 桁が 9999 であるとする．$2011n$ の一の位が 9 であることから，n の一の位は 9 である．よって，$n = 10k + 9$ (k は 0 以上の整数) と書ける．このとき，$2011n = 10 \times 2011k + 18099$ であり，これの十の位が 9 であることから，$2011k$ の一の位は 0 である．したがって，k の一の位は 0 である．よって，$n = 100\ell + 9$ (ℓ は 0 以上の整数) と書ける．このとき，$2011n = 100 \times 2011\ell + 18099$ であり，これの百の位が 9 であることから，2011ℓ の一の位は 9 であり，したがって，ℓ の一の位は 9 である．よって，$n = 1000m + 909$ (m は 0 以上の整数) と書ける．このとき，$2011n = 1000 \times 2011m + 1827999$ であり，これの千の位が 9 であることから，$2011m$ の一の位は 2 であり，したがって，m の一の位は 2 である．以上より，n の下 4 桁は 2909 であることがわかった．よって，求める最小値は

$$2011 \times 2909 = 5849999.$$

3. 条件より，余りを r とおくと，

$$x^4 + y^4 = 97(x+y) + r, \quad 0 \leq r < x+y$$

を得る．この方程式を変形して，

$$\frac{x^4 + y^4}{x+y} = 97 + \frac{r}{x+y}$$

を得る．対称性より，一般性を失うことなく $x \leq y$ と仮定して，不等式

$$98 > \frac{x^4+y^4}{x+y} > \frac{y^4}{x+y} \geq \frac{y^3}{2}, \quad 97 \leq \frac{x^4+y^4}{x+y} < \frac{xy^3+y^4}{x+y} = y^3$$

をみたす整数 y を求めると，$y = 5$.

$(x, y) = (1, 5), \ (2, 5), \ (3, 5), \ (4, 5), \ (5, 5)$

のうちで，題意をみたすものは $(4, 5)$ であり，このとき，余りは 8 となる．

4. 一般性を失うことなく，$b \geq a$ と仮定してよい．第 1 の与式が正整数だから，
$$a^2 + b \geq b^2 - a. \quad \therefore \ a + b \geq (b-a)(b+a). \quad \therefore \ b \leq a + 1.$$
$b \geq a$ だから，$b = a$ または $b = a + 1$ が成り立つことがわかる．そこで，場合分けして考察する．

(1) $b = a$ の場合：このとき，
$$\frac{a^2 + b}{b^2 - a} = \frac{b^2 + a}{a^2 - b} = \frac{a^2 + a}{a^2 - a} \in \mathbb{Z}$$
である．$a \in \mathbb{N}$ だから，次を得る：
$$\frac{a^2 + a}{a^2 - a} > 1. \quad \therefore \ \frac{a^2 + a}{a^2 - a} \geq 2. \quad \therefore \ 3a \geq a^2.$$
これより，$a \leq 3$ である．$a = 1$ では $\frac{a^2 + b}{a^2 - a}$ は定義されないので，$a = 2, 3$ のとき整数が生じ，$(a, b) = (2, 2), (3, 3)$ が解となる．

(2) $b = a + 1$ の場合：このとき，第 1 の与式
$$\frac{a^2 + b}{b^2 - a} = \frac{a^2 + a + 1}{a^2 + a + 1} = 1$$
は常に整数である．そこで，第 2 の与式
$$\frac{b^2 + a}{a^2 - b} = \frac{a^2 + 3a + 1}{a^2 - a - 1}$$
の方を調べる．$a^2 + 3a + 1 = a^2 - a - 1 + (4a + 2)$ であるから，これが整数となるには $a^2 - a - 1$ は $4a + 2 = 2(2a + 1)$ を割り切らねばならない．$a^2 - a - 1$ は常に奇数だから，$a^2 - a - 1$ は $2a + 1$ を割り切らねばならない．よって，$a^2 - a - 1 \leq 2a + 1$ だから，$a^2 - 3a - 2 \leq 0$ みたす．

もし，$a \geq 4$ ならば，$a^2 - 3a - 2 \geq 4a - 3a - 2 \geq a - 2 \geq 2 > 0$ となるから，$a \leq 3$ である．

$a = 3$ ならば，$a^2 - a - 1 = 5$, $2a + 1 = 7$ となって，上の条件をみたさない．$a = 2, 1$ については，それぞれ，条件をみたし，$(a, b) = (2, 3), (1, 2)$ を得る．

(1), (2) から得られた 4 組 $(a, b) = (1, 2), (2, 2), (2, 3), (3, 3)$ はいずれも題意をみたすことが確かめられる．

● 上級

1. $f(x) = x^m + x - 1$, $g(x) = x^n + x^2 - 1$ とおく．まず，次の補題を証明する．

> **補題** (m, n) が題意をみたす $\iff g(x) \mid f(x)$.
> ただし，$g(x) \mid f(x)$ とは，$f(x)$ を $g(x)$ で割ったときの商を $q(x)$，剰余を $r(x)$ としたとき，$r(x) = 0$ を意味する．

証明 ($\Longleftarrow$) は明らかなので，($\Longrightarrow$) を証明する．
$q(x), r(x) \in \mathbb{Z}[x]$ なので，$\dfrac{f(x)}{g(x)} = q(x) + \dfrac{r(x)}{g(x)}$ より，$a \in \mathbb{Z}$ に対して，

$$\frac{f(a)}{g(a)} \in \mathbb{Z} \iff \frac{r(a)}{g(a)} \in \mathbb{Z}$$

である．$\deg r(x) < \deg g(x)$ より，$\displaystyle\lim_{x \to \infty} \dfrac{r(x)}{g(x)} = 0$ なので，十分大きな x に対して $\left|\dfrac{r(x)}{g(x)}\right| < 1$ である．したがって，(m, n) が与えられた条件をみたすとき，$\dfrac{r(a)}{g(a)} = 0$，すなわち，$r(a) = 0$ となるような正整数 a が無限個存在するので，$r(x) = 0$ である． (証明終)

(m, n) が $g(x) \mid f(x)$ をみたすと仮定する．
g は閉区間 $[0, 1]$ 上連続で狭義単調増加であり，$g(0) - 1 < 0$, $g(1) = 1 > 0$ なので，$g(\alpha) = \alpha^m + \alpha^2 - 1 = 0$ をみたす $\alpha \in (0, 1)$ がただ一つ存在する．$g(x) \mid f(x)$ より，$f(\alpha) = \alpha^m + \alpha - 1 = 0$ である．このとき，$0 < \alpha < 1$, $n \geq 3$ より，

$$\alpha^m - \alpha^{2n} = (1 - \alpha) - (1 - \alpha^2)^2 = \alpha(1 - \alpha)(\alpha^2 + \alpha - 1)$$
$$> \alpha(1 - \alpha)(\alpha^2 + \alpha^n - 1) = 0$$

なので，$m < 2n$ である．
$g(x) \mid f(x)$ より，$m > n$ なので，$k = m - n$ とおくと，$1 \leq k \leq n - 1$ である．$\dfrac{f(x)}{g(x)} = q(x) \in \mathbb{Z}[x]$ より，

$$\mathbb{Z} \ni q(2) = \frac{f(2)}{g(2)} = \frac{2^m+1}{2^n+3} = \frac{2^{n+k}+1}{2^n+3} = 2^k - \frac{3 \times 2^k - 1}{2^n+3}$$

なので, $\dfrac{3 \times 2^k - 1}{2^n + 3} \in \mathbb{Z}$ である. $1 \leq k \leq n-2$ ならば,

$$0 < \frac{3 \times 2^k - 1}{2^n + 3} < \frac{3 \times 2^{n-2}}{2^n} = \frac{3}{4}$$

となり矛盾するので, $k = n-1$ である. このとき,

$$0 < \frac{3 \times 2^k - 1}{2^n + 3} = \frac{3 \times 2^{n-1} - 1}{2^n + 3} < \frac{3 \times 2^{n-1}}{2^n} = \frac{3}{2}$$

より,

$$\frac{3 \times 2^{n-1} - 1}{2^n + 3} = 1$$

となり, $n = 3$, $k = 2$, $m = 5$ を得る.

$(m, n) = (5, 3)$ のとき,

$$f(x) = x^5 + x - 1 = (x^2 - x + 1)(x^3 + x^2 - 1) = (x^2 - x + 1)g(x)$$

となり, $g(x) \mid f(x)$ をみたす.

よって, 求める m, n の組は, $(m, n) = (5, 3)$ である.

2. まず, 次の補題を証明する.

> **補題** 整数 a, b, c について, $a(b-1)$, $b(c-1)$ がともに n で割り切れるならば, $a(c-1)$ も n で割り切れる.

証明 $a(c-1) = ab(c-1) + a(b-1) - a(b-1)c$ から明らかである.

(証明終)

さて, 問題の主張が正しいことを, k に関する数学的帰納法で証明する.

[1] $k = 2$ のとき:集合 $\{1, 2, \cdots, n\}$ の相異なる元 a_1, a_2 に対して, $a_1(a_2 - 1)$ が n で割り切れ, $a_2(a_1 - 1)$ も n で割り切れるとすると, $a_2 - a_1 = a_1(a_2 - 1) - a_2(a_1 - 1)$ も n で割り切れることになるが, $1 \leq a_1, a_2 \leq n$ であるから, $a_2 - a_1 = 0$ となり, $a_1 \neq a_2$ の仮定に反する. したがって, 問題の主張は, $k = 2$ のとき正しい.

[2] $k = j - 1 \leq 2$ のときに主張が正しいと仮定し, $\{1, 2, \cdots, n\}$ の相異

なる元 $a_1, a_2, \cdots, a_j$ について, $a_i(a_{i+1} - 1)$, $(1 \leq i \leq j-1)$ がそれぞれ n で割り切れるとし, さらに, $a_j(a_1 - 1)$ も n で割り切れるとする. このとき, $a = a_{j-1}, b = a_j, c = a_1$ として補題を適用すると, $a_{j-1}(a_j - 1)$ も n で割り切れることになるが, これは帰納法の仮定に反する. したがって, $a_j(a_1 - 1)$ は n で割り切れず, 問題の主張が $k = j$ のときも正しいことが示された.

3. 整数 a が整数 b で割り切れるとき, $b \mid a$ と書くことにする. このとき, 任意の整数 x, y に対して, 次が成り立つ:

$$(*) \quad f(x-y) \mid f(x) - f(y).$$

$f(m) = f(n)$ の場合に $f(m) \mid f(n)$ が成り立つことは明らかだから, $f(m) < f(n)$ が成り立つとして, $f(m) \mid f(n)$ を示す.

$(*)$ において, $x = m, y = n$ とすると,

$$(**) \quad f(m-n) \mid f(m) - f(n)$$

となるが, いま $f(m) < f(n)$ だから, $f(n) - f(m) > 0$ であり, $f(m-n) \leq f(n) - f(m) < f(n)$ となる. そこで, $d = f(m) - f(m-n)$ とおくと,

$$-f(n) < -f(m-n) < d < f(m) < f(n)$$

となるが, $(*)$ において, $x = m, y = m-n$ とおくと, $f(n) \mid f(m) - f(m-n)$ となり, $f(n) \mid d$ となる. ところが, $-f(n) < d < f(n)$ だから, $d = 0$ となり, $f(m-n) = f(m)$ となる. よって, $(**)$ より, $f(m) \mid f(m) - f(n)$ となるから, $f(m) \mid f(n)$ となる.

4. $f(x)$ の最高次の係数が 1 なので, $g(x), h(x)$ の最高次の係数が 1 であるとしてよい.

まず, $g(x)$ が 1 次式 $x - p$ であるとすると, $r = f(p)$ は整数であるが, $r^3 = 2$ となるので, 矛盾である.

次に, $g(x)$ が 2 次式 $(x-p)(x-q)$ であるとすると, 解と係数の関係から, $p+q, pq$ はともに整数である. $r = f(p)f(q)$ は p, q に関して対称な整数係数多項式なので, 整数であるが, $r^3 = 4$ となるので, 矛盾である.

よって, $g(x), h(x)$ はともに 3 次式以上であることが必要であることがわかる.

そこで, $f(x)$ が 2 次, $g(x), h(x)$ が 3 次であるとしてみる. ここで, $g(x)$ の 2 次の係数が消えるように, 適当に平行移動してやると,

$$F(x)^3 - 2 = G(x)H(x),$$
$$F(x) = x^2 + ax + b,$$
$$G(x) = x^3 + cx - d$$

となる．（具体的には，もし $g(x) = x^3 + px^2 + qx + r$ であるならば，x を $x - \dfrac{p}{3}$ にしてやればよい．）このとき，a, b, c, d は有理数であり，特に a は既約表示したときに分母が 1 または 3 になる有理数であることに注意しておく．

$G(x) = 0$ の解を α, β, γ とする．$x^3 = 1$ の虚数解の 1 つを ω とすると，$F(\alpha), F(\beta), F(\gamma)$ は $\sqrt[3]{2}, \sqrt[3]{2}\omega, \sqrt[3]{2}\omega^2$ のいずれかであるが，解と係数の関係より，$F(\alpha) + F(\beta) + F(\gamma)$ が有理数であるから，

$$F(\alpha) = \sqrt[3]{2}, \quad F(\beta) = \sqrt[3]{2}\omega, \quad F(\gamma) = \sqrt[3]{2}\omega^2$$

としてよい．よって，次を得る：

$$\alpha^2 + a\alpha = \sqrt[3]{2} - b \tag{1}$$
$$\beta^2 + a\beta = \sqrt[3]{2}\omega - b \tag{2}$$
$$\gamma^2 + a\gamma = \sqrt[3]{2}\omega^2 - b \tag{3}$$

そこで，$(1) + (2) + (3)$ を計算して，次を得る：

$$(\alpha^2 + \beta^2 + \gamma^2) + a(\alpha + \beta + \gamma) = -3b \tag{4}$$

次に，$(1)(2) + (2)(3) + (3)(1)$ を計算して，次を得る：

$$(\alpha^2\beta^2 + \beta^2\gamma^2 + \gamma^2\alpha^2) + a(\alpha^2\beta + \alpha\beta^2 + \beta^2\gamma + \beta\gamma^2 + \gamma^2\alpha + \gamma\alpha^2)$$
$$+ a^2(\alpha\beta + \beta\gamma + \gamma\alpha) = 3b^2 \tag{5}$$

最後に，$(1)(2)(3)$ を計算して，次を得る：

$$\alpha\beta\gamma\{\alpha\beta\gamma + a(\alpha\beta + \beta\gamma + \gamma\alpha) + a^2(\alpha + \beta + \gamma) + a^3\} = 2 - b^3 \tag{6}$$

3 次方程式の解と係数の関係から，

$$\alpha + \beta + \gamma = 0, \quad \alpha\beta + \beta\gamma + \gamma\alpha = c, \quad \alpha\beta\gamma = d$$

であるので，次を得る：

$$\alpha^2 + \beta^2 + \gamma^2 = (\alpha + \beta + \gamma)^2 - 2(\alpha\beta + \beta\gamma + \gamma\alpha) = -2c,$$

$$\alpha^2\beta^2 + \beta^2\gamma^2 + \gamma^2\alpha^2 = (\alpha\beta + \beta\gamma + \gamma\alpha)^2 - 2\alpha\beta\gamma(\alpha + \beta + \gamma) = c^2,$$
$$\alpha^2\beta + \alpha\beta^2 + \beta^2\gamma + \beta\gamma^2 + \gamma^2\alpha + \gamma\alpha^2$$
$$= (\alpha\beta + \beta\gamma + \gamma\alpha)(\alpha + \beta + \gamma) - 3\alpha\beta\gamma = -3d.$$

以上より，次が成り立つ：

$$(4) \iff 2c = 3b \tag{7}$$
$$(5) \iff c^2 - 3ad + a^2c = 3b^2 \tag{8}$$
$$(6) \iff d(d + ac + a^3) = 2 - b^3 \tag{9}$$

(7) より，$c = 3k$, $b = 2k$ として，(8), (9) に代入して，さらに d を消去すると，

$$k(k + a^2)^3 = 2a^2$$

を得る．ここで，$k + a^2 = p$ とおけば，

$$k = \frac{2p}{p^3 + 2}, \quad a^2 = \frac{p^4}{p^3 + 2}$$

となる．互いに素な 2 整数 $A > 0$, B で，$p = \dfrac{B}{A}$ とすると，$p^3 + 2 = \dfrac{B^3 + 2A^3}{A^3}$ は既約である．これが有理数の平方に等しくなっているので，ある正整数 C, D があって，$A = C^2$, $B^3 + 2A^3 = D^2$ が必要であり，このとき，

$$p = \frac{B}{C^2}, \quad \sqrt{p^3 + 2} = \frac{D}{C^3}, \quad a = \pm\frac{B^2}{CD}$$

となる．B, D は互いに素なので，a を既約表示したときの分母は CD となる．先に述べたことより，これは 1 または 3 であるので，

$$(C, D) = (1, 1), \quad (1, 3), \quad (3, 1)$$

が必要だが，このうちで $B^3 + 2A^3 = D^2$ をみたす整数 B が存在するのは $(1, 1)$ のみである．このとき，$F(x) = x^2 \pm x - 4$ となり，確かに，

$$(x^2 + x - 4)^3 = (x^3 - 6x + 6)(x^3 + 3x^2 - 3x - 11)$$

となっている．一般的には必ずしも $g(x)$ の 2 次の係数が 0 である必要はないので，$F(x)$ を任意に平行移動した

$$f(x) = (x + n)^2 + (x + n) - 4 \quad (n \in \mathbb{Z})$$

が答となる．

注 正答は，整数 s, t を用いて，$x^2 + sx + t$ の形に書け，$x^2 - 4t = 17$ が成立するものである．例えば，$x^2 + x - 4$, $x^2 - x - 4$, $x^2 + 3x - 2$, $x^2 - 3x - 2$ などはすべて正答である．

5. $\dfrac{a^2 + ab + b^2}{ab - 1} = k$, $k \in \mathbb{N}$ とおく．$a = b$ の場合は，数 $k = 3 + \dfrac{3}{a^2 - 1}$ が非負整数になるのは，$a = 0, 2$ のときだけで，それぞれ，$k = 0, 4$ となる．

また，$b = 0$ の場合は，$k = -a^2$ となるので，$a = 0$ のとき，$k = 0$ となる．

そこで，これからは $a > b > 0$ の範囲で，k が非負整数となるような (a, b) を探す．与えられた関係式は，$a^2 - (k-1)ab + b^2 + k = 0$ と同値であるから，もし (a, b) が解であって $b > (k-1)b - a > 0$ ならば，$(b, (k-1)b - a)$ もまた解であることがわかる．不等式 $(k-1)b - a > 0$ は，次の関係から系統的に，すべての場合について正しいことがわかる：
$$k > \frac{a+b}{b}, \quad \frac{a^2 + ab + b^2}{ab - 1} > \frac{a+b}{b}, \quad b^3 > -a - b.$$

同じ方法で，不等式 $b > (k-1)b - a$ も系統的に次の関係式と同値である：
$$k < \frac{2b+a}{b}, \quad \frac{a^2 + ab + b^2}{ab - 1} < \frac{2b+a}{b}, \quad a > b + \frac{3b}{b^2 - 1} \ (k > 1).$$

もし $3b < b^2 - 1$ ならば，すなわち $b \geq 4$ ならば，上記の不等式は真であるから，$a > b \geq 4$ なる解 (a, b) に対して，解 (b, c) で $b > c > 0$ となるものが見つかる．したがって，降下法により，各解は $b \leq 3$ なる解に対応していることがわかる．

$b = 1$ については，$k = a + 2 + \dfrac{3}{a - 1}$ が得られ，$a = 2$ または $a = 4$ となり，いずれの場合も $k = 7$ を得る．

$b = 2$ については，$4k = 2a + 5 + \dfrac{21}{2a - 1}$ が得られ，$a = 4$ または $a = 11$ となり，それぞれ，$k = 4$ または $k = 7$ を得る．

$b = 3$ については，$9k = 3a + 10 + \dfrac{91}{3a - 1}$ が得られるが，この場合は解は存在しない．

したがって，求める解は，$k = 0, 4, 7$ である．

◆第4章◆

● 初級

1. 例題2の(5)から直ちに得られる.

2. (1) d_i は1から数えて i 番目にあるから, $d_i \geq i$ である.

(2) d_{k+1-i} は $d_k = n$ から逆に数えて i 番目にある. 正の約数 d_i の決め方から, $d_{k+1-i} = \dfrac{n}{d_i}$ である.

3. 自然数 n は, 10で割って,

$$n = 10q + r, \quad 0 \leq r < 10$$

と表される. ここで r は n の1桁目の数である.

(1) 10の倍数 $10q$ は2で割り切れる. よって, n が2で割り切れるならば, 定理4.1(3)によって, $r = n - 10q$ も2で割り切れる.

逆に, r が2で割り切れるならば, 再び定理4.1(3)により, $n = 10q + r$ も2で割り切れる.

(2) 10の倍数 $10q$ は5で割り切れる. よって, n が5で割り切れるならば, 定理4.1(3)によって, $r = n - 10q$ も5で割り切れる. ところで, 5で割り切れる整数 $0 \leq r < 10$ は0と5である.

逆に, $r = 0$ ならば, $n = 10q = 5 \times (2q)$ は5で割り切れるし, $r = 5$ ならば, $n = 10q + 5 = 5 \times (2q + 1)$ も5で割り切れる.

(3) 10の倍数 $10q$ はもちろん10で割り切れる. よって, n が10で割り切れるならば, 定理4.1(3)により, $r = n - 10q$ も10で割り切れる. ところで, 10で割り切れる整数 $0 \leq r < 10$ は0のみである.

逆に, $r = 0$ ならば, $n = 10q$ は10で割り切れる.

(4) 自然数 n を $100 = 10^2$ で割って, その剰余を10で割ると,

$$n = 10^2 p + 10q + r, \quad 0 \leq q < 10, \ 0 \leq r < 10$$

と表される. ここで, q は n の2桁目の数, r は1桁目の数である. $10^2 p = 4 \times (25p)$ は4の倍数だから, n が4で割り切れるための必要十分条件は, 定理の表現のように, $10q + r$ が4で割り切れる……となる.

(5) 自然数 n が m 桁であるとし, 数字

を用いて,
$$a_m, a_{m-1}, \cdots, a_2, a_1 \in \{0, 1, 2, \cdots, 9\}, \quad a_m \neq 0,$$

$$n = a_m a_{m-1} \cdots a_2 a_1$$

と表すと,
$$n = 10^{m-1} a_m + 10^{m-2} a_{m-1} + \cdots + 10 a_2 + a_1$$

と表示できる. ところで,
$$10 = 3 \times 3 + 1,$$
$$10^2 = 33 \times 3 + 1,$$
$$\cdots$$
$$10^{m-1} = \underbrace{33 \cdots 3}_{m-1} \times 3 + 1$$

だから, 次を得る:
$$n = (33\cdots 3 \times 3 + 1)a_m + \cdots + (33 \times 3 + 1)a_3 + (3 \times 3 + 1)a_2 + a_1$$
$$= (33\cdots 3 a_m + \cdots + 33 a_3 + 3 a_2) \times 3 + (a_m + \cdots + a_3 + a_2 + a_1).$$

n のこの表示から, n が 3 で割り切れるための必要十分条件は, $a_m + a_{m-1} + \cdots + a_3 + a_2 + a_1$ が 3 で割り切れることである……が結論される.

(6) 10 のべきを次のように表示することによって, (5) と同じ議論で結論が得られる:
$$10 = 1 \times 9 + 1,$$
$$10^2 = 11 \times 9 + 1,$$
$$10^3 = 111 \times 9 + 1,$$
$$\cdots$$
$$10^{m-1} = \underbrace{11 \cdots 1}_{m-1} \times 9 + 1.$$

4. $2,014,000,000$ の正の約数を小さい順に 5 個挙げると, 1, 2, 4, 5, 8 である.

よって, 5 番目に大きい約数は,

$$\frac{2{,}014{,}000{,}000}{8} = 251{,}750{,}000.$$

5. $10^{1002} - 4^{501}$

$\qquad = 2^{1002} \cdot 5^{1002} - 2^{1002}$

$\qquad = 2^{1002}(5^{1002} - 1)$

$\qquad = 2^{1002}(5^{501} - 1)(5^{501} + 1)$

$\qquad = 2^{1002}(5-1)(5^{500} + 5^{499} + \cdots + 5 + 1)(5+1)(5^{500} - 5^{499} + \cdots - 5 + 1)$

$\qquad = 2^{1005}(3)(5^{500} + 5^{499} + \cdots + 5 + 1)(5^{500} - 5^{499} + \cdots - 5 + 1).$

この最後の 2 つの因数は,いずれも,奇数個の奇数の和であるから奇数である. よって,2 の最大の冪は,2^{1005} である.

6. 問題で与えられた式は,$(a - cd)(b - 1) = 0$ と変形できるので,$a - cd = 0$ または $b - 1 = 0$ をみたす組 (a, b, c, d) の個数を求めればよい.

各 $a = 1, 2, \cdots, 9$ について,$a = cd$ なる (c, d) の組は,a の約数の個数に等しい.よって,$a = cd$ をみたす組 (a, c, d) は

$$1 + 2 + 2 + 3 + 2 + 4 + 2 + 4 + 3 = 23$$

個ある.

条件をみたす組 (a, b, c, d) は,

$b = 1$ のとき,a, c, d は任意なので,$9 \times 9 \times 9 = 729$ 個,

$b \neq 1$ のとき,各 $b = 2, 3, \cdots, 9$ に対して,23 個の組 (a, c, d) があるので,$8 \times 23 = 184$ 個ある.

したがって,求める組 (a, b, c, d) の個数は $729 + 184 = 913$ である.

● **中級**

1. 条件より,整数 $a, b, c \in \{1, 2, 3, \cdots, 9\}$ を用いて,

$$x = 10a + b, \quad y = 10b + c, \quad z = 10c + a$$

と表すことができる.$\mathrm{GCD}\,(x, y, z) = d$ とおく.11 が x, y, z の公約数になったとすると,x, y, z が相異なるという条件に反するので,d は 11 の倍数ではない.

d は

$$x + y + z = (10a + b) + (10b + c) + (10c + a) = 11(a + b + c)$$

を割り切る．$11 \nmid d$ だから，$d \mid a+b+c$ である．特に，$d \le a+b+c \le 27$ である．

また，d は
$$100x - 10y + z = 1000a + 100b - 100b - 10c + 10c + a = 1001a$$
をも割り切る．同様に，d は $1001b$, $1001c$ も割り切る．a, b, c の最大公約数を k とおくと，d は $1001k$ も割り切る．先に記したように，d は 11 の倍数ではないので，d は $91k$ を割り切る．

しかし，$d \ne 21$（および，$d \ne 26$）である．実際，21（および，26）の倍数で 2 桁のものは 21, 42, 63, 84（および，26, 52, 78）なので，この中から条件をみたすように x, y, z を選ぶことはできない．

一方，$d = 1, 2, 3, 4, 7, 13, 14$ となるような x, y, z は存在する．実際，(x, y, z) として，それぞれ，例えば，

$(32, 21, 13)$, $(64, 42, 26)$, $(96, 63, 39)$, $(88, 84, 48)$,
$(42, 21, 14)$, $(65, 52, 26)$, $(84, 42, 28)$

ととればよい．

以上より，3 数 x, y, z の最大公約数として考えられる値は 1, 2, 3, 4, 7, 13, 14 の 7 個である．

2. n の各桁の数字を a, b, c とする；
$$n = 100c + 10b + a, \quad 1 \le a, b, c \le 9, \quad a \ne b \ne c \ne a.$$

補題 任意の n について，$g \le 18$.

証明 たとえば，$100c + 10a + b$ は n の各桁の数字を入れ替えたものになっている．よって，改めて，$a < b < c$ としてよい．

g は $(100c + 10b + a) - (100c + 10a + b) = 9(b-a)$ を割り切る．同様にして，g は $9(c-b)$, $9(c-a)$ も割り切る．$x = b-a$, $y = c-b$, $z = c-a$ とおくと，x, y, z は 8 以下の正の整数であり，$x + y = z$ が成り立つ．$\mathrm{GCD}(x, y, z) = h$ とすると，h は 1 桁の整数で，$g \mid 9h$ である．

(1) $h \ge 5$ のとき：8 以下の正整数で h で割り切れるものは高々 1 つしかな

く，$x+y=z$ に反する．よって，この場合はあり得ない．

(2) $h=4$ のとき：8 以下の正整数で 4 で割り切れるものは 4, 8 の 2 つなので，$(x,y,z)=(4,4,8)$ しかあり得ない．このとき，$(a,b,c)=(1,5,9)$ となり，$g=3$ である．

(3) $h=3$ のとき：8 以下の正整数で 3 で割り切れるものは 3, 6 の 2 つなので，$(x,y,z)=(3,3,6)$ しかあり得ない．このとき，
$$(a,b,c)=(1,4,7),\quad (2,5,8),\quad (3,6,9)$$
であり，それぞれ，$g=3,3,9$ である．

(4) $h\leq 2$ のとき：$g\mid 9h$ だから，$g\leq 9h\leq 18$ である． （証明終）

ところで，$n=468$ のとき，$g=18$ となる．上の補題とあわせて，g としてあり得る最大の値は 18 である．

3. a は b^2+1 の約数なので，ある正整数 d により，$ad=b^2+1$ と書ける．このとき，$\gcd(a,b)$ は $ad-b^2=1$ の約数でもあるので，$\gcd(a,b)=1$ でなければならない．同様に，$\gcd(b,c)=\gcd(c,a)=1$ となる．すなわち，a,b,c はどの 2 つも互いに素である．

b,c が互いに素であり，$b\mid a^2+1$，$c\mid a^2+1$ だから，a^2+1 は bc の倍数である．同様に，b^2+1，c^2+1 は，それぞれ，ca，ab の倍数であることがわかる．以上より，$(a^2+1)(b^2+1)(c^2+1)$ は $a^2b^2c^2$ の倍数であるから，
$$\frac{(a^2+1)(b^2+1)(c^2+1)}{a^2b^2c^2}=\left(1+\frac{1}{a^2}\right)\left(1+\frac{1}{b^2}\right)\left(1+\frac{1}{c^2}\right)$$
は整数となる．ここで，a,b,c がいずれも 2 以上であるとすると，
$$1<\left(1+\frac{1}{a^2}\right)\left(1+\frac{1}{b^2}\right)\left(1+\frac{1}{c^2}\right)\leq\left(\frac{5}{4}\right)^2=\frac{125}{64}<2$$
となり，矛盾する．したがって，a,b,c のうち少なくとも 1 つは 1 である．

$a=1$ であるとする．このとき，b は $a^2+1=2$ の約数になるから，$b=1,2$ である．$b=1$ のときは $c=2$，$b=2$ のときは $c=1$ となり，$(a,b,c)=(1,1,2),(1,2,1)$ はどちらも条件をみたしている．

また，条件は a,b,c に関して対称であるから，$b=1$ または $c=1$ としたときの解は，$a=1$ の場合の並べ替えになっている．以上より，求める正整数の組は次のようになる：

$$(a, b, c) = (1, 1, 2), \quad (1, 2, 1), \quad (2, 1, 1).$$

4.
$$x^n + y^n = K(x+y), \ K \in \mathbb{N} \tag{1}$$
と仮定して，背理法で証明する．

n が偶数なので，
$$x^n - y^n = (x+y)(x-y)(x^{n-2} + x^{n-4}y^2 + \cdots + x^2 y^{n-4} + y^{n-2})$$
であるから，$x^n - y^n$ は $x+y$ の倍数であり，
$$x^n - y^n = L(x+y), \quad L \in \mathbb{N} \tag{2}$$
と表せる．(1), (2) から，
$$2x^n = (K+L)(x+y), \quad 2y^n = (K-L)(x+y)$$
となり，$2x^n, 2y^n$ はともに $x+y$ の倍数となる．

他方，$\mathrm{GCD}\,(x, y) = 1$ なので，$\mathrm{GCD}\,(x^n, y^n) = 1$ だから，$\mathrm{GCD}\,(2x^n, 2y^n) = 2$ である．よって，2 は $x+y$ の倍数となるが，これは $xy \neq 1$ に矛盾する．

5. $x \neq 0$ とし，y は与えられた方程式をみたすと仮定し，$a = \mathrm{GCD}\,(x, y)$ とおく．すると，$a = \mathrm{GCD}\,(x, y-x)$ であるから，互いに素であるような整数 b, c を用いて，$x = ab, y - x = ac$ と書くことができる．すると，与えられた方程式は
$$c(1 + ac + 2ab) = a^2 b^3$$
となる．さらに，
$$\mathrm{GCD}\,(b^3, c) = 1, \quad \mathrm{GCD}\,(1 + ac + 2ab, a^2) = 1$$
であるから，次が得られる：
$$c = a^2, \quad b^3 = ac + 2ab + 1 = a^3 + 2x + 1.$$
この後ろの方程式は次のように書き換えられる：
$$0 = (a-b)^3 + 3a^2 b - 3ab^2 + 2x + 1 = (a-b)^3 + 3(a-b)x + 2x + 1.$$
ここで，$3(a-b) + 2 = t$ とおくと，$a - b = \dfrac{t-2}{3}$ だから，上の方程式は次のようになる：
$$\left(\frac{t-2}{3}\right)^3 + tx + 1 = 0, \quad 27x = -\frac{19}{t} - 12 + 6t - t^2.$$

ここで，t と x はともに整数だから，t は 1, 19, -19, -1 のいずれかとだけ等しくなる．

(1) $t = 1$ のとき：$27x = -26$ となり，x は整数となり得ない．

(2) $t = 19$ のとき：$27x = -260$ となり，この場合も x は整数になり得ない．

(3) $t = -19$ のとき：$x = -18$ が得られ，$ab = x = -18$，$a - b = \dfrac{t-2}{3} = -7$ となり，$(a+b)^2 = (a-b)^2 + 4ab = -23$ が得られるが，a, b は整数であるから，この場合は不可能である．

(4) $t = -1$ のとき：$x = 0$ となり，$x \neq 0$ という仮定に反する．

以上により，$x \neq 0$ なる整数解は存在しないので，$(x, y) = (0, 0), (0, -1)$ 以外の整数解は存在しない．

● 上級

1.
$$\frac{abc - 1}{(a-1)(b-1)(c-1)} = k$$
とおくと，
$$k < \frac{a}{a-1} \cdot \frac{b}{b-1} \cdot \frac{c}{c-1}$$
が最大値をとるのは，$a = 2, b = 3, c = 4$ のときで，
$$k < \frac{2}{1} \times \frac{3}{2} \times \frac{4}{3} = 4$$
を得る．さらにまた，
$$k > \frac{abc - 1}{(a-1)bc} = \frac{abc - 1}{abc - bc} > 1$$
だから，$k = 2, 3$ となる．ここで，$a \geq 4$ のときを調べてみると，
$$k < \frac{4}{3} \times \frac{5}{4} \times \frac{6}{5} = 2$$
となり，上の条件に反する．よって，$a = 2, 3$ であり，(a, k) の可能性は，
$$(a, k) = (2, 2), \quad (2, 3), \quad (3, 2), \quad (3, 3)$$
の4組である．それぞれの場合に b の値の範囲を調べてみると，可能な値は次の2組である：
$$(a, b, c) = (2, 4, 8), \quad (3, 5, 15).$$

2. (a) 上の練習問題 (初級 2) から，次を得る：

$$D = \sum_{i=1}^{k-1} d_i d_{i+1} = \sum_{i=1}^{k-1} d_{k-i} d_{k-i+1} = \sum_{i=1}^{k-1} \frac{n^2}{d_i d_{i+1}}$$
$$\leq n^2 \sum_{i=1}^{k-1} \frac{1}{i(i+1)} = n^2 \sum_{i=1}^{k-1} \left(\frac{1}{i} - \frac{1}{i+1}\right) = n^2 \left(1 - \frac{1}{k}\right) < n^2.$$

(b)　n が素数のとき，$D = n$ は n^2 の約数である．

n が合成数のとき，n の最小の素因数を p とすると，

$$D > d_{k-1} d_k = \frac{n}{p} \times n = \frac{n^2}{p}$$

だから，上の (a) より，$1 < \dfrac{n^2}{D} < p$ である．$D \mid n^2$ と仮定すると，$\dfrac{n^2}{D} \Big| n^2$ であるが，p が n^2 の最小の素因数であることに注意すると，これは $1 < \dfrac{n^2}{D} < p$ に矛盾する．したがって，$D \nmid n^2$ である．

よって，$D \mid n^2$ となるための必要十分条件は，n が素数であることである．

3. $n > m$ と仮定しても一般性を失わない．

(1) $n \geq 2m$ の場合を考える．

$$5^n + 7^n = (5^m + 7^m)(5^{n-m} + 7^{n-m}) - 5^m 7^m (5^{n-2m} + 7^{n-2m})$$

より，次を得る：

$$\mathrm{GCD}\,(5^m + 7^m, 5^n + 7^n) = \mathrm{GCD}\,(5^m + 7^m, 5^m 7^m (5^{n-2m} + 7^{n-2m})).$$

$m \geq 1$ のとき，$5 \nmid 5^m + 7^m$，$7 \nmid 5^m + 7^m$，$\mathrm{GCD}\,(5^m + 7^m, 5^m 7^m) = 1$ であるから，

$$\mathrm{GCD}\,(5^m + 7^m, 5^m 7^m (5^{n-2m} + 7^{n-2m})) = \mathrm{GCD}\,(5^m + 7^m, 5^{n-2m} + 7^{n-2m})$$

となる．したがって，次を得る：

$$\mathrm{GCD}\,(5^m + 7^m, 5^n + 7^n) = \mathrm{GCD}\,(5^m + 7^m, 5^{n-2m} + 7^{n-2m}) \qquad ①$$

(2) $2m > n > m$ の場合を考える．

$$5^n + 7^n = (5^m + 7^m)(5^{n-m} + 7^{n-m}) - 5^{n-m} 7^{n-m} (5^{2m-n} + 7^{2m-n})$$

であるから，上と同様な議論により，次を得る：

$$\mathrm{GCD}\,(5^m + 7^m, 5^n + 7^n) = \mathrm{GCD}\,(5^m + 7^m, 5^{2m-n} + 7^{2m-n}) \qquad ②$$

(3) 一般の場合 $n > m$ のとき，①，②を用いて，次の③を示す．

「$n > m \geq 1$ ならば，正整数 $\ell \leq m$ が存在して，以下をみたす：
$2 \mid n - \ell$, $\mathrm{GCD}\,(\ell, m) = \mathrm{GCD}\,(m, n)$,
$\mathrm{GCD}\,(5^m + 7^m, 5^n + 7^n) = \mathrm{GCD}\,(5^\ell + 7^\ell, 5^m + 7^m)$」 ③

$n = 2mq + r$, $0 \leq r < 2m$, とする．①を q 回繰り返し用いて，次を得る：
$$\mathrm{GCD}\,(5^m + 7^m, 5^n + 7^n) = \mathrm{GCD}\,(5^m + 7^m, 5^r + 7^r).$$

ここで，$r \leq m$ の場合には，$\ell = r$ とおけば③となる．$2m > r > m$ の場合には，②を $n = r$ として適用すると，
$$\mathrm{GCD}\,(5^m + 7^m, 5^n + 7^n) = \mathrm{GCD}\,(5^{2m-r} + 7^{2m-r}, 5^m + 7^m)$$
が得られるので，$\ell = 2m - r$ とおけば③となる．以上で③が示された．さて，まず $(n_0, m_0) = (n, m)$ とし，以下 (n_i, m_i) から (n_{i+1}, m_{i+1}) を次のように，帰納的に定める：$(n, m) = (n_i, m_i)$ として③を適用して得られた ℓ により，$n_{i+1} = m_i$, $m_{i+1} = \ell$. ただし，$m_i = n_i$ または $m_i = 0$ となったところで，この列は終了するものとする．

$n_{i+1} < n_i$ なので，この列は有限の長さで終了する．この最後のものを (n_k, m_k) とする．$\mathrm{GCD}\,(n_k, m_k) = \mathrm{GCD}\,(n_0, m_0) = 1$ であり，さらに $m_k = n_k$ または $m_k = 0$ だから，$(m_k, n_k) = (1, 1)$ または $(1, 0)$ である．また，③の最初の性質「$2 \mid n - \ell$」より，$2 \mid m_0 - m_k + n_0 - n_k$ であるから，次がわかる：

$m + n$ が偶数のとき，　$(n_k, m_k) = (1, 1)$,
$m + n$ が奇数のとき，　$(n_k, m_k) = (1, 0)$.

したがって，次が結論される：

$m + n$ が偶数のとき，
$$\mathrm{GCD}\,(5^m + 7^m, 5^n + 7^n) = \mathrm{GCD}\,(5^1 + 7^1, 5^1 + 7^1) = 12,$$

$m + n$ が奇数のとき，
$$\mathrm{GCD}\,(5^m + 7^m, 5^n + 7^n) = \mathrm{GCD}\,(5^0 + 7^0, 5^1 + 7^1) = 2.$$

4. 以下では，$\dfrac{x^2}{y} + \dfrac{y^2}{z} + \dfrac{z^2}{x}$ が整数であると仮定する．まず，3つの補題を証明する．

補題 1 p を素数とする．x が p で割り切れるとき，y か z のどちらか一方のみが p で割り切れる．

証明 $p \mid xyz$ だから，
$$\frac{x^2}{y} + \frac{y^2}{z} + \frac{z^2}{x} = \frac{x^3 z + y^3 x + z^3 y}{xyz}$$
が整数であることから，$p \mid x^3 z + y^3 x + z^3 y$ である．$p \mid x^3 z$, $p \mid y^3 x$ だから，$p \mid z^3 y$ である．p は素数なので，$p \mid y$ または $p \mid z$ である．
一方，$\mathrm{GCD}\,(x, y, z) = 1$ なので，y, z がともに p で割り切れることはない．
(証明終)

補題 2 p を素数とし，$p \mid x$, $p \mid y$ と仮定する．正整数 a, b と，p で割り切れない正整数 x', y' を用いて，$x = p^a x'$, $y = p^b y'$ と表すとき，$3a = b$ が成立する．

証明 補題 1 より，$p \nmid z$ に注意する．与えたれた条件式を代入して，
$$\frac{x^2}{y} + \frac{y^2}{z} + \frac{z^2}{x} = \frac{p^{3a}(x')^3 z + p^{a+3b}(y')^3 x' + p^b z^3 y'}{p^{a+b} x' y' z}$$
を得るが，これが整数であることから，分子 $p^{3a}(x')^3 z + p^{a+3b}(y')^3 x' + p^b z^3 y'$ は p^{a+b} で割り切れる．$p^{a+3b}(y')^3 x'$ の項は p^{a+b} で割り切れるので，
$$p^{a+b} \mid p^{3a}(x')^3 z + p^b z^3 y'$$
が成り立つ．

$3a > b$ であると仮定する．$p^{3a}(x')^3 z + p^b z^3 y' = p^b(p^{3a-b}(x')^3 z + z^3 y')$ であるから，$p^a \mid p^{3a-b}(x')^3 z + z^3 y'$ である．$p \mid p^{3a-b}(x')^3 z$ だから，$p \mid z^3 y'$ がわかる．これは，z, y' がともに p の倍数でないことに矛盾する．よって，$3a \leq b$ が示された．

$3a < b$ であると仮定する．$p^{3a}(x')^3 z + p^b z^3 y' = p^{3a}((x')^3 z + p^{b-3a} z^3 y')$ であるから，$p^{b-2a} \mid (x')^3 z + p^{b-3a} z^3 y'$ である．$p \mid p^{b-3a} z^3 y'$ だから，$p \mid (x')^3 z$ がわかる．これは，x', z がともに p の倍数でないことに矛盾する．よって，$3a \geq b$ が示された．

以上で，$3a = b$ が示された． (証明終)

> **補題 3** x, y, z は，どの 2 つも互いに素であるような正整数 A, B, C を用いて，$x = C^3 A$, $y = A^3 B$, $z = B^3 C$ と表すことができる．

証明 p を素数とし，x, y, z について p で割り切ることのできる回数を，それぞれ，a, b, c とする．補題 1, 2 および対称性から，(a, b, c) としてあり得る形は，$(0, 0, 0)$, $(a, 3a, 0)$, $(0, b, 3b)$, $(3c, 0, c)$ のいずれかである．各素数について考えることで，どの 2 つも互いに素であるような正整数 A, B, C を用いて，$x = C^3 A$, $y = A^3 B$, $z = B^3 C$ と表すことができることがわかる．

具体的には，たとえば，$A = \mathrm{GCD}(x, y)$, $B = \mathrm{GCD}(y, z)$, $C = \mathrm{GCD}(z, x)$ と定めればよい． (証明終)

ここから問題の解答に入る．補題 3 にある A, B, C を代入することで，与式は

$$\frac{x^2}{y} + \frac{y^2}{z} + \frac{z^2}{x} = \frac{A^7 + B^7 + C^7}{ABC}$$

と変形できる．以下，この値が 500 以下となるような組 (A, B, C) を求める．

式の対称性より，一般性を失うことなく，$A \leq B \leq C$ としてよい．

$$C^7 \leq A^7 + B^7 + C^7, \quad C^3 \geq ABC$$

より，次がわかる：

$$C^4 = \frac{C^7}{C^3} \leq \frac{A^7 + B^7 + C^7}{ABC} \leq 500.$$

よって，$C \leq 4$ である．A, B, C は互いに素であることから，(A, B, C) としてあり得るものは，

$(A, B, C) = (1, 1, 1),\ (1, 1, 2),\ (1, 1, 3),\ (1, 1, 4),\ (1, 2, 3),\ (1, 3, 4)$

の 6 通りである．このうち，$\dfrac{A^7 + B^7 + C^7}{ABC}$ が整数となるのは，

$(A, B, C) = (1, 1, 1),\ (1, 1, 2),\ (1, 2, 3)$

の 3 通りである．このとき対応する値は 3, 65, 386 の 3 つである．

> **注** 上の解答では，「素数」を使用した．これについては第 7 章を参照のこと．

◆第5章◆

● 初級

1. $\mathrm{GCD}(a,b)=d$ とすると,$a=a_1 d$,$b=b_1 d$,$\mathrm{GCD}(a_1,b_1)=1$ と表され,$\ell=a_1 b_1 d$ である.条件から,$d=12$,$\ell\mid 72$ であるから,

$$12 a_1 b_1 \mid 72, \quad \therefore\ a_1 b_1 \mid 6, \quad \therefore\ a_1 b_1 = 1,\ 2,\ 3,\ 6$$

を得る.ここで,$\mathrm{GCD}(a_1,b_1)=1$,$a_1 \le b_1$ に注意すれば,次を得る:

$a_1 b_1 = 1$ のとき,　組 $(a_1,b_1)=(1,1)$
$a_1 b_1 = 2$ のとき,　組 $(a_1,b_1)=(1,2)$
$a_1 b_1 = 3$ のとき,　組 $(a_1,b_1)=(1,3)$
$a_1 b_1 = 6$ のとき,　組 $(a_1,b_1)=(1,6),\ (2,3)$

ゆえに,求める a,b の組は,次の5組である:

$$(a,b)=(12,12),\quad (12,24),\quad (12,36),\quad (12,72),\quad (24,36).$$

2. (1) 第4章の系4.4により,整数 x,y が存在して,$ax+by=1$ となる.このとき,

$$a(x-y)+(a+b)y=1$$

であるから,再び第4章の系4.4により,a と $a+b$ は互いに素である.

(**別証明**) 第4章の例題2(6)により,$(a,b)=(a,a+b)$ であり,$(a,b)=1$ であるから,$(a,a+b)=1$ でもある.

(2) 上の(1)より,$(a,a+b)=1$,$(b,a+b)=1$ であるから,第4章の系4.4により,x,y,s,t が存在して,

$$ax+(a+b)y=1,\quad bs+(a+b)t=1$$

をみたす.これらの辺ごとの積を計算すれば,

$$abm+(a+b)n=1$$

となる整数 m,n を見出すことができる.系4.4により,$(ab,a+b)=1$ である.

3. $(a,b)=d$ とすると,$a=a_1 d$,$b=b_1 d$,$(a_1,b_1)=1$ と表すことができる.条件から,

$$a+b = (a_1+b_1)d = 160, \quad \text{LCM}(a,b) = a_1 b_1 d = 728$$

である．したがって，

$$\frac{a_1+b_1}{a_1 b_1} = \frac{160}{728} = \frac{20}{91}.$$

上の練習問題 2(2) により，$(a_1 b_1, a_1+b_1) = 1$ であるから，

$$a_1 + b_1 = 20, \quad a_1 b_1 = 91, \quad d = 8$$

を得る．したがって，

$$a_1 = 7, \quad b_1 = 13 \quad \text{または} \quad a_1 = 13, \quad b_1 = 7.$$
$$\therefore \quad a = 56, \quad b = 104 \quad \text{または} \quad a = 104, \quad b = 56.$$

4. (1) $n = 2m$, $m \in \mathbb{N}$, とおける．与式は

$$2^n - 1 = 2^{2m} - 1 = 4^m - 1 = (4-1)(4^{m-1} + 4^{m-2} + \cdots + 4 + 1)$$
$$= 3(4^{m-1} + 4^{m-2} + \cdots + 4 + 1)$$

と変形でき，$4^{m-1} + 4^{m-2} + \cdots + 4 + 1$ は整数だから，$2^n - 1$ は 3 の倍数である．

(2) $2^n + 1$ と $2^n - 1$ の正の公約数は，$2^n - 1$ と $(2^n+1) - (2^n-1) = 2$ の正の公約数と一致する．$n \in \mathbb{N}$ より，$2^n - 1$ は奇数だから，

$$\text{GCD}(2^n+1, 2^n-1) = \text{GCD}(2^n-1, 2) = 1,$$

つまり，$2^n + 1$ と $2^n - 1$ は互いに素である．

(3) $\quad 2^{p-1} - 1 = pq^2 \qquad\qquad\qquad\qquad\qquad$ ①

とおく．$p - 1 \geq 1$ だから，①の左辺は奇数である．よって，p, q はともに奇数であり，いずれも 3 以上の素数である．よって，$p - 1$ は正の偶数である．上の (1) から，①の左辺は 3 の倍数だから，$p = 3$ または $q = 3$ が結論される．

(3)-(i) $p = 3$ のとき：①は $2^2 - 1 = 3q^2$ となるが，これをみたす素数 q は存在しない．

(3)-(ii) $q = 3$ のとき：$p = 2m + 1$, $m \in \mathbb{N}$, と表すと，①は

$$2^{2m} - 1 = 3^2 p, \quad \therefore \quad (2^m + 1)(2^m - 1) = 3^2 p.$$

ところが，上の (2) より，$2^m + 1$ と $2^m - 1$ は互いに素で，$p \neq 3$ は素数だから，$m \geq 2$ であり，次がわかる：

$$(2^m + 1, 2^m - 1) = (9, p) \quad \text{または} \quad (p, 9).$$

$2^m - 1 = 9$ をみたす自然数 m は存在しないので,$2^m + 1 = 9$. ∴ $m = 3$.

このとき,$p = 2^3 - 1 = 7$ だから,条件をみたす組は $(p, q) = (7, 3)$ の一組である.

5. $m \neq n$ であり,n は m の倍数であることから,$n \geq 2m$ である.m は 100 以上の整数であるから,$n - m \geq m \geq 100$ である.これより,m と n は百の位の数字が異なることがわかる.よって,$n - m = 100k$ なる k $(1 \leq k \leq 8)$ が存在する.m が n を割り切ることから,m は $n - m = 100k$ を割り切る.また,$2m \leq n \leq 999$ より,$m \leq 499$ である.以上より,m として考えられる整数は,

$$100, 120, 125, 140, 150, 160, 175, 200, 250, 300, 350, 400$$

の 12 通りに限られる.これらの m について,考えられる n は,それぞれ,

$$8, 1, 1, 1, 2, 1, 1, 3, 1, 2, 0, 1$$

通りあるので,考えられる組 (m, n) は計

$$8 + 1 + 1 + 1 + 2 + 1 + 1 + 3 + 1 + 2 + 0 + 1 = 22 \text{ 通り}$$

である.

● 中級

1. 1 桁の正整数は 10 以上の素数を約数にもたない.また,$2^4 = 16$,$3^3 = 27$,$5^2 = 25$,$7^2 = 49$ がいずれも 10 以上なので,1 桁の正整数を素因数分解したとき,2, 3, 5, 7 の指数は,それぞれ,3, 2, 1, 1 を超えない.ゆえに,4 つの 1 桁の正整数の最小公倍数は $2^3 \times 3^2 \times 5^1 \times 7^1 = 2520$ を割り切り,特にこれ以下である.

また,4 つの数として,8, 9, 5, 7 をとれば,LCM$(8, 9, 5, 7) = 2520$ となる.以上より,求める最大値は 2520 である.

> 注 ここでは「素数,素因数分解」を使用した.これらについては,第 7 章を参照のこと.

2. 4 の倍数は偶数であるから,a, c はともに偶数である.さらに,3 桁の整数 xyz が 4 の倍数であるための必要十分条件は,2 桁の数 yz が 4 の倍数であることである.したがって,$10b + c$,$10b + a$ がともに 4 の倍数である.これより,

$(10b+a) - (10b+c) = a-c$ は 4 の倍数である．よって，a と c の 4 で割ったときの余りは等しい．したがって，$\{a, c\}$ は $\{2, 6\}$ または $\{4, 8\}$ の部分集合である．

(1) $a = c = 2$，または $a = c = 6$，または $a = 2, c = 6$，または $a = 6, c = 2$ ならば，b は 1, 3, 5, 7, 9 のいずれもとり得るので，合計 20 通りの可能性がある．

(2) $a = c = 4$，または $a = c = 8$，または $a = 4, c = 8$，または $a = 8, c = 4$ ならば，b は 0, 2, 4, 6, 8 のいずれもとり得るので，合計 20 通りの可能性がある．

(1), (2) より，条件をみたす整数は 40 個存在する．

3. $2100 = 2^2 \times 3 \times 5^2 \times 7$ である．よって，$x = 5^2 = 25$, $y = 7$, $z = 2^2 \times 3 = 12$ とすると，LCM$(x, y, z) = 2100$ である．このとき，$x+y+z = 44$ が実現される．これが求める最小の値であることを，以下で示す．

LCM$(x, y, z) = 2100$ であって，$x+y+z < 44$ が成り立ったとする．x, y, z のうちには 5^2 の倍数が存在する．対称性より，x が 5^2 の倍数であるとしてよい．$5^2 \times 2 > 44$ なので，$x+y+z < 44$ となるためには，$x = 5^2 = 25$ でなければならない．よって，$y+z < 19$ であり，y と z のうちには 2^2 の倍数，3 の倍数，7 の倍数が存在することになる．対称性より，y が 7 の倍数であるとしてよい．$2^2 \times 7 = 28 \geq 19$, $3 \times 7 = 21 \geq 19$ なので，y は 2^2, 3 の倍数とはなり得ない．よって，この場合 z は $2^2 \times 3 = 12$ の倍数である．このとき，$x+y+z \geq 25+7+12 = 44$ となるので，$x+y+z < 44$ は不可能であることが示された．

以上より，求める最小の値は 44 である．

4. 138 は 3 の倍数であるが 9 の倍数ではなく，$138 + 1 \times 3 \times 8 = 162$ は 9 の倍数であるから，条件をみたす．この 138 が条件をみたす正の整数のうちの最小値であることを，以下で示す．

$A < 138$ であるとする．問題の条件より，A の各桁の数字の積もまた 3 の倍数であり 9 の倍数ではないことがわかる．よって，A は 3 か 6 をちょうど 1 つの桁に含み，0 や 9 を 1 つも含まない（これを条件 X とする）．

A が 1 桁のとき，3 も 6 も条件をみたさないので不適である．A が 2 桁以上のとき，ある正整数 a と 0 以上 9 以下の整数 b を用いて，$A = 10a+b$ と書ける．

$A < 138$ という条件より，$a \leq 13$ である．

ここから，b で場合分けして考察する．

(1) $b = 3, 6$ のとき：$10a = A - b$ は 3 の倍数なので，a も 3 の倍数である．このとき，$a = 3, 6, 9$ であると条件 X に反するので，$a = 12$ が残る．A は 9 の倍数ではないので，$A = 126$ はあり得ず，$A = 123$ も $123 + 1 \times 2 \times 3 = 129$ は 9 の倍数ではないから適さない．

(2) $b \neq 3, 6$ のとき：条件 X より，a は 3 か 6 をある桁に含む．$a = 3, 6$ のときは $b = A - 10a$ が 3 の倍数になるが，$b = 0, 3, 6, 9$ は条件 X に反している．$a = 13$ のとき，3 の倍数であり 9 の倍数でなく，さらに 138 より小さい数は 132 しかないが，$132 + 1 \times 3 \times 2 = 138$ は 9 の倍数ではない．

以上より，問題の条件をみたす最小の数は，138 である．

5. 条件は a, b, c に関して対称なので，まず，$a \leq b \leq c$ となる場合について考え，その後にそれらの並べ替えの個数を数えればよい．

$a \leq b \leq c$ となる場合に，$a + b + c$ が a, b, c すべての倍数となるような正整数の組 (a, b, c) をすべて求める（a, b, c が 2010 以下という条件は除いて考える）．$c \mid a + b + c$ だから，$c \mid a + b$ である．$0 < a + b \leq 2c$ であるから，$a + b = c$ または $a + b = 2c$ である．

$a + b = 2c$ の場合：$a = b = c$ となる．逆に，任意の正整数 k について，(k, k, k) は条件をみたす．

$a + b = c$ の場合：a, b はいずれも $a + b + c = 2c$ を割り切るので，正整数 m, n を用いて，$a = \dfrac{2c}{m}, b = \dfrac{2c}{n}$ と書ける．$a + b = c$ より，$\dfrac{1}{m} + \dfrac{1}{n} = \dfrac{1}{2}$ となる．$a \leq b$ より，$\dfrac{1}{m} \leq \dfrac{1}{n}$ であり，$\dfrac{1}{2} = \dfrac{1}{m} + \dfrac{1}{n} \leq \dfrac{2}{n}$ となるので，$n \leq 4$ である．

$n = 4$ のとき，$m = 4$ となり，$a = b = \dfrac{c}{2}$，つまり，$c = 2a = 2b$ となる．逆に，任意の正整数 k について，$(k, k, 2k)$ は条件をみたす．

$n = 3$ のとき，$m = 6$ となり，$a = \dfrac{c}{3}, b = \dfrac{2c}{3}$，つまり，$b = 2a, c = 3a$ となる．逆に，任意の正整数 k について，$(k, 2k, 3k)$ は条件をみたす．

$n \leq 2$ のとき，$\dfrac{1}{m} \leq 0$ となるので，この場合はあり得ない．

以上より，$a \leq b \leq c$ の場合について，条件をみたすのは，

$$(k, k, k), \quad (k, k, 2k), \quad (k, 2k, 3k)$$

の3つの形のもののみである.ここで,$0 < a, b, c \leq 2010$ という条件を付け加え,これらの並び替えが何通りあるかを考える.

(k, k, k) の場合,$1 \leq k \leq 2010$ で,どのように並べ替えても変わらないので,2010通りある.

$(k, k, 2k)$ の場合,$1 \leq k \leq \dfrac{2010}{2} = 1005$ で,並べ替え方は3通りあるので,$1005 \times 3 = 3015$ 通りある.

$(k, 2k, 3k)$ の場合,$1 \leq k \leq \dfrac{2010}{3} = 670$ で,並べ替え方は6通りあるので,$670 \times 6 = 4020$ 通りある.

よって,条件をみたす組は,$2010 + 3015 + 4020 = 9045$ 個ある.

● 上級

1. もし,(x, y) が解であるならば,明らかに $x \geq 0$ であり,また $(x, -y)$ も解である.

$x = 0$ のとき,$(x, y) = (0, 2), (0, -2)$ が解である.

以下では,$x > 0$ のときを考える.$y > 0$ のときのみを考えればよい.与式を変形して,

$$2^x(1 + 2^{x+1}) = (y-1)(y+1) \qquad ①$$

この等式の左辺は偶数なので,$y-1, y+1$ はともに偶数である.また,$y-1$ と $y+1$ のどちらか一方は4の倍数である.よって,①の右辺は8の倍数である.①の左辺において $1 + 2^{x+1}$ は奇数であることから,$x \geq 3$ がわかる.また,$y-1$ と $y+1$ のどちらか一方は4の倍数でない偶数なので,もう一方は 2^{x-1} の倍数である.よって,次が結論される:

$$y = 2^{x-1}m + \varepsilon \quad (m:\text{正の奇数}, \varepsilon = 1 \text{ または } -1) \qquad ②$$

②を①に代入して,

$$2^x(1 + 2^{x+1}) = (2^{x-1}m + \varepsilon - 1)(2^{x-1}m + \varepsilon + 1) = 2^{2x-2}m^2 + 2^x m\varepsilon.$$

$$\therefore 1 + 2^{x+1} = 2^{x-2}m^2 + m\varepsilon.$$

これを変形して,次のようになる:

$$1 - \varepsilon m = 2^{x-2}(m - 8) \qquad ③$$

もし $\varepsilon = 1$ ならば，③の左辺は 0 以下となるから，$m^2 - 8 \leq 0$ となる．よって，$m = 1$ となり，③をみたす x は存在しない．

もし $\varepsilon = -1$ ならば，③より，次を得る：
$$1 + m = 2^{x-2}(m^2 - 8) \geq 2(m^2 - 8).$$
$$\therefore \ 2m^2 - m - 17 \leq 0. \ \therefore \ m = 1, 3.$$

$m = 1$ のとき，③をみたす x は存在しない．

$m = 3$ のとき，$x = 4$ は③をみたす．このとき，②より，$y = 23$ となり，$(x, y) = (4, 23)$ は解であり，$(x, y) = (4, -23)$ も解である．

以上より，求める解は次の 4 個である：
$$(x, y) = (0, 2), \quad (0, -2), \quad (4, 23), \quad (4, -23).$$

2. 与式の分母を払い，両辺を n 倍すると，$n^{n+1} + n(n+2) = 2^k n(n+1)^2$ なので，$N = n + 1$ とおくと，次式を得る：
$$(N-1)^N + N^2 - 1 = 2^k(N-1)N^2 \qquad (*)$$

$(N-1)^N$ を展開する：

$(N-1)^N$
$= {}_N\mathrm{C}_0(-1)^N + {}_N\mathrm{C}_1(-1)^{N-1}N + {}_N\mathrm{C}_2(-1)^{N-2}N^{N-2}N^2 + \cdots + {}_N\mathrm{C}_N N^N.$

(1) N が奇数の場合：$N \geq 3$ であることより，$(*)$ から次を得る：

$N({}_N\mathrm{C}_1(-1)^{N-1} + {}_N\mathrm{C}_2(-1)^{N-2}N + \cdots + {}_N\mathrm{C}_N N^{N-1}) + N^2 - 2 = 2^k(N-1)N^2.$

ところが，左辺は N の倍数ではなく，右辺は N の倍数であるから矛盾である．

(2) $N \geq 6$ で偶数の場合：
$$A = {}_N\mathrm{C}_4(-1)^{N-4} + {}_N\mathrm{C}_5(-1)^{N-5}N + \cdots + {}_N\mathrm{C}_N N^{N-4}$$

とおくことで，次を得る：
$$(N-1)^N = 1 - N^2 + \frac{N^3(N-1)}{2} - \frac{N^4(N-1)(N-2)}{6} + N^4 A.$$

ここで，$N = 2^m d$ (m は正整数，d は奇数) とおくと，これは次のようになる：
$$(N-1)^N + N^2 - 1 = 2^{3m-1}d^3(N-1) - 2^{4m-1}\frac{d^4(N-1)(N-2)}{3} + 2^{4m}d^4 A.$$

$N, N-1, N-2$ のうち 1 つは 3 の倍数であり，$N = 2^m d$ が 3 の倍数ならば，

d も 3 の倍数となる．したがって，$\dfrac{d^4(N-1)(N-2)}{3}$ は整数であり，

$$B = d^3(N-1) - 2^m \dfrac{d^4(N-1)(N-2)}{3} + 2^{m+1}d^4 A$$

とおけば，B は奇数となる．この B を使うと，

$$2^{3m-1}B = 2^{2m+k}d^4 A \qquad (*)$$

と表せ，B と $d^2(N-1)$ がともに奇数であることから，$3m-1 = 2m+k$，すなわち，$m = k+1$ でなければならない．

ところで，$N \geq 6$ より，$(N-1)^2 > 4N$ である．さらに，$N \geq 2^m = 2^{k+1} \geq k+2$ なので，$(N-1)^{2N} > (4N)^N \geq 4^{k+2}N^6 > (2^k N^3)^2$ となるが，$(*)$ より，$(N-1)^N < 2^k N^3$ であるから，矛盾する．

(1), (2) より，$N = 2, 4$，すなわち，$n = 1, 3$ である必要がある．$n = 1$ のとき $k = 0$，$n = 3$ のとき $k = 1$ となるが，k は正整数なので $(n, k) = (3, 1)$ のみが残る．また，実際，$(n, k) = (3, 1)$ は題意をみたす．

◆第 6 章◆

● 初級

1. (1) $\qquad 5x + 8y = 2 \qquad\qquad\qquad (*)$

視察により，$5 \cdot 2 + 8 \cdot (-1) = 2 \qquad\qquad\qquad (**)$

が見出せる．$(*)$ から $(**)$ を辺々引くと，

$$5x + 8y - 10 + 8 = 0, \quad \therefore\ 8(y+1) = -5(x-2).$$

$(8, -5) = 1$ でかつ $8 \mid (-5)(x-2)$ であるから，定理 4.6 により，

$$8 \mid x - 2.$$

ゆえに，ある $t \in \mathbb{Z}$ が存在して，$x - 2 = 8t$ と表すことができる．したがって，次を得る：

$$y + 1 = -5t.$$

逆に，任意の $t \in \mathbb{Z}$ について，

$$x = 8t + 2, \quad y = -5t - 1$$

とすれば，これらは $(*)$ をみたすから，方程式 $(*)$ の整数解である．

(2) $5x + 8y = 1$ から，視察により，$5 \cdot (-3) + 8 \cdot 2 = 1$ が見出せる．以下，上の (1) と同様にして解けばよい．整数解は，任意の $t \in \mathbb{Z}$ について，

$$x = 8t - 3, \quad y = -5t + 2.$$

(3) $(16, 30) = 2$ であり，$(2, 3) = 1$ であるから，整数解は存在しない．

(4) $21x + 23y = 1$ から，視察により，$21 \cdot 11 + 23 \cdot (-10) = 1$ が見出せる．したがって，整数解は，任意の $t \in \mathbb{Z}$ について，

$$x = 23t + 11, \quad y = -21t - 10.$$

2. $x = \dfrac{3k + 12}{k} = 3 + \dfrac{12}{k}$ だから，$k \mid 12$ である．$k > 0$ を考慮すると，求める k の値は，1, 2, 3, 4, 6, 12．

3. 与えられた方程式を a について解くと，$a = 14\left(\dfrac{x}{15} - 10\right)$ となる．a が正整数のとき，$15 \mid x$ で $x > 150$ をみたす．したがって，正の整数解の最小値は $x = 165$ であり，このとき $a = 14$ である．

4. 与えられた方程式を変形すると，$\dfrac{3A + 11B}{33} = \dfrac{17}{33}$ となるから，
$$3A + 11B = 17.$$

この方程式の特殊解として，$(A, B) = (2, 1)$ が容易に見つかる．よって，一般解として，

$$A = 2 + 11t, \quad B = 1 - 3t, \quad t \in \mathbb{Z}$$

を得る．$A \geq 1$, $B \geq 1$ から，$t = 0$ だけがこの条件をみたす．したがって，$(A, B) = (2, 1)$ のみが題意をみたす解である．よって，$A^2 + B^2 = 5$．

5. $30 < 5n + 3 < 40$ から，$\dfrac{27}{5} < n < \dfrac{37}{5}$ となるから，n が整数であることを考慮して，次を得る：

$$5 < n < 8. \quad \therefore n = 6, 7.$$

$n = 6$ のとき，$3m = 5n + 1 = 31$ となり，m は整数とはなり得ない．
$n = 7$ のとき，$3m = 5n + 1 = 36$ となり，$m = 12$ を得る．
したがって，求める値は，$mn = 12 \times 7 = 84$．

● 中級

1. (1) $\quad 5\cdot 3 + 7\cdot 1 = 22 \quad\quad\quad$ ①

(2) 背理法で証明する．$x \geq 0, y \geq 0$ であって，$5x + 7y = 23 \quad$ ②
が成り立つとする．また，$(5,7)=1$ から，

$$5\cdot(-4) + 7\cdot 3 = 1 \quad\quad\quad ③$$

$$(かつ，\quad 5\cdot 3 + 7\cdot(-2) = 1) \quad\quad\quad ③'$$

が成り立っている．

①と③を辺々加えて，$5\cdot(-1) + 7\cdot 4 = 23$ を得る．これを②から引いて，

$$5(x+1) + 7(y-4) = 0 \quad \therefore\ 0 < 5(x+1) = 7(4-y)$$

を得る．ところが，$0 < 4-y \leq 4$ であるのに，一方で $(5,7) = 1$ より $5 \mid 4-y$ でなければならないが，このようなことはあり得ない．よって矛盾である．したがって，②は成り立たない．

(3) $\quad 5x + 7y = n$ をみたす非負整数 x, y が存在する $\quad\quad\quad$ ④
という命題が，$n \geq 24$ のときに成立することを，n に関する帰納法で証明する．

[1] $n = 24$ のときは，$5\cdot 2 + 7\cdot 2 = 24$ であるから，成立する．

[2] $n \geq 24$ でかつ上の④が成り立つような任意の正整数 n をとる．このとき，

$$x \geq 4 \quad または \quad y \geq 2$$

が成り立っている．なぜなら，もし $x < 4$ かつ $y < 2$ であるとすると，最大でも，$5\cdot 3 + 7\cdot 1 = 22$ となって，$n \geq 24$ であることに矛盾するからである．

$x \geq 4$ のときは，④の式の両辺に $5\cdot(-4) + 7\cdot 3 = 1$ を辺々加えて，

$$5(x-4) + 7(y+3) = n+1,$$

$y \geq 2$ のときは，④の式の両辺に $5\cdot 3 + 7\cdot(-2) = 1$ を辺々加えて，

$$5(x+3) + 7(y-2) = n+1$$

を得る．よって，$n+1$ の場合も主張④が成り立つ．

したがって，$n \geq 24$ であるすべての正整数 n について主張④が成り立つ．

2. 与式を因数分解して，次を得る：

$$6xy + 4x - 9y - 6 - 1 = (2x-3)(3y+2) - 1 = 0.$$
$$\therefore (2x-3)(3y+2) = 1.$$

$2x - 3 = 1,\ 3y + 2 = 1$ ならば, y の整数解は存在しない.
$2x - 3 = -1,\ 3y + 2 = -1$ ならば, $x = 1,\ y = -1$.
$(x, y) = (1, -1)$ は確かに与式をみたすので, これは求める整数解である.

3. 4つの3桁の正整数を $a,\ b,\ c,\ d$ とし, $a+b+c+d$ の約数である数を $a,\ b,\ c\ (a<b<c)$ とする.

$$a + b + c + d = ap \tag{1}$$
$$a + b + c + d = bq \tag{2}$$
$$a + b + c + d = cr \tag{3}$$

とおくと, 正整数 $p,\ q,\ r$ は,
$$p > q > r \tag{4}$$

条件から, $b < 2a,\ c < 2a,\ d < 2a$ なので,
(1) より, $ap = a+b+c+d < a + 2a \times 3 = 7a$ だから, $p < 7$.
(3) より, $2c < a+b+c+d = cr < 3c + 2c = 5c$ だから, $2 < r < 5$.
ここで, $r = 4$ とすると, (4) より, $q = 5,\ p = 6$.
$6a = 5b = 4c$ であるから, $\dfrac{a}{10} = \dfrac{b}{12} = \dfrac{c}{15}$.

$a = 10s,\ b = 12s,\ c = 15s$ とおくと, $37s + d = 60s$.
ゆえに, $d = 23s > 2a$ となって, 不適.
したがって, $r = 3$ である.
このとき, $p = 6$ とすると, $6a = 3c$. よって, $c = 2a$ となって, 不適.
よって, $p = 5,\ q = 4$ である. すると, $5a = 4b = 3c$ であるから, 次を得る:
$$\dfrac{a}{12} = \dfrac{b}{15} = \dfrac{c}{15}.$$

そこで, $a = 12t,\ b = 15t,\ c = 20t$ とおくと, $d = 13t,\ c - a = 8t < 100$ により, $t \leq 12$ となる. ゆえに, $a < 200$ であり, 4つの数の百の位は1である. $a = 12t > 100,\ 20t < 200$ より, $t = 9$ が結論される. よって, 求める4つの数は,

$$108,\quad 135,\quad 180,\quad 117.$$

4. 2つの式の辺々の和，差をとることにより，次を得る：

$$(ab+c)+(a+bc)=(b+1)(a+c)=36,$$
$$(a+bc)-(ab+c)=(b-1)(c-a)=10.$$

a, b は整数なので，$b+1 \mid 36$, $b-1 \mid 10$ である．$b+1$ と $b-1$ の差が 2 であることから，このような b は $b=2, 3, 11$ のみである．

$b=2$ の場合：$a+c=12$, $c-a=10$ を解いて，$(a,b,c)=(1,2,11)$ を得る．
$b=3$ の場合：$a+c=9$, $c-a=5$ を解いて，$(a,b,c)=(2,3,7)$ を得る．
$b=11$ の場合：$a+c=3$, $c-a=1$ を解いて，$(a,b,c)=(1,11,2)$ を得る．
これらの組は条件をみたすので，求める組は 3 個で，

$$(a,b,c)=(1,2,11),\quad (1,11,2),\quad (2,3,7).$$

[別解]　$ab+c=13$ でかつ c が整数であることから，次を得る：

$$abc=ab\times c=(13-c)c=\frac{169}{4}-\left(c-\frac{13}{2}\right)^2\leq 42.$$

ここで，$a\times bc\leq 42$ をみたし，$a+bc=23$ となるような正整数 a としては $a=1, 2, 21, 22$ だけである．

$a=1$ のとき：$b+c=13$, $bc=22$ を解いて，$(b,c)=(2,11), (1,2)$ を得る．
$a=2$ のとき：$2b+c=13$, $bc=21$ を解いて，$(b,c)=(3,7)$ を得る．
$a=21$ のとき：$ab+c>21$ となり，条件をみたさない．
$a=22$ のとき：$ab+c>22$ となり，条件をみたさない．
以上より，求める組は，$(a,b,c)=(1,2,11),\ (1,11,2),\ (2,3,7)$．

5. $x>y>z\geq 664$ から，$z\geq 664$, $y\geq 665$, $x\geq 666$ がわかる．
$2x+3y+4z=5992$ より，y は偶数であるから，$y\geq 666$ がわかる．
$669+668+664=2001>1998$ より，$y<668$ だから，$y=666$ が結論される．

したがって，次を得る：

$$2x+4z=5992-3\times 666=3994.\quad \therefore\ x+2z=1997.$$

したがって，x は奇数であり，ゆえに第 1 の方程式から，z も奇数であることが結論される．$664<z<666$ だから，$z=665$ であり，よって，$x=667$ も結論される．したがって，求める値は，$(x,y,z)=(667,666,665)$ である．

6. 2次方程式の解と係数の関係から，次を得る：
$$p + q = \frac{p^2 + 11}{9} \tag{1}$$
$$pq = \frac{15}{4}(p+q) + 16 \tag{2}$$

(1) から $p+q > 0$，(2) から $pq > 0$ であるから，p, q はともに正整数である．(2) より，次が得られる：
$$16pq - 60(p+q) = 16^2.$$
$$\therefore (4p-15)(4q-15) = 256 + 225 = 481.$$

ところで，$481 = 1 \times 481 = 13 \times 37 = (-1) \times (-481) = (-13) \times (-37)$ であり，$4p-15$ と $4q-15$ はいずれも $-37, -481$ にはなり得ないから，これらの値としてあり得るのは，次の4組である：
$$(4p-15)(4q-15) = (1, 481), \quad (481, 1), \quad (13, 37), \quad (37, 13).$$

これらに対応する組 (p, q) は，次の4個である：
$$(p, q) = (4, 124), \quad (124, 4), \quad (7, 13), \quad (13, 7).$$

これらを与えられた方程式に代入して調べると，$(13, 7)$ のみがこれをみたすことが確かめられ，与えられた方程式は
$$x^2 - 20x + 91 = 0$$
となり，この方程式の解は $x = 13, 7$ である．よって，$(p, q) = (13, 7)$．

7. 2つの整数解を α, β とすると，2次方程式の解と係数の関係より，
$$\alpha + \beta = p \tag{1}$$
$$\alpha\beta = -580p \tag{2}$$

よって，α, β の少なくとも一方は p で割り切れる．$p \mid \alpha$ と仮定しても一般性を失わない．すると，ある整数 k が存在して，$\alpha = kp$ と書ける．(1) より，$\beta = (1-k)p$ であり，(2) より，$(k-1)kp^2 = 580p$ だから，次を得る：
$$(k-1)kp = 580 = 4 \times 5 \times 29. \quad \therefore p = 29.$$

8. GCD$(a, b) = g$ とし，$a = ga', b = gb'$ とすると，

$$\mathrm{GCD}\,(a', b') = 1, \quad \mathrm{LCM}\,(a, b) = ga'b', \quad a' \geq b'.$$

よって，条件式は，

$$ga'b' + g + ga' + gb' = g^2 a'b' \quad \therefore \quad 1 + a' + b' = (g-1)a'b' \qquad (*)$$

$(*)$ より，$g \geq 2$ である．また，

$$g - 1 = \frac{a' + b' + 1}{a'b'} = \frac{1}{a'} + \frac{1}{b'} + \frac{1}{a'b'} \leq 3$$

より，$g \leq 4$ であるから，$2 \leq g \leq 4$ を得る．

$g = 2$ とすると，$(*)$ は，$1 + a' + b' = a'b' \quad \therefore \quad (a'-1)(b'-1) = 2$.
$\quad a' \geq b'$ より，$(a', b') = (3, 2)$. $\quad \therefore \quad (a, b) = (6, 4)$.
$g = 3$ とすると，$(*)$ は，$(2a' - 1)(2b' - 1) = 3$.
$\quad a' \geq b'$ より，$(a', b') = (2, 1)$. $\quad \therefore \quad (a, b) = (6, 3)$.
$g = 4$ とすると，$(*)$ は，$(3a' - 1)(3b' - 1) = 4$.
$\quad a' \geq b'$ より，$(a', b') = (1, 1)$. $\quad \therefore \quad (a, b) = (4, 4)$.

以上より，求める整数解は，次の3組である：

$$(a, b) = (6, 4), \quad (6, 3), \quad (4, 4).$$

● 上級

1. 与えられた方程式が整数解をもつので，その判別式を D とすると，

$$\frac{D}{4} = (m+5)^2 - (100m + 9) = m^2 - 90m + 16 \geq 0$$

であって，ある非負整数 n を用いて，$m^2 - 90m + 16 = n^2$ と書き表せる．これを書き換えると $(m - 45)^2 + 16 - 2025 = n^2$ だから，次を得る：

$$(m - n - 45)(m + n - 45) = 2009$$
$$= 1 \times 2009 = 41 \times 49 = (-49) \times (-41) = (-2009) \times (-1).$$

$m - n - 45 = 1$, $m + n - 45 = 2009$ のとき：$m = 1050$, $n = 1004$.
$m - n - 45 = 41$, $m + n - 45 = 49$ のとき：$m = 90$, $n = 4$.
$m - n - 45 = -49$, $m + n - 45 = -41$ のとき：$m = 0$, $n = 4$.
$m - n - 45 = -2009$, $m + n - 45 = -1$ のとき，：$m = -960$, $n = 1004$.

ところで，$x = -(m+5) \pm n$ だから，上の値 (m, n) はすべて整数解を与える．

よって，$m = 1050, 90, -960, 0$ のとき，与式は整数解のみをもつ．そして，このうちで最小の正整数は $m = 90$ である．

2. $b = 1$ のときは，明らかに，a が偶数であることが必要十分である．

以下，$b \geq 2$ とする．問題の値を k とおくと，a についての 2 次方程式
$$a^2 - 2kb^2 a + k(b^3 - 1) = 0$$
が得られる．a が整数であることから，この判別式
$$D = (2kb^2)^2 - 4k(b^3 - 1) = (2kb^2 - b)^2 + 4k - b^2$$
は平方数でなければならない．ここで $(2kb^2 - b)^2$ は両隣の平方数と隔たること $2(2kb^2 - b) - 1$ 以上であることから，もし $4k \neq b^2$ ならば，
$$2(2kb^2 - b) - 1 \leq |4k - b^2| \leq 4k + b^2$$
より，次を得る：
$$0 \geq 2(2kb^2 - b) - 1 - 4k - b^2 = (b+1)\{(4k-1)(b-1) - 2\}.$$
ところが，$b \geq 2$ と $k \geq 1$ より，これは不可能である．

よって，$4k = b^2$ である．このとき，$b = 2m, m \in \mathbb{N}$, とおくと，
$$a = kb^2 \pm \sqrt{k^2 b^4 - k(b^3 - 1)} = 4m^4 \pm (4m^4 - m)$$
を得る．以上をまとめて，求める組 (a, b) は，次のようになる：
$$(a, b) = (2m, 1), \quad (m, 2m), \quad (8m^4 - m, 2m) \quad (m \in \mathbb{N}).$$
これらは，確かに条件に適する．

3. 背理法で証明する．与えられた方程式
$$x^2 y^4 - x^4 y^2 + 4x^2 y^2 z^2 + x^2 z^4 - y^2 z^4 = 0 \tag{1}$$
が正整数の解 (x, y, z) をもつと仮定する．

$x \neq y$ であることは容易に確かめられる．

方程式 (1) の左辺を因数分解する：
$$0 = x^2 y^4 - x^4 y^2 + 4x^2 y^2 z^2 + x^2 z^4 - y^2 z^4$$

$$= x^2(y^4 + 2y^2z^2 + z^4) - y^2(x^4 - 2x^2z^2 + z^4)$$
$$= x^2(y^2 + z^2)^2 - y^2(x^2 - z^2)^2$$
$$= \{x(y^2 + z^2) + y(x^2 - z^2)\}\{x(y^2 + z^2) - y(x^2 - z^2)\}$$
$$= \{(x - y)z^2 + xy(x + y)\}\{(x + y)z^2 + xy(y - x)\}.$$

したがって，次を得る：
$$(x - y)z^2 + xy(x + y) = 0, \quad \text{または，} \quad (x + y)z^2 + xy(y - x) = 0.$$

第1の式を $y - x$ 倍して変形すると，次式となる：
$$(y - x)^2 z^2 = xy(y^2 - x^2) \tag{2}$$

同様に，第2の式を $x + y$ 倍して変形すると，次式となる：
$$(x + y)^2 z^2 = xy(x^2 - y^2) \tag{3}$$

方程式 (3) は方程式 (2) と同様にして解くことができるので，方程式 (2) を解く．GCD $(x, y) = d$ とすると，$x = dX$, $y = dY$, $X, Y \in \mathbb{N}$ とおける．これらを (2) に代入して，次を得る：
$$(Y - X)^2 z^2 = d^2 XY(Y^2 - X^2) \tag{2'}$$

GCD $(X, Y) = 1$ だから，GCD $(X, Y^2 - X^2) = 1$, GCD $(Y, Y^2 - X^2) = 1$ である．(2)' の左辺は平方数だから，$X, Y, Y^2 - X^2$ もまた平方数である．よって，正整数 a, b, c が存在して，$X = a^2$, $Y = b^2$, $Y^2 - X^2 = c^2$ となる．したがって，等式
$$b^4 - a^4 = c^2$$
を得るが，この等式をみたす正整数 a, b, c が存在しないことはよく知られている．（実際，無限降下法により証明することができる．）したがって，矛盾が得られたので，問題の主張は証明された．

4. 与式を x についてまとめて，次式を得る：
$$x^2 + y(y + 1)x - (2y + 1) = 0 \tag{A}$$

2次方程式 (A) の x の解を α, β ($\alpha \leq \beta$) とすると，解と係数の関係より，

$$\alpha + \beta = -y(y+1), \tag{1}$$
$$\alpha\beta = -(2y+1) \tag{2}$$

を得る．y は整数であるから，(1) より，α, β の一方が整数なら他方も整数である．ところで，α, β の一方は求める x であるから整数である．よって，α, β は両方とも整数である．

$y \geq 0$ であっても $y \leq -1$ であっても $y(y+1) \geq 0$ であるから，任意の整数 y に関して $y(y+1) \geq 0$ となる．よって，(1) より，$\alpha + \beta \leq 0$ である．また，y は整数だから，$\alpha\beta = -(2y+1) \neq 0$．よって，$\alpha$, β はともに 0 ではないので，-1 以下か 1 以上である．2 つとも 1 以上であるとすると $\alpha + \beta \leq 0$ に反するので，少なくとも一方は -1 以下で，$\alpha \leq -1$ となる．

$$Y = f(x) = x^2 + y(y+1)x - (2y+1)$$

とおく．

（ⅰ）$\beta \geq 1$ のとき：$Y = f(x)$ のグラフは図 1 のようになる．このとき，$f(1) = 1 + y^2 + y - 2y - 1 = y(y-1) \leq 0$ であり，y は整数であるから，$y = 0, 1$．

$y = 0$ のとき，(A) は $x^2 - 1 = 0$ となり，$x = 1, -1$ を得る．$(x, y) = (1, 0), (-1, 0)$ はいずれも求める解である．

$y = 1$ のとき，(A) は $x^2 + 2x - 3 = (x-1)(x+3) = 0$ となり，$x = 1, -3$ を得る．$(x, y) = (1, 1), (-3, 1)$ はいずれも求める解である．

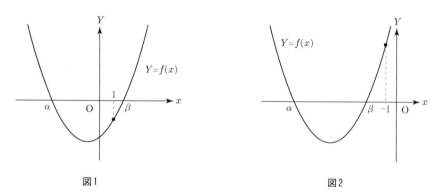

図 1　　　　　　　　　　　図 2

(ii) $\beta \leq -1$ のとき：$Y = f(x)$ のグラフは図2のようになる．このグラフの軸は $x = -\frac{1}{2}y(y+1) \leq -1$ であるから，$y(y+1) \geq 2$ が成り立つ．いま，$f(-1) = -y(y+3) \geq 0$ だから，$y = -3, -2, -1, 0$ を得るが，$0, -1$ は上の条件 $y(y+1) \geq 2$ をみたさず，-2 は (A) をみたさない．$y = -3$ のときは，(A) は $x^2 + 6x + 5 = 0$ となり，2つの解 $x = -1, -5$ を得る．$(x, y) = (-1, -3), (-5, -3)$ はいずれも求める解である．

以上より，求める x, y の組は，以下の6個である：

$$(x, y) = (1, 0), \quad (-1, 0), \quad (1, 1), \quad (-3, 1), \quad (-1, -3), \quad (-5, -3).$$

[別解] 与えられた方程式を変形すると，

$$x^2 + y(y+1)x - (2y+1) = 0$$
$$\iff \left| x + \frac{1}{2}y(y+1) \right| = \frac{1}{2}\sqrt{y^4 + 2y^3 + y^2 + 8y + 4}.$$

$y(y+1)$ は偶数であるから，右辺は整数である．

$$\left(\frac{1}{2}y(y+1) - 1 \right)^2 - \frac{1}{4}(y^4 + 2y^3 + y^2 + 8y + 4) = -y(y+3),$$
$$\left(\frac{1}{2}y(y+1) \right)^2 - \frac{1}{4}(y^4 + 2y^3 + y^2 + 8y + 4) = -2y - 1,$$
$$\left(\frac{1}{2}y(y+1) + 1 \right)^2 - \frac{1}{4}(y^4 + 2y^3 + y^2 + 8y + 4) = y(y-1)$$

なので，$y < -3$ のときは

$$\left| \frac{1}{2}y(y+1) - 1 \right| < \frac{1}{2}\sqrt{y^4 + 2y^3 + y^2 + 8y + 4} < \left| \frac{1}{2}y(y+1) \right|$$

となり，$y > 1$ のときは

$$\left| \frac{1}{2}y(y+1) \right| < \frac{1}{2}\sqrt{y^4 + 2y^3 + y^2 + 8y + 4} < \left| \frac{1}{2}y(y+1) + 1 \right|$$

となり，いずれの場合も，$\frac{1}{2}\sqrt{y^4 + 2y^3 + y^2 + 8y + 4}$ が整数であることに矛盾する．したがって，$-3 \leq y \leq 1$ である．

$y = -3, -2, -1, 0, 1$ を与えられた方程式に代入することにより，求める x, y の組が，次の6個であることがわかる：

$$(x, y) = (-1, -3), \quad (-5, -3), \quad (1, 0), \quad (-1, 0), \quad (1, 1), \quad (-3, 1).$$

◆第 7 章◆

● 初級

1. 2, 3, 5, 7, 11, 13, 17, 19, 23, 29, 31, 37, 41, 43, 47, 53, 59, 61, 67, 71, 73, 79, 83, 89, 97 の 25 個.

> 注 　与えられた整数が素数であることがわかっただけで，問題解決の重要なヒントになることがある．100 以下の素数は覚えておきたい．

2. 前問の解答を利用して，その平方が 2773 以下の素数を小さい順に挙げると：

  2, 3, 5, 7, 11, 13, 17, 19, 23, 29, 31, 37, 41, 43, 47

である．小さい方から順に割り算を実行してみると，$2773 = 47 \cdot 59$ を得る．

同様にして，$5917 = 61 \cdot 97$ を得る．

3. $(a, b) = 1$ より，$x, y \in \mathbb{Z}$ が存在して，$ax + by = 1$ をみたす．$a + b = s$, $a - b = t$ とすると，$a = \dfrac{s+t}{2}, b = \dfrac{s-t}{2}$. これらを最初の式に代入して整理すると，

$$s(x+y) + t(x-y) = 2$$

となる．系 4.4 により，$\mathrm{GCD}(s, t) = \mathrm{GCD}(a+b, a-b) = 1$ または 2 である．

  $a = 2, b = 1$ のとき，　$\mathrm{GCD}(a+b, a-b) = 1$

  $a = 3, b = 1$ のとき，　$\mathrm{GCD}(a+b, a-b) = 2$

のように，どちらの場合も実際に起こり得る．

（別証明）　$\mathrm{GCD}(a+b, a-b) = d$ とする．

$$(a+b) + (a-b) = 2a, \quad (a+b) - (a-b) = 2b$$

であるから，d は $2a$ と $2b$ の公約数であり，したがって，$2a$ と $2b$ の最大公約数の約数である．

仮定の $(a, b) = 1$ により，$(2a, 2b) = 2(a, b) = 2$ であるから，$d \mid 2$ したがって，$d = 1$ または $d = 2$ である．

4. $$a^n - 1 = (a-1)(a^{n-1} + a^{n-2} + \cdots + a + 1)$$

と因数分解される．仮定から，右辺の 2 番目の因数について，

$$a^{n-1} + a^{n-2} + \cdots + a + 1 > 1$$

である.

$a > 2$ ならば, $a - 1 > 1$ であるから, $a^n - 1$ は合成数である.

n が合成数ならば, 自然数 $k > 1$, $m > 1$ が存在して, $n = km$ と表すことができる. このとき, $a^n - 1 = (a^k)^m - 1$ であり, ($a = 2$ の場合も含めて) $a^k > 2$ であるから, $a > 2$ の場合と同様な議論で, $a^n - 1$ が合成数であることが結論される.

> **注** ここで証明したことから, $a^n - 1$ が素数であるためには, $a = 2$ でかつ n が素数であることが必要である.

$$M_p = 2^p - 1 \quad (p \text{ は素数})$$

の形の整数を**メルセンヌ数**(Mersenne number)という. メルセンヌ数は必ずしも素数ではない.(実は, 素数になる方が少ないのである.) 素数であるメルセンヌ数を**メルセンヌ素数**(Mersenne prime)という. メルセンヌ素数が無限に存在するか? という問題は今のところ未解決である. なお, Mersenne (1588–1647) はフランスの数学者.

5. $p < q$ としてよい. $\mathrm{GCD}(M_p, M_q) = d$ とすると, M_q, M_p の定義から, d は奇数である. $d = 1$ を導く.

(**第1段**) 除法の定理により, $q = ps + r$, $0 < r < p$ と表される. このとき, $d \mid 2^r - 1$ であることを示す.

$$(\because) \quad 2^{ps} - 1 = (2^p - 1)(2^{p(s-1)} + \cdots + 2^p + 1)$$

より, $M_p \mid 2^{ps} - 1$ である. そこで, 等式

$$M_q - (2^{ps} - 1) = 2^{ps+r} - 2^{ps} = 2^{ps}(2^r - 1)$$

を用いる.

d は $M_q - (2^{ps} - 1)$ の約数であるから, $2^{ps}(2^r - 1)$ の約数でもあるが, 奇数であるから, $d \mid 2^r - 1$ である.

(**第2段**) $d = 1$ を証明する.

$(\because)$ $2^r - 1 = M_r$ と表すと,(第1段)より, d は M_p と M_r の公約数である. $0 < r < p$ であるから,

$$p = rk_1 + r_1, \quad 0 < r_1 < r$$

として (第 1 段) と同じ議論を辿れば, $d \mid 2^{r_1} - 1$ を得る.

p と q は互いに素だから, ユークリッドの互除法により, ある番号 t で $r_t = 1$ となる. したがって, $d \mid 2^1 - 1$ となり, $d = 1$ を得る.

6. a が奇数の場合には $a^n + 1$ は偶数で 2 より大きいから, 合成数である.
n が奇数因数 $q > 1$ をもつとし, $n = qs$ とすると,

$$a^n + 1 = (a^s)^q + 1 \text{ であり,} \quad a^s > 1$$

である.

ところで, 一般に, $q > 1$ が奇数のとき, $A^q + 1$ は次のように因数分解される:

$$A^q + 1 = (A+1)(A^{q-1} - A^{q-2} + \cdots + A^2 - A + 1).$$

もし, $A > 1$ ならば,

$$A^{q-1} - A^{q-2} + \cdots + A^2 - A + 1 \geq A(A-1) + 1 > 1$$

であるから, $A^q + 1$ は合成数である.

$a^s = A$ とおくことにより, $a^n + 1$ が合成数であることが示された.

注 上で証明したことから, $a^n + 1$ が素数であるためには, a は偶数でかつ n は 2^k の形の整数でなければならない. そこで**フェルマー** (Fermat, 1601–1665) は最も簡単な $a = 2$ の場合である

$$F_n = 2^{2^n} + 1$$

を考察した. この F_n を**フェルマー数**といい, これが特に素数であるときに**フェルマー素数** (Fermat prime) という. フェルマー素数としては

$$F_0 = 3, \quad F_1 = 5, \quad F_2 = 17, \quad F_3 = 257, \quad F_4 = 65537$$

の 5 つだけが知られている. フェルマーはすべての F_n が素数であろうと予想したのであるが, 後に**オイラー** (Euler, 1707–1783) が

$$F_5 = 2^{32} + 1 = 641 \times 6700417 = 429496729$$

を示したので, フェルマーのこの予想は覆された.

7. (第 1 段) $m < n \implies F_m \mid F_n - 2$ を示す.

$$(\because)\ F_n - 2 = 2^{2^n} - 1 = (2^{2^{n-1}})^2 - 1 = (2^{2^{n-1}} + 1)(2^{2^{n-1}} - 1)$$
$$= (2^{2^{n-1}} + 1)(2^{2^{n-2}} + 1) \cdots (2^{2^m} + 1)(2^{2^m} - 1)$$

となるが,$2^{2^m} + 1 = F_m$ であるから,$F_m \mid F_n - 2$ が示された.

(**第2段**)前段の結果より,自然数 a が存在して,$F_n - 2 = F_m \cdot a$,すなわち,

$$F_n - F_m \cdot a = 2$$

である.F_n と F_m の公約数を d とすると,d は 2 の約数で,かつ奇数であるから,$d = 1$,したがって,F_m と F_n は互いに素である.

8. 45405360000 は 5 で 4 回割り切れる.20 以下の 5 の倍数は 5, 10, 15, 20 の 4 個であり,これらはどれも 5 で 1 回しか割り切れないので,選んだ 10 個の数にこれら 4 個はすべて含まれていなければならない.これより,残り 6 個の数の積が 3027024 であるとわかる.これを素因数分解する:

$$3027024 = 2^4 \times 3^3 \times 7^2 \times 11 \times 13.$$

これは 11, 13 で割り切れるが,20 以下に 11, 13 の倍数は,それぞれ,自身の 11, 13 のみであることから,11, 13 は選んだ 10 個の数に含まれる.

また,7 で 2 回割り切れていることと,20 以下の 7 の倍数が 7, 14 しかないことから,7, 14 の 2 個も選んだ 10 個の数に含まれる.

ここまでで 10 のうちの 8 個が決定された.残りの 2 数の積は,$216 = 2^3 \times 3^3$ である.この 2 数がともに 9 の倍数でないとすると,それぞれ,3 で高々 1 回しか割り切れないので,積は高々 2 回しか割り切れないことになり矛盾する.よって,少なくと一方は 9 の倍数である.20 以下の 9 の倍数は 9 と 18 しかないので,2 通りそれぞれを調べる.$216 = 9 \times 24 = 18 \times 12$ であり,選んだ数がすべて 20 以下であることから,適するのは 18 のみとわかり,残りの 1 個は 12 である.以上で求まった 10 個の数は相異なるので,答は 5, 7, 10, 11, 12, 13, 14, 15, 18, 20 となる.

● **中級**

1. 実数 x に対して,x 以下の最大の整数を $[x]$ で表す.
1000 未満の正整数の中で,$\left[\dfrac{999}{2}\right] = 499$ 個が 2 の倍数,$\left[\dfrac{999}{3}\right] = 333$ 個が 3

の倍数, $\left[\dfrac{999}{5}\right] = 199$ 個が 5 の倍数, $\left[\dfrac{999}{6}\right] = 166$ 個が 6 の倍数, $\left[\dfrac{999}{10}\right] = 99$ 個が 10 の倍数, $\left[\dfrac{999}{15}\right] = 66$ 個が 15 の倍数, $\left[\dfrac{999}{30}\right] = 33$ 個が 30 の倍数である. このうち, 包除の原理により, 2, 3, 5 の少なくとも 1 つで割り切れる数は,

$$499 + 333 + 199 - 166 - 99 - 66 + 33 = 733$$

個ある. 残りの $999 - 733 = 266$ 個のうち, 165 個は 2, 3, 5 のいずれとも異なる素数であり, 1 は素数でも合成数でもない. よって, 求める準素数の個数は,

$$266 - 165 - 1 = 100.$$

2. (2) と (3) より, $2q^2 - 193 \leq r^2 \leq 2p^2 - 49$ を得る. これより, $q^2 - p^2 \leq 72$ を得る.

一方, (1) より, $r \geq 11$ だから, (2) より, $2p^2 \geq 49 + 121 = 170$ となり, $p \geq 11$ も結論される.

そこで, $(q-p)(q+p) \leq 72$ で, $q-p$ が偶数であることに注意して, $q - p \geq 4$ と $q - p = 2$ とに場合分けをする.

（ⅰ） $q - p \geq 4$ のとき：$q + p \leq 18$ となり, $q > p \geq 11$ に反する.

（ⅱ） $q - p = 2$ のとき：$q + p \leq 36$ であるから, $(p, q) = (11, 13), (17, 19)$ を得る.

$(p, q) = (11, 13)$ ならば, $145 \leq r^2 \leq 193$ であるから, $r = 13 = q$ となり, 条件 (1) に反する.

$(p, q) = (17, 19)$ ならば, $529 \leq r^2 \leq 529$ だから, $r = 23$ を得る.

以上より, 求める素数の値は, $p = 17, q = 19, r = 23$ である.

3. $n = a^2 - b^2 = (a+b)(a-b)$ となるとき, $(a+b) - (a-b) = 2b$ より, n は偶奇の等しい 2 つの正整数の積に分解される. 逆に, 偶奇の等しい正整数 k, h $(k \geq h)$ をもって, $n = kh$ と書けたとすると, $a = \dfrac{k+h}{2}, b = \dfrac{k-h}{2}$ とおけば, $n = a^2 - b^2$ をみたす. したがって, 偶奇の等しい 2 つの正整数の積にただ 1 通りに分解されるような n の個数を求めればよい.

(1) n が奇数のとき：正整数の積への任意の分解 $n = kh$ は, k と h の偶奇が等しい. このような分解がただ 1 通りになるためには, n が素数または 1 となることが必要十分である. したがって, 条件をみたす n は, 次の 15 個である：

$$1, 3, 5, 7, 11, 13, 17, 19, 23, 29, 31, 37, 41, 43, 47.$$

(2) n が偶数のとき：偶奇の等しい正整数の積に少なくとも1通りに分解されるためには，n は偶数と偶数の積，すなわち4の倍数でなければならない．$n = 4m$ とおくと，正整数の積への m の任意の分解 $m = k'h'$ に対し，偶奇の等しい正整数の積への n の分解 $n = (2k')(2h')$ が対応する．このような分解がただ1通りになるためには，m が素数または1となることが必要十分である．したがって，条件をみたす n は，次の6個である：

$$4, 8, 12, 20, 28, 44.$$

したがって，(1), (2) より，求める n の個数は，$15 + 6 = 21$．

4. $A = \{a, b, c, d\}$, $B = \{e, f, g\}$ とする．$X = abcd + efg$ が素数であるとする．このとき，次がわかる：

$2, 4, 6$ は A か B のうち同一の集合の元である．実際，そうでないとすると，$abcd$ と efg はともに2の倍数だから，X は2の倍数となり，しかも $X \neq 2$ だから，X が素数であることに矛盾する．

$3, 6$ は A か B のうち同一の集合の元である．実際，そうでないとすると，$abcd$ と efg はともに3の倍数だから，X は3の倍数となり，しかも $X \neq 3$ だから，X が素数であることに矛盾する．

以上より，$2, 3, 4, 6$ は同じ集合に属する必要があるので，A の元であると結論され，X の候補は $2 \times 3 \times 4 \times 6 + 1 \times 5 \times 7 = 179$ のみであり，またこれは条件をみたすので，求める素数は179のみである．

5. 正整数 n について m がその約数であるとすると，$\dfrac{n}{m}$ も n の約数である．よって，正の約数の個数を r とすると，約数すべての積は $n^{\frac{r}{2}}$ となる．実際，$\{a_1, \cdots, a_r\}$ を正の約数全体とすると，$\left\{\dfrac{n}{a_1}, \cdots, \dfrac{n}{a_r}\right\}$ も正の約数全体になり，正の約数全体の積を N とすれば，次を得る：

$$N^2 = \left(a_1 \cdot \frac{n}{a_1}\right) \cdots \left(a_r \cdot \frac{n}{a_r}\right) = n^r.$$

n の正の約数全体の積が 24^{240} であるとする．24^{240} の素因数は2と3であるから，n の素因数も2と3である．よって，$n = 2^a 3^b$ となるような正整数 a, b が存在する．n の約数は $2^{a'} 3^{b'}$ $(0 \leq a' \leq a, 0 \leq b' \leq b)$ の計 $(a+1)(b+1)$ 個

ある．上記の一般論から，正の約数全体の積は

$$(2^a 3^b)^{\frac{1}{2}(a+1)(b+1)} = 2^{\frac{1}{2}a(a+1)(b+1)} 3^{\frac{1}{2}(a+1)b(b+1)}$$

と求まり，これが $24^{240} = 2^{720} 3^{240}$ に等しいことになる．

以下，連立方程式

$$\frac{1}{2}a(a+1)(b+1) = 720, \quad \frac{1}{2}(a+1)b(b+1) = 240$$

を解く．2つの式の商をとることで，$a = 3b$ となり，これを2式目に代入することで $(3b+1)b(b+1) = 480$ となる．

$$(3b+1)b(b+1) - 480 = (b-5)(3b^2 + 19b + 96) = 0$$

であり，2次方程式 $3b^2 + 19b + 96 = 0$ は実数解をもたないので，$b = 5$ のみが解である．このとき，$a = 15$ であり，n としてあり得るのは $2^{15} 3^5$ のみである．

6. $\mathrm{GCD}(a, b+c) = g_1$, $\mathrm{GCD}(b, c+a) = g_2$, $\mathrm{GCD}(c, a+b) = g_3$ とおく．

g_1, g_2 をともに割り切る素数 p が存在したとすると，$p \mid a$, $p \mid b$ で，$p \mid b+c$ でもある．これより，$p \mid c$ だから，$\mathrm{GCD}(a, b, c) = 1$ に反する．よって，$\mathrm{GCD}(g_1, g_2) = 1$ である．

同様にして，$\mathrm{GCD}(g_2, g_3) = 1$, $\mathrm{GCD}(g_3, g_1) = 1$ もわかる．

以上と，$g_1 > 1$, $g_2 > 1$, $g_3 > 1$ より，$g_1 g_2 g_3 \geq 2 \times 3 \times 5 = 30$ となる．

さらに，$g_1 \mid a$, $g_1 \mid b+c$ だから，$g_1 \mid a+b+c$ である．

同様にして，$g_2 \mid a+b+c$, $g_3 \mid a+b+c$ だから，$g_1 g_2 g_3 \mid a+b+c$ である．よって，$a+b+c \geq g_1 g_2 g_3 \geq 30$ を得る．

一方，たとえば，$(a, b, c) = (2, 3, 25)$ のとき，問題の条件が成り立ち，$a+b+c = 30$ がみたされるので，求める最小値は 30 である．

● 上級

1. 背理法で示す．$ab + cd$ が素数であると仮定する．

$$ab + cd = (a+d)c + (b-c)a = m \times \mathrm{GCD}(a+d, b-c)$$

がある正整数 m に対して成り立つ．仮定により，$m = 1$ または $\mathrm{GCD}(a+d, b-c) = 1$ である．

ここで，それぞれの場合について，分けて考察する．

$m = 1$ の場合：このとき，GCD$(a+d, b-c) = ab + cd$ であるが，一方で，GCD$(a+d, b-c) \leq b - c < ab + cd$ なので，不合理である．

GCD$(a+d, b-c) = 1$ の場合：$ac + bd = (a+d)b - (b-c)a$ である．一方，問題の条件より，$ac + bd = (b+d+a-c)(b+d-a+c)$ であるから，次を得る：

$$(a+d)b - (b-c)a = (b+d+a-c)(b+d-a+c)$$
$$\iff (a+d)(a-c-d) = (b-c)(b+c+d).$$

これより，ある正整数 k によって，

$$a - c - d = k(b-c), \quad b + c + d = k(a+d)$$

と書けることがわかる．この 2 式を加えることで，次を得る：

$$a + b = k(a + b - c + d) \iff k(c-d) = (k-1)(a+b).$$

ここで条件 $a > b > c > d$ を使う．$k = 1$ のときは，$c = d$ となって不合理．$k \geq 2$ のときは，

$$2 \geq \frac{k}{k-1} = \frac{a+b}{c-d} > 2$$

となって不合理．

以上により，すべての場合が不合理なので，$ab + cd$ が素数でないことが示された．

2. 与えられた方程式を書き換えて，$\dfrac{p-q}{q} = \dfrac{4}{r+1}$ を得る．これより，$p > q$ がわかり，明らかに GCD$(p-q, q) = 1$ であるから，$\dfrac{p-q}{q}$ は既約である．したがって，次の 3 つの場合が考えられる：

(1) $p = q + 1$ の場合は，$p = 3, q = 2, r = 7$；

(2) $p = q + 2$ の場合は，$r = 2q - 1$ である．
 すると，$3 \mid pqr$, $pqr = (q+2)q(2q-1)$ であるから，$p = 5, q = 3, r = 5$；

(3) $p = q + 4$ の場合は，$r = q - 1$ であり，したがって，$p = 7, q = 3, r = 2$．

3. もし，$p \geq 3$ ならば，次を得る：
$$1 - \left(\frac{1}{p} + \frac{1}{q} + \frac{1}{r} + \frac{1}{s}\right) \geq 1 - \left(\frac{1}{3} + \frac{1}{5} + \frac{1}{7} + \frac{1}{11}\right) = 1 - \frac{886}{1155} > 0.2.$$

ところが，これは $\dfrac{1}{pqrs} < \dfrac{1}{3 \cdot 5 \cdot 7 \cdot 11} < 0.0008$ に矛盾する．これより，$p = 2$ が結論される．

これより，関係式は，$\frac{1}{2} - \left(\frac{1}{q} + \frac{1}{r} + \frac{1}{s}\right) = \frac{1}{2qrs}$ と書き換えられる．

もし，$q \geq 5$ ならば，上の関係式より，次を得る：

$$\frac{1}{2} - \left(\frac{1}{q} + \frac{1}{r} + \frac{1}{s}\right) \geq \frac{1}{2} - \left(\frac{1}{5} + \frac{1}{7} + \frac{1}{11}\right) > 0.5 - 0.44 = 0.06.$$

ところが，これは $\frac{1}{2qrs} < \frac{1}{2 \cdot 5 \cdot 7 \cdot 11} < 0.001$ に矛盾する．これより，$q = 3$ が結論される．

以上より，関係式は，次のようになる：

$$\frac{1}{6} - \left(\frac{1}{r} + \frac{1}{s}\right) = \frac{1}{6rs}.$$

分母を払って整理すると，$rs - 6r - 6s - 1 = 0$ となる．これは，$(r-6)(s-6) = 37$ と書き換えられ，$r = 7$, $s = 43$ が結論される．

◆第 8 章◆

● 初級

1. (1) $\iff$ (2) は，(1) と (2) が互いに対偶であることによる．

(2) $\implies$ (3) の証明：p が (2) の条件をみたすとする．$p \mid ab$, $p \nmid a$ であるとき，もし $p \nmid b$ であるとすれば，(2) の条件より $p \nmid ab$ となるが，これは矛盾である．

(3) $\implies$ (2) の証明：p が (3) の条件をみたすとする．$p \nmid a$, $p \nmid b$ であるとき，もし $p \mid ab$ であるとすれば，(3) の条件より $p \mid b$ となるが，これは矛盾である．

2. n の約数はすべて $p_1^{f_1} p_2^{f_2} \cdots p_m^{f_m}$ の形で表せる．ただし，$f_1, f_2, \cdots, f_m$ は，それぞれ，$0 \leq f_1 \leq e_1$, $0 \leq f_2 \leq e_2$, $\cdots$, $0 \leq f_m \leq e_m$ をみたす整数である．また，異なる $(f_1, f_2, \cdots, f_m)$ の組がそれぞれ異なる約数を表すので，n の約数の個数は組 $(f_1, f_2, \cdots, f_m)$ の個数に等しく，f_1 は $(e_1 + 1)$ 通り，f_2 は $(e_2 + 1)$ 通り，$\cdots$，f_m は $(e_m + 1)$ 通りの値をとることができるので，全部で $(e_1 + 1)(e_2 + 1) \cdots (e_m + 1)$ 個の組が存在する．以上より，(1) は証明された．

(2), (3) の証明は省略する．

3. 正整数 n について，m がその約数であるとすると，$\frac{n}{m}$ も n の約数である．よって，約数の個数を r とすると，約数すべての積は $n^{\frac{r}{2}}$ となる．実際，

$\{a_1, a_2, \cdots, a_r\}$ を約数全体とすると，$\left\{\dfrac{n}{a_1}, \dfrac{n}{a_2}, \cdots, \dfrac{n}{a_r}\right\}$ も約数全体になり，約数全体の積を N とすれば，

$$N^2 = \left(a_1 \cdot \dfrac{n}{a_1}\right)\left(a_2 \cdot \dfrac{n}{a_2}\right) \cdots \left(a_r \cdot \dfrac{n}{a_r}\right) = n^r$$

となる.

n の約数の積が 24^{240} であるとする．24^{240} の素因数は 2, 3 であるから，n の素因数も 2, 3 である．よって，$n = 2^a 3^b$ となるような正整数 a, b が存在する．（定理 8.4, 8.5 により，）n の約数は $2^{a'} 3^{b'}$ $(0 \leq a' \leq a, \ 0 \leq b' \leq b)$ の計 $(a+1)(b+1)$ 個ある．これより，約数の積は

$$(2^a 3^b)^{\frac{1}{2}(a+1)(b+1)} = 2^{\frac{1}{2}a(a+1)(b+1)} 3^{\frac{1}{2}(a+1)b(b+1)}$$

と求まり，これが $24^{240} = 2^{720} 3^{240}$ に等しいことになる.

そこで，a, b に関する連立方程式

$$\dfrac{1}{2}a(a+1)(b+1) = 720, \quad \dfrac{1}{2}(a+1)b(b+1) = 240$$

を解く．2 つの式の商をとることで，$a = 3b$ を得る．これを 2 番目の式に代入して $(3b+1)b(b+1) = 480$ を得る．

$$(3b+1)b(b+1) - 480 = (b-5)(3b^2 + 19b + 96) = 0$$

であり，$3b^2 + 19b + 96 = 0$ は実数解をもたないので，$b = 5$ が求まる．すると，$a = 15$ であり，n としてあり得るのは，$2^{15} 3^5$ のみである.

4. 720 を素因数分解すると，$2^4 \times 3^2 \times 5^1$ となる．よって，a, b, c は素因数として 2, 3, 5 以外のものはもたず，非負整数 $p_i, q_i, r_i \ (i = 1, 2, 3)$ を用いて，次のように書ける：

$$a = 2^{p_1} 3^{q_1} 5^{r_1}, \quad b = 2^{p_2} 3^{q_2} 5^{r_2}, \quad c = 2^{p_3} 3^{q_3} 5^{r_3}.$$

a, b, c の最小公倍数が $720 = 2^4 \times 3^2 \times 5^1$ であるという条件は，次の 3 条件がすべて成り立つことと同値である：

(1) p_1, p_2, p_3 のうち最大のものは 4.

(2) q_1, q_2, q_3 のうち最大のものは 2.

(3) r_1, r_2, r_3 のうち最大のものは 1.

(1) をみたす組 (p_1, p_2, p_3) の個数を求める．p_1, p_2, p_3 がすべて 0 以上 4 以

下の整数であるようなものは，p_1, p_2, p_3 のそれぞれが $0, 1, 2, 3, 4$ のいずれかであればよいので，$5^3 = 125$ 個である．p_1, p_2, p_3 がすべて 0 以上 3 以下の整数であるようなものは，$4^3 = 64$ 個である．(1) をみたすようなものの個数は，前者の個数から後者の個数を引くことによって得られるので，$125 - 64 = 61$ 個である．

(2) をみたす組 (q_1, q_2, q_3) の個数は，同様にして，$3^3 - 2^3 = 19$ 個である．

(3) をみたす組 (r_1, r_2, r_3) の個数も同様にして，$2^3 - 1^3 = 7$ 個である．

したがって，題意をみたす組 (a, b, c) は $61 \times 19 \times 7 = 8113$ 個である．

5. $14 = 2 \times 7$, $16 = 2^4$, $18 = 2 \times 3^2$, $20 = 2^2 \times 5$ であるから，n が $2, 3, 5, 7$ 以外の素数 q で割り切れるならば，n をその素数で割った整数 $n' = \dfrac{n}{q}$ について考察すればよい．したがって，$n = 2^a \cdot 3^b \cdot 5^c \cdot 7^d$ (a, b, c, d は非負整数) のときのみを考えればよい．

このとき，$14n, 16n, 18n, 20n$ の約数の個数を，それぞれ，p, q, r, s とおくと，(定理 8.5(1)) より

$$p = (a+2)(b+1)(c+1)(d+2),$$
$$q = (a+5)(b+1)(c+1)(d+1),$$
$$r = (a+2)(b+3)(c+1)(d+1),$$
$$s = (a+3)(b+1)(c+2)(d+1)$$

であるから，次がわかる：

$$q = p \iff (a+5)(d+1) = (a+2)(d+2) \iff a - 1 = 3d,$$
$$q = r \iff (a+5)(b+1) = (a+2)(b+3) \iff 2a + 1 = 3b,$$
$$q = s \iff (a+5)(c+1) = (a+3)(c+2) \iff a + 1 = 2c.$$

a を大きくすると b, c, d もともに大きくなるので，n が最小の正整数であるとき，a も上の右辺の等式をみたす最小の整数となる．a, b, c, d は非負整数なので，a に $0, 1, \cdots$ を順番に代入して b, c, d が非負整数になるかを調べると，$a = 1$ のときにはじめて $b = 1, c = 1, d = 0$ とすべて非負整数になる．

以上より，最小の n は $2^1 \times 3^1 \times 5^1 \times 7^0 = 30$ である．

● 中級

1. 正整数 n に対し，その正の約数のうち 4 で割った余りが 2 でないようなものの総和を $S(n)$ で表す．まず $S(n)$ を求める．

n の素因数分解を

$$n = 2^m p_1^{m_1} \cdots p_k^{m_k} \quad (p_1, \cdots, p_k \text{ は相異なる奇素数}, m \geq 0, m_1, \cdots, m_k \geq 1)$$

とする．整数が 4 で割って 2 余ることは，その整数が 2 でちょうど 1 回割り切れることと同値なので，$S(n)$ は

$$\sum_{0 \leq \ell \leq m, \ell \neq 1} 2^\ell \sum_{0 \leq \ell_1 \leq m_1} p_1^{\ell_1} \cdots \sum_{0 \leq \ell_k \leq m_k} p_k^{\ell_k}$$

に等しい（分配法則を用いて展開したときの各項と，和をとる数が対応している）．

簡単のため，素数 p と非負整数 m に対し，整数 $f(p, m)$ を

$$f(p, m) = \begin{cases} \displaystyle\sum_{\substack{0 \leq \ell \leq m \\ \ell \neq 1}} 2^\ell & (p = 2) \\ \displaystyle\sum_{0 \leq \ell \leq m} p^\ell & (p \neq 2) \end{cases}$$

により定める．このとき，$n = 2^m p_1^{m_1} \cdots p_k^{m_k}$ に対し，次が成り立っている：

$$S(n) = f(2, m) f(p_1, m_1) \cdots f(p_k, m_k).$$

$S(n) = 1000$ なる正整数 n を求めるために，まず $f(p, m)$ が 1000 の約数であるような素数 p と正整数 m を求める．

$p = 2$ のときは，$m \geq 9$ ならば，$f(2, m) \geq f(2, 9) = 1021$ なので，$m \leq 8$ の場合を調べることで，$f(2, m)$ が 1000 の約数になるのは，$f(2, 1) = 1$, $f(2, 2) = 5$, $f(2, 6) = 125$ であることがわかる．

$3 \leq p \leq 31$ のときも，同様に調べることで，これらの p に対して $f(p, m)$ が 1000 の約数になるのは，$f(3, 1) = 4$, $f(3, 3) = 40$, $f(7, 1) = 8$, $f(19, 1) = 20$ であることがわかる．

$p \geq 32$ のときは，$m \geq 2$ ならば，$f(p, m) \geq f(p, 2) = 1 + p + p^2 \geq 1 + 32 + 32^2 > 1000$ となるので，$m = 1$, つまり，$f(p, 1) = 1 + p$ の場合だけを考えればよく，これが 1000 の約数になるのは，$f(199, 1) = 200$, $f(499, 1) = 500$ である．

これらの組合せで積が 1000 になるものを探すことにより，求める解は，次の 2 つである：

$$2^6 \times 7^1 = 448, \quad 2^2 \times 199^1 = 769.$$

2. $y^2 - x^2 = 2001 = 3 \times 23 \times 29$ より，次を得る：

$$(y+x)(y-x) = 3 \times 667 = 1 \times 2001 = 23 \times 87 = 29 \times 69.$$

u を次の集合の元として，$y+x=u$ とおく：

$$\{\pm 1,\ \pm 3,\ \pm 23,\ \pm 29,\ \pm 69,\ \pm 87,\ \pm 667,\ \pm 2001\}.$$

すると，$y - x = \dfrac{2001}{u}$, $2y = u + \dfrac{2001}{u}$ となる．

u と $\dfrac{2001}{u}$ はともに奇数だから，$y = \dfrac{1}{2}\left(u + \dfrac{2001}{u}\right)$ となり，整数である．したがって，$x = u - y$ も整数である．

u の各値に応じて $y^2 - x^2 = 2001$ の整数解はちょうど1つだけ存在するから，その解 (x, y) は 16 個である．

3. まず，次の補題を証明する．

補題 $S(xy) \leq S(x)S(y)$ であり，等号成立条件は x と y が互いに素であることである．

証明 x, y が互いに素であれば等号が成り立つことは明らかなので，x, y に公約数があるときを考える．

x と y に共通する素因数を $p_1, p_2, \cdots, p_m$ とおくと，

$$\begin{cases} x = p_1^{a_1} \cdots p_m^{a_m} \cdot X \\ y = p_1^{b_1} \cdots p_m^{b_m} \cdot Y \end{cases}$$

ここで，X と Y は互いに素で，a_k, b_k $(k = 1, 2, \cdots, m)$ は正整数である．すると，次が成り立つ：

$$xy = p_1^{a_1+b_1} \cdots p_m^{a_m+b_m} \cdot XY,$$
$$S(x)S(y) = (1 + p_1 + \cdots + p_1^{a_1}) \cdots (1 + p_m + \cdots + p_m^{a_m})S(X)$$
$$\times (1 + p_1 + \cdots + p_1^{b_1}) \cdots (1 + p_m + \cdots + p_m^{b_m})S(Y),$$
$$S(xy) = (1 + p_1 + \cdots + p_1^{a_1+b_1}) \cdots (1 + p_m + \cdots + p_m^{a_m+b_m})S(X)S(Y).$$

よって，$S(x)S(y) > S(xy)$ を示すには，

$$(1+p+\cdots+p^a)(1+p+\cdots+p^b) > (1+p+\cdots+p^{a+b}) \qquad (*)$$

を示せば十分である．ところで，

$$(*) \iff (p^{a+1}-1)(p^{b+1}-1) > (p^{a+b+1}-1)(p-1)$$
$$\iff p(p^a-1)(p^b-1) > 0.$$

この最終式は，$a, b \geq 1$ と $p \geq 2$ より明らかである．よって，補題は示された．

補題より，$S(6x) \leq S(6)S(x) = 12S(x)$ なので，$S(6x) \geq 12S(x)$ は等号が成立するとき成り立つ．

すなわち，x が 6 と互いに素なときである．3 桁の整数は 100, 101, $\cdots$, 999 の 900 個であり，そのうち 2 の倍数は 450 個，3 の倍数は 300 個，6 の倍数は 150 個なので，6 と互いに素であるような正整数は $900 - (450+300) + 150 = 300$ 個ある．

よって，求める正整数の個数は 300 である．

4. m を 2, 3 で割り切れず，$k-1$ 個の相異なる素因数をもつ正整数とし，p を $\left(\frac{5}{4}\right)^{\frac{p-1}{2}} > m$ をみたす奇素数とするとき，$n = 2^{p-1}m$ が問題の 2 条件をみたすことを示す．

まず，この n は 1 つ目の条件 $\omega(n) = k$ をみたすことが確認できる．

次に，この n が 2 つ目の条件をみたすことを，背理法で示す．$d(n) = 2^{k-1}p$ である．$a+b = n$ をみたす正整数 a, b に対し，$d(a^2+b^2)$ が $d(n)$ で割り切れると仮定する．すると，$d(a^2+b^2)$ は p で割り切れる．

$$a^2+b^2 = q_1^{e_1} \cdots q_h^{e_h} \quad (q_1, \cdots, q_h \text{ は相異なる素因数}, e_1, \cdots, e_h \text{ は正整数})$$

と因数分解すると，$d(a^2+b^2) = (e_1+1)\cdots(e_h+1)$ であるから，ある i に対して $p \mid e_i+1$ である．

ここで，$q_i \geq 5$ と仮定すると，

$$5^{p-1} \leq q_i^{p-1} \leq a^2+b^2 < (a+b)^2 = n^2$$

であるが，これは $n^2 = 2^{2(p-1)}m^2 < 5^{p-1}$ に矛盾する．したがって，$q_i = 2$ または $q_i = 3$ である．

$q_i = 3$ とする．平方数を 3 で割った余りは 0 または 1 なので，$n^2 = a^2+b^2$ が 3 の倍数であるためには a^2, b^2 がともに 3 の倍数，すなわち，a, b がともに

3 の倍数でなければならない．これは，$n = a+b$ が 3 で割り切れないことに矛盾する．

$q_i = 2$ とする．$a = 2^s a_0$, $b = 2^t b_0$ (s, t は非負整数，a_0, b_0 は正の奇数) とおく．対称性より，$s \leq t$ としてよい．$s < t$ と仮定すると，$a + b = 2^{p-1} m$ より，$s = p - 1$ であるが，$a^2 + b^2 = 2^{2s}(a_0^2 + 2^{2(t-s)} b_0^2)$ より，$e_i = 2s = 2(p-1)$ となり，$e_i + 1$ が p で割り切れないから矛盾である．よって，$s = t$ であり，$a + b = 2^{p-1} m$ より，$s < p - 1$ となる．すると，$a^2 + b^2 = 2^{2s}(a_0^2 + b_0^2)$ であり，$a_0^2 + b_0^2$ は 4 で割って 2 余るから，$e_i = 2s + 1$ となる．$2s + 1 < 2(p-1) + 1 = 2p - 1$ より，$2s + 1 = p - 1$ であるが，これは p が奇数であることに矛盾する．

以上により，$d(n)$ は $d(a^2 + b^2)$ を割り切らないことが示された．

最初の条件をみたす正整数 m（および，素数 p）は無限個存在するので，最初に与えた正整数 $n = 2^{p-1} m$ が問題の主張をみたすことが示された．

5. p を素数とし，m を正整数とし，$n = p^m$ とする．$\sqrt{n}$ 以下の n の正の約数 d は，$0 \leq k \leq \dfrac{m}{2}$ なる整数 k を用いて，$d = p^k$ と表される（定理 8.4）．よって，$2k \leq m$ より，$d^2 = p^{2k}$ は $n = p^m$ の約数であるから，この n は問題の条件をみたす．

次に，$n = p^m$ の形に表されない場合を考える．n を割り切る素数 p を 1 つ選ぶと，正整数 k と，p と互いに素であるような正整数 a を用いて，$n = p^k \cdot a$ と表せる．ここで，$p^k \leq \sqrt{n}$ または $a \leq \sqrt{n}$ のいずれかが成り立つので，それを d とおく．このとき，$\dfrac{n}{d^2}$ は $\dfrac{a}{p^k}$ または $\dfrac{p^k}{a}$ となる．しかし，$\mathrm{GCD}(a, p^k) = 1$, $a \geq 1$, $p^k \geq 1$ であるから，いずれの場合もこれらは整数とはならない．つまり，$d^2 \nmid n$ であるから，この n は問題の条件をみたさない．

以上より，求める整数 n は，素数 p と正整数 m を用いて，$n = p^m$ と表されるすべての整数である．

6. $2015 = 1 \times 2015 = 5 \times 403 = 13 \times 155 = 31 \times 65 = 5 \times 13 \times 31$ であるから，（定理 8.5 より）求める数は以下のいずれかである：

$$a = 2^{2014}, \quad b = 2^{402} \times 3^4, \quad c = 2^{154} \times 3^{12},$$
$$d = 2^{64} \times 3^{30}, \quad e = 2^{30} \times 3^{12} \times 5^4.$$

このうちで最小のものは，$e = 2^{30} \times 3^{12} \times 5^4$ である．実際，

$2^{1984} > 3^{12} \times 5^4$ だから,$a > e$.
$2^{372} > 3^8 \times 5^4$ だから,$b > e$.
$2^{124} > 5^4$ だから,$c > e$.
$2^{34} \times 3^{18} > 5^4$ だから,$d > e$

がわかる.

● 上級

1. a, b, c は正の整数と仮定してよい.

(**第1段**) a, b, c の中の2つに共通因数 p があれば,一意分解定理より,残りの1つも p を因数にもつ.そこで,必要ならば a, b, c の公約数で割って,どの2つも互いに素であるとしてよい.

(**第2段**) a, b の一方は偶数,他方は奇数である.

証明 a, b が共に奇数であるとすると,ある整数 s, t を用いて,$a = 2s+1$, $b = 2t+1$ と表される.このとき,

$$a^2 + b^2 = 4(s^2 + t^2 + s + t) + 2 = 2(2s^2 + 2t^2 + 2s + 2t + 1)$$

であるから,$a^2 + b^2$ は偶数で,$a^2 + b^2$ を4で割ったときの剰余は2である.$a^2 + b^2 = c^2$ より,c^2 も偶数,したがって,c も偶数で,ある整数 u を用いて,$c = 2u$ と表される.すると,$c^2 = 4u^2$ となり,$a^2 + b^2$ も4で割り切れなければならない.これは矛盾である.

そこで,以下 a が奇数,b が偶数と仮定してよい.

(**第3段**) 互いに素な整数 m, n が存在して,

$$a = m^2 - n^2, \quad b = 2mn, \quad c = m^2 + n^2$$

のかたちに表される.

証明 $b^2 = c^2 - a^2 = (c+a)(c-a)$, $(c, a) = 1$ であるから,第7章練習問題(初級3)により,

$$(c+a, c-a) = 2$$

が成り立つ.したがって,

$$c + a = 2m_1, \quad c - a = 2n_1, \quad (m_1, n_1) = 1$$

とおける．このとき，$b^2 = 4m_1 n_1$ であり，m_1 と n_1 は共通の素因数をもたないから，ともに平方数で，
$$m_1 = m^2, \quad n_1 = n^2, \quad (m, n) = 1$$
のかたちである．ここに，m, n は正とする．したがって，
$$b^2 = 4m^2 n^2 \text{ より}, \quad b = 2mn$$
である．また，次も容易に確かめられる：
$$a = m_1 - n_1 = m^2 - n^2, \quad c = m_1 + n_1 = m^2 + n^2$$

（第4段）逆に，$(m, n) = 1$ である任意の整数 $m, n, (m > n)$ について，公約数もこめて
$$a = k(m^2 - n^2), \quad b = 2kmn, \quad c = k(m^2 + n^2)$$
とすれば，明らかに，$a^2 + b^2 = c^2$ が成り立つ．

ピタゴラス数の例

$k = 1$ として，
$$m = 2, n = 1 \quad \cdots \quad a = 3, b = 4, c = 5$$
$$m = 3, n = 1 \quad \cdots \quad a = 8, b = 6, c = 10$$
$$m = 3, n = 2 \quad \cdots \quad a = 5, b = 12, c = 13$$
$$m = 4, n = 1 \quad \cdots \quad a = 15, b = 8, c = 17$$
$$m = 4, n = 3 \quad \cdots \quad a = 7, b = 24, c = 25$$
$$m = 5, n = 1 \quad \cdots \quad a = 24, b = 10, c = 26$$
$$m = 5, n = 2 \quad \cdots \quad a = 21, b = 20, c = 29$$

2. 条件をみたす正整数 n は存在する．次のように構成することができる．

補題1　任意の $i \in \mathbb{N}$ について，$2^{3^i} + 1 \equiv 0 \pmod{3^{i+1}}$.

証明　数学的帰納法で証明する．$i = 1$ のとき，$2^3 + 1 = 9$ は $3^{1+1} = 9$ で割

り切れる.

$i \geq 1$ で成立すると仮定する. 仮定より, $2^{3^i} = 3^{i+1}M - 1$ (M は整数) と書ける. よって, 次が成立する：

$$2^{3^{i+1}} + 1 = (3^{i+1}M - 1)^3 + 1$$
$$= 3^{3i+3}M^3 - 3 \cdot 3^{2i+2}M^2 + 3 \cdot 3^{i+1}M \equiv 0 \pmod{3^{i+2}}.$$

(証明終)

これより特に, $2^{3^{2000}} + 1$ は 3^{2000} で割り切れることがわかる.

補題 2 $i = 1, 2, 3, \cdots, 1999$ に対して, $2^{3^i} + 1$ の素因数ではなくて, $2^{3^{i+1}} + 1$ の素因数であるような素数 p_i が存在する.

証明 $2^{3^{i+1}} + 1 = (2^{3^i} + 1)(2^{2 \cdot 3^i} - 2^{3^i} + 1)$ なので, $2^{3^i} + 1$ の素因数ではなくて, $2^{2 \cdot 3^i} - 2^{3^i} + 1$ の素因数であるような素数 p_i を探せばよい.

補題 1 より, $2^{3^i} + 1$ は 9 の倍数である. $2^{2 \cdot 3^i} - 2^{3^i} + 1 = (2^{3^i} + 1)(2^{3^i} - 2) + 3$ なので,

$$\mathrm{GCD}\,(2^{3^i} + 1,\ 2^{2 \cdot 3^i} - 2^{3^i} + 1) = 3 \qquad (*)$$

特に, $X = 2^{2 \cdot 3^i} - 2^{3^i} + 1$ は 9 では割り切れず, $X > 3$ なので, X は 3 以外の素因数 p_i をもつ. よって, $(*)$ より, p_i は $2^{3^i} + 1$ の素因数ではない.

(証明終)

ここで, $n = 3^{2000} \cdot p_1 \cdot p_2 \cdot p_3 \cdots p_{1999}$ とおく.

すると, $2^n + 1$ は $2^{3^{2000}} + 1$ で割り切れるので, 3^{2000} でも割り切れる. また, $2^n + 1$ は $2^{3^{i+1}} + 1$ で割り切れるので, p_i でも割り切れる. よって, n は題意をみたす.

注 これは IMO/2000 (韓国大会) 日本代表の長尾健太郎君の解答である.

◆第9章◆

● 初級

1.

$$\left(\frac{21}{n}-3\right)^2 = \left(\left(\frac{21}{n}-2\right)-1\right)^2 = \left(\frac{21}{n}-2\right)^2 - 2\left(\frac{21}{n}-2\right)+1 = n+43$$

なので，$n+43$ は有理数の平方で書ける整数であり，したがって平方数である．よって，$\frac{21}{n}-3$ は整数なので，$n \mid 21$．これより，$n = \pm 1, \pm 3, \pm 7, \pm 21$ となるが，このうち $n+43$ が平方数となるのは，$n = -7, 21$ である．$n = -7$ は与式をみたし，$n = 21$ は与式をみたさない．よって，$n = -7$ が唯一の解である．

2. n より小さい最大の平方数が k^2 であるとする（ただし，k は 0 以上の整数）．このとき，n 以上 $n+2011$ 以下の平方数は，

$$(k+1)^2, \quad (k+2)^2, \quad \cdots, \quad (k+23)^2$$

の 23 個であるから，$(k+24)^2 > n+2011$ が成り立つ．

$k^2 < n$ および $(k+24)^2 > n+2011$ より，$(k+24)^2 - k^2 > 2011$ が成り立つ．この不等式は，$48(k+12) > 2011$ と変形できるので，$k > \frac{2011}{48} - 12 > 29$ を得る．よって，$k \geq 30$ より，$n \geq k^2 + 1 \geq 901$ となる．

一方，$n = 901$ とすれば，

$$30^2 < 901 \leq 31^2, \quad 53^2 < 901+2011 = 2012 < 54^2$$

より，n 以上 $n+2011$ 以下の平方数は，$31^2, 32^2, \cdots, 53^2$ の 23 個なので，$n = 901$ は条件をみたす．よって，求める値は 901 である．

3. $p+q+r+s$ は 2 より大きい素数なので，奇数である．したがって，p, q, r, s のうち 1 つは偶数，すなわち 2 となる．

$x^2 = p^2 + qr, y^2 = p^2 + qs$ なる正整数 x, y をとる．

$qr = (x-p)(x+p)$ であり，$x-p$ と $x+p$ の偶奇は等しいから，qr は奇数であるか 4 の倍数でなければならない．相異なる素数の積は 4 の倍数にはならないので，qr は奇数となる．

同様にして，$qs = (y-p)(y+p)$ も奇数となることがわかる．したがって，p, q, r, s のうち 2 に等しいものは p でなければならない．

$x^2 = 4+qr$ より，$x = 1, 2, 3$ は適さないことがわかる．これと $qr = (x-$

$2)(x+2)$ であることから，q と r のうち，一方は $x-2$，もう一方は $x+2$ になる．したがって，$|q-r|=4$ を得る．同様に，$|q-s|=4$ を得るので，s, q, r は公差が ± 4 の等差数列をなす．これらを 3 で割った余りは相異なるので，いずれか 1 つは 3 の倍数であるが，素数なので 3 である．

以上より，$(p, q, r, s) = (2, 7, 3, 11), (2, 7, 11, 3)$ であり，このとき条件をみたして，$p+q+r+s=23$ となる．

4. 正整数 a, b を用いて，$n+16=a^2, 16n+1=b^2$ と表せたとする．

$$(4a+b)(4a-b) = 16a^2 - b^2 = 16(n+16) - (16n+1)$$
$$= 255 = 3 \times 5 \times 17$$

である．$4a+b > 4a-b > 0$ より，$(4a-b, 4a+b)$ としてあり得るものは，

$$(1, 255), \quad (3, 85), \quad (5, 51), \quad (15, 17)$$

の 4 通りである．いずれの場合も a, b はともに正整数になり，それぞれに対応する n の値は $1008, 105, 33, 0$ と求まるが，n は正整数なので，$33, 105, 1008$ が答となる．

5. $6000 = 2^4 \times 3^1 \times 5^3$ より，6000 の約数は

$$2^a \times 3^b \times 5^c \quad (a=0, 1, 2, 3, 4;\ b=0, 1;\ c=0, 1, 2, 3)$$

と表されるもの全体なので，全部で $5 \times 2 \times 4 = 40$ 個ある．そのうち，a, b, c がすべて偶数であるものが平方数となるので，平方数である約数は全部で $3 \times 1 \times 2 = 6$ 個ある．

よって，求める平方数でない約数は，$40 - 6 = 34$ 個ある．

● 中級

1. 問題の条件をみたす正整数の組を (a, b, c) とおく．$a < b < c$ と仮定して一般性を失わない．正整数 x, y, z を用いて，

$$a+b = x^2, \quad a+c = y^2, \quad b+c = z^2$$

とおける．これを解いて，

$$a = \frac{x^2+y^2-z^2}{2}, \quad b = \frac{x^2+z^2-y^2}{2}, \quad c = \frac{y^2+z^2-x^2}{2}$$

となる．ここで，x, y, z は次の 3 条件をみたさなければならない：

(1) $x < y < z$,
(2) $x^2 + y^2 + z^2 = 2(a + b + c)$ は偶数,
(3) $x^2 + y^2 > z^2$.

逆に，(x, y, z) がこの 3 条件をみたせば，(a, b, c) が条件をみたすことは容易に確認できる．よって，この条件をみたす (x, y, z) のうち，$x^2 + y^2 + z^2$ が最小になるものを求めればよい．

x, y, z が上の条件 (2) をみたすのは，x, y, z の中に奇数が 0 個または 2 個存在する場合である．

(i) x, y, z がすべて偶数のとき：
条件をみたすもののうち，$x^2+y^2+z^2$ が最小になるのは，$x = 8, y = 10, z = 12$ の場合である．このとき，$x^2 + y^2 + z^2 = 308$ となる．

(ii) x, y, z の中に奇数が 2 個あるとき：
条件をみたすもののうち，$x^2+y^2+z^2$ が最小になるのは，$x = 5, y = 6, z = 7$ の場合である．このとき，$x^2 + y^2 + z^2 = 110$ となる．

したがって，条件をみたす 3 数は，$(a, b, c) = (6, 19, 30)$ のみである．

2. 正の約数を 4 つもつ正整数は，ある素数の 3 乗か，相異なる 2 つの素数の積に等しくなければならない．100 未満で前者の条件をみたすものは，$2^3 = 8, 3^3 = 27$ のみであり，

$$(8 + 4) - (2 + 1) = 9 = 3^2, \quad (27 + 1) - (9 + 3) = 16 = 4^2$$

であるから，ともに求める解である．

これ以降，相異なる素数 p, q $(p < q)$ を用いて，pq と表せる数を考える．pq の約数は $1, p, q, pq$ である．このうち，2 つの和から残り 2 つの和を引いたものは 6 通りあるが，その中で正になるものは，次の 3 通りである：

$(pq + q) - (p + 1) = (p + 1)(q - 1), \quad (pq + p) - (q + 1) = (p - 1)(q + 1),$
$(pq + 1) - (p + q) = (p - 1)(q - 1).$

一方，$p^2 < pq < 100$ より，$p < 10$ であるから，$p = 2, 3, 5, 7$ となる．

(1) $(p + 1)(q - 1)$ が平方数の場合：$p = 2$ のとき，ある $n \in \mathbb{N}$ について，$3 \leq q = 3n^2 + 1 \leq 49$ より，$n \leq 4$ であり，このうち q が素数となるものは

$n = 2$ で,$q = 13$,$pq = 26$.

$p = 3$ のとき,ある $n \in \mathbb{N}$ について,$4 \leq q = n^2 + 1 \leq 33$ より,$2 \leq n \leq 5$ である.$n = 2, 4$ のとき,$q = 5, 17$ となって素数となり,$pq = 15, 51$.

$p = 5$ のとき,ある $n \in \mathbb{N}$ について,$6 \leq q = 6n^2 + 1 \leq 19$ より,$n = 1$ である.このとき $q = 7$ は素数となり,$pq = 35$.

$p = 7$ のとき,ある $n \in \mathbb{N}$ について,$8 \leq q = 2n^2 + 1 \leq 14$ より,$n = 2$ であるが,$q = 9$ は素数とならない.

(2) $(p-1)(q+1)$ が平方数の場合:$p = 2, 5$ のとき,ある $n \in \mathbb{N}$ について,$q = n^2 - 1 = (n+1)(n-1)$ より,$n = 2$ のときのみ q は素数である.$p < q$ より,$p = 2$ で $q = 3$,$pq = 6$.

$p = 3$ のとき,ある $n \in \mathbb{N}$ について,$4 \leq q = 2n^2 - 1 \leq 33$ より,$2 \leq n \leq 4$ である.$n = 2, 4$ で q は素数となり,$pq = 21, 93$.

$p = 7$ のとき,ある $n \in \mathbb{N}$ について,$8 \leq q = 6n^2 - 1 \leq 14$ だが,これをみたす正整数 n は存在しない.

(3) $(p-1)(q-1)$ が平方数の場合:$p = 2$ のとき,ある $n \in \mathbb{N}$ について,$3 \leq q = n^2 + 1 \leq 49$ より,$2 \leq n \leq 6$ である.q は $n = 2, 4, 6$ のときに素数となり,それぞれ,$pq = 10, 34, 74$.

$p = 3$ のとき,ある $n \in \mathbb{N}$ について,$4 \leq q = 2n^2 + 1 \leq 33$ より,$2 \leq n \leq 4$ である.$n = 3$ のとき q は素数となり,$pq = 57$.

$p = 5$ のとき,ある $n \in \mathbb{N}$ について,$6 \leq q = 2n^2 + 1 \leq 19$ より,$3 \leq n \leq 4$ である.$n = 4$ のとき q は素数となり,$pq = 85$.

$p = 7$ のとき,ある $n \in \mathbb{N}$ について,$8 \leq q = 6n^2 + 1 \leq 14$ となるが,これをみたす正整数 n は存在しない.

以上を合わせて,求める正整数は,以下のようになる:

$\qquad$ 6, 8, 10, 15, 21, 26, 27, 34, 35, 51, 57, 74, 85, 93.

3. 正整数 n に対して,$(n+1)^2 - n^2 = 2n + 1$ なので,$500^2 = 250000$ 以下の隣り合う平方数の差は $2 \times 499 + 1 = 999$ 以下である.これより,次を得る:

(∗) 100 以上 250 未満のどの整数 m に対しても,上 3 桁が m に一致するような 6 桁の平方数が存在する.

証明 背理法で証明する.もし,そのような平方数が存在しないとすると,

$100(m+1)$ 以上の最小の平方数と，$100m$ より小さい最大の平方数は，差が 1000 より大きい 500^2 以下の隣り合う平方数となる．これは，最初の指摘に矛盾する． (証明終)

一方，500^2 以上の隣り合う平方数の差は，$2 \times 500 + 1 = 1001$ 以上なので，$500^2, 501^2, 502^2, \cdots, 999^2$ の上 3 桁はすべて異なる．

したがって，6 桁の平方数の上 3 桁として考えられるものは，100 以上 250 未満の整数および $500^2, 501^2, 502^2, \cdots, 999^2$ の上 3 桁である．よって，求める個数は，$150 + 500 = 650$ である．

4. m, n は正整数なので，明らかに，$m > n$ である．正整数 k を用いて，$m = n + k$ とする．この m を与式に代入して，n について整理すると，

$$n^2 - 4002kn - 2001k^2 - k = 0 \qquad (*)$$

となる．$(*)$ を n に関する 2 次方程式とみると，n が整数となるためには，その判別式 D が平方数でなければならない．したがって，次を得る：

$$D^2 = (4002k)^2 + 4(2001k^2 + k) = 4k \times ((2001^2 + 2001)k + 1).$$

$\mathrm{GCD}(k, (2001^2 + 2001)k + 1) = 1$ で，積 $k((2001^2 + 2001)k + 1)$ が平方数であるから，k と $(2001^2 + 2001)k + 1$ はともに平方数である．これより，$m - n = k$ は平方数である．

[別解 1] $(*)$ の式までは，上と同じ．$(*)$ を変形して，次を得る：

$$(n - 2001k)^2 = k(2001 \times 2002k + 1).$$

もし，$k = 1$ ならば，$m - n = k = 1$ は平方数であるから，証明が終わる．

$k > 1$ とし，q を k の素因数とする．正整数 α を q の冪が k を割り切る最高指数とする；$p^\alpha \mid k$, $p^{\alpha+1} \nmid k$. すると，$q \nmid 2001 \times 2002k + 1$ だから，$q^\alpha \mid (n - 2001k)^2$, $q^{\alpha+1} \nmid (n - 2001k)^2$. よって，$\alpha$ は偶数である．このことは，k のすべての素因数について成り立つから，$k = m - n$ が平方数であることが結論される．

[別解 2] 与式は，次のように書き換えられる：

$$(m - n)(1 + 2001(m + n)) = n^2.$$

ある素数 p によって，$p \mid m-n$, $p \mid 1+2001(m+n)$ であると仮定する．すると，$m-n \mid n^2$ だから，$p \mid n^2$ であり，p が素数であることから，$p \mid n$ がわかる．したがって，$p \mid (m-n)+n$ がわかり，$p \mid m$ が結論される．よって，$p \mid 2001(m+n)$ である．しかし，$p \mid 1+2001(m+n)$ であったから，$p \mid 1$ が導かれるが，これは矛盾である．したがって，最初の仮定が誤りであることがわかった．よって，$\text{GCD}(m-n, 1+2001(m+n)) = 1$ である．

しかし，$m-n$ と $1+2001(m+n)$ の積は平方数であり，これらはともに正である．したがって，これらはともに平方数である．特に，$m-n$ は平方数である．

[別解 3] $m-n = (z\text{GCD}(m,n))^2$ であることを証明する．上の別解 2 と同じく，
$$(m-n)(1+2001(m+n)) = n^2$$
を得る．$\text{GCD}(m,n) = d$ とおくと，互いに素であるような正整数 a, b を用いて，$m = da, n = db$ と書き表せる．すると，上の等式は，次のようになる：
$$(a-b)(1+2001d(a+b)) = db^2.$$

ところで，$\text{GCD}(d, 1+2001d(a+b)) = 1$ だから，$d \mid a-b$ である．しかし，$\text{GCD}(a,b) = 1$ だから，$\text{GCD}(a-b, b) = 1$ と $\text{GCD}(a-b, b^2) = 1$ を得る．したがって，$a-b \mid d$ を得る．これより，$a-b = d$ が結論され，よって，$m-n = d(a-b) = d^2$ となり，証明が完了する．

5. 背理法による．どれも平方数であるとして，正整数 p, q, r により，
$$2n^2+1 = p^2, \quad 3n^2+1 = q^2, \quad 6n^2+1 = r^2$$
と表す．このとき，
$$\begin{aligned}&6n^2(6n^2+1)(6n^2+2)(6n^2+3) \\ &= 36n^2(6n^2+1)(3n^2+1)(2n^2+1) = (6nrqp)^2\end{aligned}$$
となり，最右辺は平方数である．一方，最左辺は $6n^2 = N$ として，
$$\begin{aligned}&N(N+1)(N+2)(N+3) \\ &= (N^2+3N)(N^2+3N+2) = (N^2+3N+1)^2 - 1\end{aligned}$$
より，次が得られる：
$$(N^2+3N)^2 < N(N+1)(N+2)(N+3) < (N^2+3N+1)^2.$$

中央の $N(N+1)(N+2)(N+3)$ は隣接する平方数の間にあるので，平方数ではない．よって，矛盾が導かれた．

[別解 1] 与えられた 3 数を掛け合わせると，
$$(2n^2+1)(3n^2+1)(6n^2+1)$$
$$= 36n^6 + 36n^4 + 11n^2 + 1 = (6n^3+3n)^2 + (2n^2+1)$$
となる．$0 < 2n^2 + 1 < 6n(2n^2+1) < 2(6n^3+3n)+1$ だから，
$$(6n^3+3n)^2 < (2n^2+1)(3n^2+1)(6n^2+1) < (6n^3+3n+1)^2$$
を得る．中央の $(2n^2+1)(3n^2+1)(6n^2+1)$ は隣接する平方数の間にあるので，平方数ではない．

よって，与えられた 3 つの数のすべてが平方数であることはない．

[別解 2] どれも平方数であると仮定する．このとき，正整数 A, B を用いて，
$$A^2 = n^2(6n^2+1), \quad B^2 = (2n^2+1)(3n^2+1)$$
と表せて，次を得る：
$$4n^2 + 1 = B^2 - A^2 = (B+A)(B-A) \geq B+A > \sqrt{6}n^2 + \sqrt{6}n^2 = 2\sqrt{6}n^2.$$
ここから，$n^2 \leq \dfrac{1}{2\sqrt{6}-4} = \dfrac{\sqrt{6}+2}{4} < 6$ となるが，$n = 1$ のとき，$A^2 = 7$ となって不適なので，矛盾が導かれた．

6. 一般性を失うことなく，$x \leq y$ と仮定する．3 つの場合に分けて考察する．

$2x < y + 1$ の場合：
$$(2^y)^2 < 1 + 4^x + 4^y < (1+2^y)^2$$
だから，$1 + 4^x + 4^y$ は整数の平方数ではないので，整数解はない．

$2x = y + 1$ の場合：
$$1 + 4^x + 4^y = 1 + 2^{y+1} + 4^y = (1+2^y)^2$$
となるから，任意の正整数 x について，
$$(x, y, z) = (x, 2x-1, 1+2^{2x-1})$$
は与えられた方程式の整数解である．

$2x > y+1$ の場合：与えられた方程式は次のように書き換えられる：

$$4^x + 4^y = 4^x(1 + 4^{y-x}) = (z-1)(z+1).$$

GCD$(z-1, z+1) = 2$ だから，$z-1$ と $z+1$ の一方は 2^{2x-1} で割り切れる．ところが，任意の $x > 1$ について，

$$2(1 + 4^{y-x}) \leq 2(1 + 4^{x-1}) < 2^{2x-1} - 2$$

であるから，これは矛盾である．よって，整数解はない．

以上より，求める整数解は，次のようになる：

$$(x, y, z) = (x, 2x-1, 1+2^{2x-1}), (2x-1, x, 1+2^{2x-1}); \ x \in \mathbb{N}.$$

● 上級

1. 定義の漸化式から，$a_n^2 + c^3 = a_{n+1} - a_n$ を得る．よって，$n \geq 2$ について，次が成り立つ：

$$a_{n+1} - a_n = a_n^2 - a_{n-1}^2 + a_n - a_{n-1} = (a_n - a_{n-1})(a_n + a_{n-1} + 1).$$

まず，$a_n - a_{n-1}$ と $a_n + a_{n-1} + 1$ が互いに素であることを示す．背理法による．これらが互いに素ではないとし，p を共通の素である約数とする．すると，

$$a_n - a_{n-1} + a_n + a_{n-1} + 1 = 2a_n + 1,$$
$$a_n + a_{n-1} + 1 - a_n + a_{n-1} = 2a_{n-1} + 1$$

だから，

$$p \mid 2a_n + 1, \quad p \mid 2a_{n-1} + 1$$

を得る．関係式

$$2(2a_n + 1) = (2a_{n-1} + 1)^2 + (4c^3 + 1)$$

より，$p \mid 4c^3 + 1$ を得る．$n-1$ に関する同じ関係式より，$p \mid (2a_{n-2} + 1)^2$ も得られ，したがって，$p \mid 2a_{n-2} + 1$ を得る．これより，次が導かれる：

$$p \mid 2a_s + 1, \quad 1 \leq s \leq n.$$

特に，$a_1 = c$ だから，$p \mid 2c + 1$ が成り立っている．ところが，GCD$(2c+1, 4c^3+1) = 1$ だから，仮定が誤りであることが結論される．

上で示したことから，次がわかる：$k \geq 2$ について，もし $a_k^2 + c^3 = a_{k+1} - a_k$ がある整数の m 乗 $(m \geq 2)$ ならば，$a_k - a_{k-1} = a_{k-1}^2 + c^3$ もまたある整数の m 乗 $(m \geq 2)$ となる．

したがって，この問題の要求をみたすためには，$a_1 + c^3 = c^2(c+1)$ がある整数の m 乗 $(m \geq 2)$ となることが必要十分である．c^2 と $c+1$ は互いに素であり，c^2 は平方数だから，問題の要求がみたされるための必要十分条件は，$c+1$ が平方数となることである．すなわち，求める c は，$c+1$ が平方数となるようなすべての正整数である．

2. m としてあり得る最小の値は，$2n^2 - 1$ である．以下，これを証明する．
$a_k = 2k - 1 \, (k = 1, 2, \cdots, n)$ とすれば，
$$\frac{a_k^2 + a_{k+1}^2}{2} = \frac{(2k^2-1)^2 + (2(k+1)^2 - 1)^2 - 1)}{2} = (2k^2 + 2k - 1)^2$$
$$(k = 1, 2, \cdots, n-1)$$
は平方数であり，このとき，$m = 2n^2 - 1$ である．

以下，$m \geq 2n^2 - 1$ を示す．そのためには，$a_k \geq 2k^2 - 1 \, (k = 1, 2, \cdots, n)$ を示せば十分である．まず，次の補題を示す．

> **補題** k を正整数とする．このとき，$2k^2 - 1 \leq x < y < 2(k+1)^2 - 1$ をみたす任意の整数 x, y について，$\dfrac{x^2 + y^2}{2}$ は平方数でない．

証明 x, y の偶奇が一致しないときは，$\dfrac{x^2 + y^2}{2}$ は整数ではないので，補題は正しい．

以下，x, y の偶奇が一致するとする．このとき，次の不等式が成立する：
$$\frac{x^2 + y^2}{2} - \left(\frac{x+y}{2}\right)^2 = \left(\frac{y-x}{2}\right)^2 > 0,$$
$$y - x \leq (2(k+1)^2 - 2) - (2k^2 - 1) = 4k + 1,$$
$$x \geq 2k^2 - 1, \quad y \geq x + 2 \geq 2k^2 + 1.$$

また，$y - x$ は偶数なので，$y - x \leq 4k$ である．よって，次が成り立つ：

$$\left(\frac{x+y}{2}+1\right)^2 - \frac{x^2+y^2}{2} = x+y+1-\left(\frac{y-x}{2}\right)^2$$
$$\geq (2k^2-1)+(2k^2+1)+1-(2k)^2 = 1 > 0.$$

したがって,
$$\left(\frac{x+y}{2}\right)^2 < \frac{x^2+y^2}{2} < \left(\frac{x+y}{2}+1\right)^2$$

であり, $\frac{x^2+y^2}{2}$ は, 隣接する 2 つの平方数の間にあるので, 平方数とはなり得ない. (証明終)

$a_k \geq 2k^2-1$ $(k=1,2,\cdots,n)$ を k に関する数学的帰納法を用いて示す.

[1] $k=1$ のときは, a_1 が正整数であるから, 明らかである.

[2] $k \geq 2$ で, $1 \leq h < k$ について, $a_h \geq 2h^2-1$ であると仮定する. このとき, $a_{h+1} < 2(h+1)^2-1$ とすると, $(x,y) = (a_h, a_{h+1})$ とすることで, 上の補題に反する. よって, $a_{h+1} \geq 2(h+1)^2-1$ である. 以上から, $a_k \geq 2k^2-1$ $(k=1,2,\cdots,n)$ であり, 特に $m = a_n \geq 2n^2-1$ である.

3. 条件をみたす n は存在しないことを示す.

$m = [\sqrt{n}]$, $a = n - m^2$ とおく. $n \geq 1$ より, $m \geq 1$ であり, $m \leq \sqrt{n} < m+1$ より, $0 \leq a \leq 2m$ となる. $n^2+1 = (m^2+a)^2+1 \equiv (a-2)^2+1 \pmod{m^2+2}$ であるから, 問題の条件は $(a-2)^2+1$ が m^2+2 で割り切れることと同値である.

$$0 < (a-2)^2+1 \leq \max\{2^2, (2m-2)^2\}+1 \leq 4m^2+1 < 4(m^2+2)$$

なので, $(a-2)^2+1 = k(m^2+2)$ とすると, $k=1,2,3$ のいずれかである.

$k=1$ のとき : $(a-2)^2-m^2=1$ となり, 2 つの平方数の差が 1 となるので, $a-2 = \pm 1$, $m=0$ となるが, これは適さない.

$k=2$ のとき : 平方数は 8 を法として 0, 1, 4 のいずれかと合同であるから, $(a-2)^2+1 \equiv 1, 2, 5 \pmod{8}$ であり, 一方, $2(m^2+2) \equiv 4, 6 \pmod{8}$ であるから, これらは等しくない.

$k=3$ のとき : 平方数は 3 を法として 0, 1 のいずれかと合同であり, したがって, $(a-2)^2+1 \equiv 1, 2 \pmod{3}$ であり, 一方, $3(m^2+2) \equiv 0 \pmod{3}$ であるから, これらは等しくない.

以上により, 条件をみたす整数 n は存在しない.

4. $p^2 - p + 1 = b^3$, $b \in \mathbb{N}$ とおくと,次を得る:
$$p(p-1) = (b-1)(b^2+b+1).$$

$b^3 = p^2 - p + 1 < p^2 < p^3$ より,$p > b$ がわかるから,p は $b^2 + b + 1$ の約数でなければならない.よって,ある整数 $k \geq 2$ が存在して,次をみたす:
$$b^2 + b + 1 = kp, \quad p - 1 = k(b-1).$$

これらより,$b^2 + b + 1 = k^2 b + k - k^2$ を得るから,次を得る:
$$b^2 + b < k^2 b, \quad k^2(b-1) \leq b^2 + b - 1.$$

ところで,$b > 2$ が容易に確かめられるから,次が導かれる:
$$b + 1 < k^2, \quad k^2 \leq \frac{b^2 + b - 1}{b - 1} = b + 2 + \frac{1}{b-1} < b + 3.$$

これより,$k^2 = b + 2$ のみが導かれるから,$k = 3$,$b = 7$,$p = 19$ である.

5. 答は,0 だけであることを証明する.

まず,3 数の積 $(n+8)(2n+1)(4n+1) = 8n^3 + 70n^2 + 49n + 8$ もまた立方数であることを確認する.

$n \in \{1, 2, \cdots, 18\}$ については,$n+8$ は立方数にはなり得ない.$n \geq 19$ については,次が確認される:
$$(2n+2)^3 \leq 8n^3 + 70n^2 + 49n + 8 < (2n+6)^3.$$

よって,以下の 4 つの場合を考察すれば十分である.

(1) $8n^3 + 70n^2 + 49n + 8 = (2n+2)^3$ のとき,$n = 0$ を得る.

(2) $8n^3 + 70n^2 + 49n + 8 = (2n+3)^3$ のとき,右辺を展開して整理すると,$34n^2 - 5n - 19 = 0$ となる.よって,$n(34n - 5) = 19$ を得るが,これは整数解をもたない.

(3) $8n^3 + 70n^2 + 49n + 8 = (2n+4)^3$ のとき,これは $22n^2 - 47n - 56 = 0$ となる.よって,$n(22n - 47) = 56$ を得るが,これは正の整数解をもたない.

(4) $8n^3 + 70n^2 + 49n + 8 = (2n+5)^3$ のとき,これは $10n^2 - 101n - 117 = 0$ となる.よって,$n(10n - 101) = 3 \times 29$ を得るが,これも正の整数解をもたない.

◆第11章◆

● 初級

1. 省略.

2. 第8章練習問題（上級1）より，a, b, c はピタゴラス数であるから，ある自然数 m, n について，
$$a = m^2 - n^2, \quad b = 2mn, \quad c = m^2 + n^2$$
と置ける．したがって，
$$P = 2mn(m-n)(m+n)(m^2+n^2)$$
となる．以下，m, n の場合分けをして，考察する．

場合1：m, n の少なくとも一方が偶数の場合は，明らかに $4 \mid P$．また，m, n が共に奇数の場合は，$m-n$ が偶数だから，明らかに $4 \mid P$．

場合2：m, n の少なくとも一方が3の倍数，つまり，$3k$ の形をしているとき，明らかに $3 \mid P$．

$m = 3k+1, n = 3h+1$ の形をしているとき，$m-n = 3(k-h)$ だから，$3 \mid P$．

$m = 3k+1, n = 3h+2$ の形をしているとき，$m+n = 3(k+h+1)$ だから，$3 \mid P$．

$m = 3k+2, n = 3h+2$ の形をしているとき，$m-n = 3(k-h)$ だから，$3 \mid P$．

場合3：m, n の少なくとも一方が $5k$ の形をしているとき，$5 \mid P$．

$m = 5k+j, n = 5h+j$ $(j = 1, 2, 3, 4)$ の形をしているとき，$m-n = 5(k-h)$ だから，$5 \mid P$．

$m = 5k+1, n = 5h+2$ の形をしているとき，
$$m^2+n^2 = 25k^2 + 10k + 1 + 25h^2 + 20h + 4 = 5(5k^2 + 2k + 5h^2 + 4h + 1)$$
だから，$5 \mid P$．

$m = 5k+1, n = 5h+3$ の形をしているとき，
$$m^2+n^2 = 25k^2 + 10k + 1 + 25h^2 + 30h + 9 = 5(5k^2 + 2k + 5h^2 + 6h + 2)$$
だから，$5 \mid P$．

$m = 5k+1, n = 5h+4$ の形をしているとき，

$m^2 - n^2 = 25k^2 + 10k + 1 - 25h^2 - 40h - 16 = 5(5k^2 + 2k - 5h^2 - 8h - 3)$

だから，$5 \mid P$.

$m = 5k+2, n = 5h+3$ の形をしているとき，$m+n = 5(k+h+1)$ だから，$5 \mid P$.

$m = 5k+2, n = 5h+4$ の形をしているとき，

$m^2 + n^2 = 25k^2 + 20k + 4 + 25h^2 + 40h + 16 = 5(5k^2 + 4k + 5h^2 + 8h + 4)$

だから，$5 \mid P$.

$m = 5k+3, n = 5h+4$ の形をしているとき，

$m^2 + n^2 = 25k^2 + 30k + 9 + 25h^2 + 40h + 16 = 5(5k^2 + 6k + 5h^2 + 8h + 5)$

だから，$5 \mid P$.

これらの 3 つの場合は独立であるから，P は 3, 4, 5 によって同時に割り切れるので，P は $60 = 3 \times 4 \times 5$ で割り切れる．

なお，5 より大きい素数については，上のような議論が成り立たないことがわかる．

● 中級

1. 条件 (i), (ii) より，$n = |A| = |B| + |C| + |D| = 3|B|$ だから，$3 \mid n$ である．

逆を 2 つの場合に分けて考察する．

(1) $n = 6p, p \in \mathbb{N}$, の場合：B, C, D を次のように定めると，条件 (i), (ii), (iii) をみたすことは，直ちに確かめられる：

$$B = \{6k+1, 6k+6 \mid k = 0, 1, \cdots, p-1\},$$
$$C = \{6k+2, 6k+5 \mid k = 0, 1, \cdots, p-1\},$$
$$D = \{6k+3, 6k+4 \mid k = 0, 1, \cdots, p-1\}.$$

(2) $n = 6p+3, p \in \mathbb{N}$, の場合：次の 2 つの可能性がある．

(2–1) $p = 1$ のとき，$B = \{1, 5, 9\}, C = \{2, 6, 7\}, D = \{3, 4, 8\}$．

(2–2) $p \geq 2$ のとき，B, C, D を次のように定めるとよい．

$$B = \{1, 5, 9\} \cup \{6k + 10, 6k + 15 \mid k = 0, 1, \cdots, p - 2\},$$
$$C = \{2, 6, 7\} \cup \{6k + 11, 6k + 14 \mid k = 0, 1, \cdots, p - 2\},$$
$$D = \{3, 4, 8\} \cup \{6k + 12, 6k + 13 \mid k = 0, 1, \cdots, p - 2\}.$$

● 上級

1. 条件 (1), (2) をみたす組 $(a_1, a_2, \cdots, a_p)$ を,

$$a_1 a_2 + a_2 a_3 + \cdots + a_{p-1} a_p + a_p a_1 \text{ を } p \text{ で割った余り } r$$

によって, $A_0, A_1, \cdots, A_{p-1}$ に分類する:

$$A_r = \{(a_1, a_2, \cdots, a_p) \mid a_1 a_2 + a_2 a_3 + \cdots + a_{p-1} a_p + a_p a_1 \equiv r \pmod{p}\}.$$

A_0 の任意の元 $(a_1, a_2, \cdots, a_p)$ に対して,

$$(b_1, b_2, \cdots, b_p) \equiv (a_1 + c, a_2 + c, \cdots, a_p + c) \pmod{p}$$

をとると, $b_1 b_2 + b_2 b_3 + \cdots + b_{p-1} b_p + b_p b_1 \equiv 2(a_1 + a_2 + \cdots + a_p)c$ となる. 条件 (2) より, $a_1 + a_2 + \cdots + a_p$ は p で割り切れないから, c を 0 から $p-1$ まで動かすと, $A_0, A_1, \cdots, A_{p-1}$ の元が一つずつ定まる. このような操作で, $A_0, A_1, \cdots, A_{p-1}$ の元を一つずつ対応つけられるので, $A_0, A_1, \cdots, A_{p-1}$ の元の個数はすべて等しい. また, これらの元の個数の総数は明らかに $p^{p-1}(p-1)$ であるから, 求める GOOD な組の個数は $p^{p-2}(p-1)$ である.

2. まず, 次の補題を示す:

> **補題** c, m を正整数とし, m を c で割った余りを r とすると, x^m を $x^c - 1$ で割った余りは x^r である.

証明 $m = cq + r$ とすれば, $x^m - x^r = x^r(x^c - 1)(x^{c(q-1)} + \cdots + x^c + 1)$ となる. (証明終)

この補題を使い, 背理法で問題の証明を与える. 問題の 2 つの集合が等しいとする. このとき, $1 \in \{r_0, r_1, \cdots, r_a\}$ なので, $\mathrm{GCD}\,(b, c) = 1$ である. また,

$$f(x) = (1 + x^b + x^{2b} + \cdots + x^{ab}) - (1 + x + x^2 + \cdots + x^{a-1} + x^a)$$

とおくと，これは補題より，x^c-1 で割り切れる．また，
$$f(x) = \frac{x^{(a+1)b}-1}{x^b-1} - \frac{x^{a+1}-1}{x-1}$$
$$= \frac{x^{ab+b+1}+x^b+x^{a+1}-x^{ab+b}-x^{a+b+1}-x}{(x-1)(x^b-1)}$$
であるから，この右辺の分子 $x^{ab+b+1}+x^b+x^{a+1}-x^{ab+b}-x^{a+b+1}-x$ は x^c-1 で割り切れる．よって，再び補題より，

$ab+b+1, b, a+1$ は $ab+b, a+b+1, 1$ のいずれかと c を法として等しいことがわかる．特に，
$$b \equiv ab+b, \quad \text{または}, \quad b \equiv a+b+1, \quad \text{または}, \quad b \equiv 1 \pmod{c}$$
が成り立つ．$0 < a < c-1$ より，$b \equiv a+b+1 \pmod{c}$ は不適．$1 < b < c$ より，$b \equiv 1 \pmod{c}$ も不適．また，b と c は互いに素でなければならないので，$b \equiv ab+b \pmod{c}$ も不適．よって，矛盾である．

以上により，題意は示された．

3. q と n との関係・性質により，場合分けして証明する．

場合 1：$q < n$ のとき：積 $(n-1)! = 1 \times 2 \times \cdots \times (n-1)$ は $q, q-1$ の両方を因子として含むから，$q(q-1) \mid (n-1)!$ である．特に，
$$(q-1) \left| \frac{(n-1)!}{q} \right. = \left\lfloor \frac{(n-1)!}{q} \right\rfloor.$$

場合 2：$q = n$ で素数のとき：Wilson の定理より，次を得る：
$$(n-1)! \equiv -1 \equiv n-1 \pmod{n} \quad \therefore (n-2)! \equiv 1 \pmod{n}.$$
したがって，ある $y \in \mathbb{Z}$ が存在して，$(n-2)! = yn + 1$ となる．よって，
$$\left\lfloor \frac{(n-1)!}{n} \right\rfloor = \left\lfloor \frac{(n-1)(yn+1)}{n} \right\rfloor$$
$$= \left\lfloor ny - y + 1 - \frac{1}{n} \right\rfloor$$
$$= (n-1)y$$
であるから，これは $n-1$ で割り切れる．

場合 3：$q = n$ で合成数のとき：$n(n-1) \mid (n-1)!$ を示せば十分である．p を n の最大の素因数とし，$n = px$ と書く．$1 < x < n$ である．実際，$x \mid n$ だから，

$x \neq n-1$ であり, $x \leq n-2$ である.

ここから, さらに場合分けする.

場合 3–1：$p \neq x$ のとき：p, x は積 $(n-2)! = 1 \times 2 \times \cdots \times (n-2)$ の異なる因子として現れるから, $n = px \mid (n-2)!$ であり, したがって,

$$n(n-1) \mid (n-1)!$$

である.

場合 3–2：$p = x$ のとき：$n = p^2$. $n \geq 5$ であるから, $p > 2$ であり, したがって, $p^2 > 2p$ である. GCD$(2p, n) = p$ であるから, $2p \neq n-1$ となり, $2p \leq n-2$ がわかる. したがって, $p, 2p$ は積 $(n-2)! = 1 \times 2 \times \cdots \times (n-2)$ の異なる因子として現れるから, $2p^2 \mid (n-2)!$ であり, よって, $n(n-1) \mid (n-1)!$ が結論される.

注 上の解答で, 場合 3 については多くの別解がある.

◆第 12 章◆

● 初級

1. (1) m が素数のとき, $a \not\equiv 0 \pmod{m}$, $b \not\equiv 0 \pmod{m}$, すなわち,

$$m \nmid a, \quad m \nmid b \implies m \nmid ab$$

が成り立つから, $ab \not\equiv 0 \pmod{m}$ である.

(2) $m = 6 = 2 \times 3$ のとき, $2 \not\equiv 0 \pmod{6}$, $3 \not\equiv 0 \pmod{6}$ であって, $2 \cdot 3 \equiv 0 \pmod{6}$ である.

2. $(a, m) = 1$ だから, $\{a \cdot 0, a \cdot 1, \cdots, a \cdot (m-1)\}$ は完全剰余系となる. よって, この中に 1 と合同な数がある.

たとえば, $5 \cdot 3 \equiv 1 \pmod{7}$

3. $\tau(n) = 9^n + 8^n + 7^n + 6^n - 4^n - 3^n - 2^n - 1^n$ とおく.
$\tau(0) = 0$ だから, $10 \mid \tau(0)$ である. よって, $2 \mid \tau(n), 5 \mid \tau(n)$ を示せばよい. $\tau(n)$ の 8 項のうち 4 項が偶数で 4 項が奇数だから, $2 \mid \tau(n)$ は明らかである. $9 \equiv 4, 8 \equiv 3, 7 \equiv 2, 6 \equiv 1 \pmod{5}$ であるから, $5 \mid \tau(n)$ も成り立つ.

4.

$$0 \equiv 13 \equiv 26 \equiv \cdots \equiv 1989 \pmod{13},$$
$$1 \equiv 14 \equiv 27 \equiv \cdots \equiv 1990 \pmod{13},$$
$$\cdots\cdots,$$
$$12 \equiv 25 \equiv 38 \equiv \cdots \equiv 2001 \pmod{13}$$

なので,

$$1^{2001} + 2^{2001} + \cdots + 2001^{2001} = 154(1^{2001} + 2^{2001} + \cdots + 12^{2001}) \quad (*)$$

となる. また,

$12 \equiv -1 \pmod{13}, 11 \equiv -2 \pmod{13}, \cdots, 7 \equiv -6 \pmod{13}$ より,

$$12^{2001} \equiv (-1)^{2001} \equiv -1^{2001} \pmod{13},$$
$$11^{2001} \equiv (-2)^{2001} \equiv -2^{2001} \pmod{13},$$
$$\cdots\cdots,$$
$$7^{2001} \equiv (-6)^{2001} \equiv -6^{2001} \pmod{13}$$

に注意すれば, 式 $(*)$ の右辺の括弧の中身は, 13 を法として 0 と合同である.

よって, 与式を 13 で割った余りは 0 である.

[別解] 和をとる順番を変えると,

$$1^{2001} + 2^{2001} + 3^{2001} + \cdots + 2001^{2001}$$
$$= (1^{2001} + 2001^{2001}) + (2^{2001} + 2000^{2001}) + (3^{2001} + 1999^{2001})$$
$$+ \cdots + (1000^{2001} + 1002^{2001}) + 1001^{2001}$$
$$= \sum_{k=1}^{1000}(k^{2001} + (2002-k)^{2001}) + 1001^{2001}$$

となる. ここで, $2002 \equiv 0 \pmod{13}$ だから, $k = 1, 2, \cdots, 1000$ に対し,

$$k^{2001} + (2002-k)^{2001} \equiv k^{2001} + (-k)^{2001} \equiv k^{2001} - k^{2001} \equiv 0 \pmod{13}$$

であり, また, $1001 \equiv 0 \pmod{13}$ である.

よって, 全体の和を 13 で割った余りは 0 である.

5. 任意の正整数 k について, $S(k) \equiv k \pmod{9}$ であることに注意する. $S(n^2) = S(n) - 7$ の両辺を $\pmod{9}$ でみると, $n^2 \equiv n - 7 \pmod{9}$ となるので, $n \equiv 2, 5, 8 \pmod{9}$ がわかる.

$0 < S(n^2) = S(n) - 7$ より，$S(n) \geq 8$ である．また，$S(n) = 8$ とすると，$S(n^2) = 8 - 7 = 1$ なので，n^2 は 10 の累乗であり，したがって，n も 10 の累乗となり，$S(n) = 8$ に反する．よって，$S(n) \geq 9$ である．

n の一の位が 0, 1, 9 以外のとき，n^2 の一の位は 4 以上である．さらに，$n \geq 4$ のときは，n^2 は 2 桁以上なので，$S(n^2) \geq 5$ であり，$S(n) \geq 12$ となる．

これらを使って条件をみたし得る n を小さい順に書き出すと，

$$29,\ 59,\ 68,\ 77,\ 86,\ 89,\ 95,\ 98,\ 119,\ 149,\ \cdots$$

となる．これらを順番に計算していくと，149 が条件をみたす最小の数であることがわかる．

注 77, 86 は n^2 の一の位をみれば条件をみたさないことがわかる．また，n^2 の一番上の桁と一の位の和をみることにすれば，正確に計算しなくとも，一番上の桁を評価するだけで 59, 89, 119, 149 以外はみたさないことがわかる．よって，正確に計算するのは，この 4 個のみでよい．

6. 与式の 3 を法とする剰余を考えると，$d = 0$ となり，一方で $1 = 1 + (-1)^c$ となるが，これは誤りである．よって，等式は $7^a = 4^b + 5^c + 1$ となる．

$b \neq 0$ とすると，この等式の左辺は奇数で，右辺は偶数となり，矛盾する．したがって，$b = 0$ が結論され，等式は $7^a = 1 + 5^c + 1 = 5^c + 2$ となる．

ここで，$c \geq 1$ は明らかである．両辺の 5 を法とする剰余をとることで，$2^a = 2$ を得る．したがって，$a = 1 + 4k$ ($k \in \mathbb{N}$) であり，$7(49)^{2k} = 5^c + 2$ を得る．もし，$k \geq 1$ ならば，$c \geq 2$ である．25 を法として考えると，$7(-1)^{2k} = 0 + 2$ となり，これは誤りである．これより，$k = 0$ となり，$a = 1, c = 1$ を得る．

この結果，求める非負整数は，$a = 1, b = 0, c = 1, d = 0$ である．

● 中級

1. $A = 100 - a$, $B = 100 - b$, $C = 100 - c$ とおく．A, B, C は 1 以上 90 以下の整数である．

$$abc = (100 - A)(100 - B)(100 - C)$$
$$\equiv (-A)(-B)(-C) = -ABC \pmod{100}$$

なので，abc の下 2 桁が 99 であることは，$ABC \equiv 1 \pmod{100}$ と同値である．

$A = 7, B = 11, C = 13$ とすると，$ABC = 1001 \equiv 1 \pmod{100}$ が成り立

ち，このとき，$A+B+C=31$ である．これが $A+B+C$ の最小値であることを示す．

$ABC \equiv 100 \pmod{100}$ が成り立つとすると，特に $ABC \equiv 1 \pmod{10}$ であるから，A, B, C の一の位の組合せ（順番は考慮しない）は，次のいずれかである：

$$(1, 1, 1), \ (1, 3, 7), \ (1, 9, 9), \ (3, 3, 9), \ (7, 7, 9).$$

さらに，和が 31 未満で相異なるような A, B, C の組合せ（順番は考慮しない）は次のいずれかである：

$$(1, 3, 7), \ (11, 3, 7), \ (1, 13, 7), \ (1, 3, 17), \ (1, 9, 19), \ (3, 13, 9).$$

ここに挙げた (A, B, C) について，$ABC \equiv 1 \pmod{100}$ であることは容易に確かめられる．

よって，$A+B+C$ の最小値は 31 である．$a+b+c = 300-(A+B+C)$ であるから，その最大値は，$300-31=269$ である．

なお，$a+b+c$ の最大値 269 は，$a=93$, $b=89$, $c=87$ のときに実現される．

2. 問題の条件より，整数 a, b, c, $1 \le a$, $b \le 9$ を用いて，

$$x = 10a+b, \quad y = 10b+a, \quad P = xy = 100c + (c+23) = 101c+23$$

と書ける．このとき，

$$101c + 23 = (10a+b)(10b+a) = 101ab + 10(a^2+b^2)$$

より，$10(a^2+b^2) \equiv 23 \pmod{101}$ がわかる．よって，次を得る：

$$a^2+b^2 \equiv -100(a^2+b^2) \equiv -10 \times 23 = -230 \equiv 73 \pmod{101}.$$

$a^2+b^2 \equiv 73 \pmod{101}$ と $2 = 1^2+1^2 \le a^2+b^2 \le 9^2+9^2 = 162$ より，$a^2+b^2 = 73$ がわかる．$1 \le a$, $b \le 9$ でこれをみたすものは $(a,b) = (8,3), (3,8)$ のみである．このとき，求める値は，$P = xy = 83 \times 38 = 3154$ となり，条件をみたす．

3. 問題の条件から，$\dfrac{n}{m} = k$ は正整数である．$n = km$ を与式に代入して変形すると，$(7+3k)m = 2^{2004} \times 5^{2004}$ を得る．よって，$7+3k = 2^i \times 5^j$ と書ける．ここで，$0 \le i$, $j \le 2004$ である．このような正整数 k が存在するには，

$2^i \times 5^j$ を 3 で割ったとき余りが 1 で 10 以上の数になる必要がある．3 を法として計算すると，

$$2^i \cdot 5^j \equiv 2^i \cdot 2^j = 2^{i+j} \equiv \begin{cases} 2 & \text{if } i+j : \text{odd} \\ 1 & \text{if } i+j : \text{even} \end{cases}$$

よって，$i+j$ が偶数であって，(i,j) が $(0,0)$, $(2,0)$ 以外であることが，必要十分である．こうした組 (i,j) は $1002^2 + 1003^2 - 2 = 2010011$ 個ある．逆に，そのような各組 (i,j) に対して，組 (m,n) はちょうど1つ定まる．

4. 非負整数 n について，25^{2015} に操作を n 回行って得られる数を a_n とする．ただし，$a_0 = 25^{2015}$ である．

非負整数 n について，a_n の一の位を b_n とおくと，次を得る：

$$a_{n+1} = \frac{a_n - b_n}{10} + 4b_n = \frac{a_n + 39b_n}{10}.$$

よって，次が成り立つ：

$$a_{n+1} \leq \frac{a_n}{10} + \frac{39}{10} \times 9. \quad \therefore\ a_{n+1} - 39 \leq \frac{a_n - 39}{10}.$$

また，次が成り立つ：

$$a_{n+1} = 4a_n - 39 \times \frac{a_n - b_n}{10} \equiv 4a_n \pmod{39}.$$

さらに，$a_0 = 25^{2015} < 100^{2015} = 10^{4030}$ より，

$$a_{10000} - 39 < \frac{a_0 - 39}{10^{10000}} < 1. \quad \therefore\ a_{10000} \leq 39.$$

また，$a_{10000} \equiv 4^{10000} a_0 = 4^{10000} \times 25^{2015} \pmod{39}$ より，

$a_{10000} \equiv 1 \pmod{3}$,

$a_{10000} \equiv 4 \times 64^{3333} \times (-1)^{2015} \equiv 4 \times (-1)^{3333} \times (-1)^{2015} \equiv 4 \pmod{13}$

である．したがって，a_{10000} は，3 で割って 1 余り，13 で割って 4 余る 39 以下の正整数であるから，$a_{10000} = 4$ とわかる．

5. 与えられた方程式を書き換えると

$$3^x - 1 = 2^x y$$

となる．この式から，もし (x, y) が求める正の整数解であるとすると，x は $3^x - 1$ の標準的な分解における 2 の指数を超えることはできないことが推測される．こ

の指数を評価するために，非負整数 m, n を用いて，$x = 2^m(2n+1)$ と書いてみると，次を得る：

$$3^x - 1 = 3^{2^m(2n+1)} - 1 = (3^{2n+1})^{2^m} - 1 = (3^{2n+1} - 1)\prod_{k=0}^{m-1}((3^{2n+1})^{2^k} + 1).$$

そこで，二項定理を用いて展開して，次を得る：

$$3^{2n+1} = (1+2)^{2n+1}$$
$$\equiv 1 + 2(2n+1) + 4n(2n+1) \pmod{8}$$
$$\equiv 3 \pmod{8}.$$

したがって，8 を法として考えると，次を得る：

$$(3^{2n+1})^{2^k} \equiv \begin{cases} 3 & \text{if } k = 0 \\ 1 & \text{if } k \in \mathbb{N} \end{cases}$$

したがって，指数を調べると，$m = 1$ については 1，$m = 1, 2, 3, \cdots$ については $m+2$ であることがわかる．よって，x は $m+2$ を超えることはできないことがわかる．そこで，

$$2^m \leq 2^m(2n+1) = x \leq m+2$$

が結論されるから，$m \in \{0, 1, 2\}$, $n = 0$ となる．よって，与えられた方程式の正の整数解は，次の3組である：

$$(x, y) = (1, 1),\ (2, 2),\ (4, 5).$$

● 上級

1. $2^a = 6^c - (3^b + 1) \equiv 2 \pmod{3}$ が成り立っているので，a は奇数でなければならない．

まず，$a = 1$ の場合を考える．このとき，$2 + 3^b + 1 = 6^c$ であるが，この左辺は $3(3^{b-1} + 1)$ であり，これは 3 でちょうど 1 回だけ割り切れる．一方，右辺は 3 でちょうど c 回割り切れるので，$c = 1$ でなければならない．このとき，与式をみたすのは，$(a, b, c) = (1, 1, 1)$ のみである．

次に，$a \geq 3$ の場合を考える．このとき，

$$2^a + 3^b + 1 \equiv \begin{cases} 4 & \pmod{8} \quad (b : \text{odd}) \\ 2 & \pmod{8} \quad (b : \text{even}) \end{cases}$$

である．一方，
$$6^c \equiv \begin{cases} 6 & (\mathrm{mod}\ 8) \quad (c=1) \\ 4 & (\mathrm{mod}\ 8) \quad (c=2) \\ 0 & (\mathrm{mod}\ 8) \quad (c \geq 3) \end{cases}$$
である．したがって，与式の両辺について 8 で割った余りが一致するのは，b が奇数で $c=2$ のときに限る．$2^a < 2^a + 3^b + 1 = 36$ となり，a は奇数であることから，$a = 3, 5$ となる．

$a=3$ のとき，$3^b = 36 - 2^3 - 1 = 27$ より，$b=3$ であり，$a=5$ のとき，$3^b = 36 - 2^5 - 1 = 3$ より，$b=1$ となる．したがって，与式をみたすのは，$(a, b, c) = (3, 3, 2), (5, 1, 2)$ とわかる．

以上より，求める組は $(a, b, c) = (1, 1, 1), (3, 3, 2), (5, 1, 2)$ である．

2. p を，$p \equiv 1\ (\mathrm{mod}\ 8)$ をみたす素数とする．合同式 $x^2 \equiv -1\ (\mathrm{mod}\ p)$ は $\{1, 2, 3, \cdots, p-1\}$ の中に 2 つの解をもち，その和は p である．その小さい方を n とすると，p は n^2+1 の因子であり，$n \leq \dfrac{p-1}{2}$ をみたす．$p > 2n + \sqrt{10n}$ が成り立つことを示す．

$n = \dfrac{p-1}{2} - \ell$，ただし，$\ell \geq 0$ とおく．$n^2 \equiv -1\ (\mathrm{mod}\ p)$ であるから，次が成り立つ：
$$\left(\frac{p-1}{2} - \ell\right)^2 \equiv -1 \quad (\mathrm{mod}\ p). \quad \therefore\ (2\ell+1)^2 + 4 \equiv 0 \quad (\mathrm{mod}\ p).$$
したがって，ある整数 $r \geq 0$ に対して，$(2\ell+1)^2 + 4 = rp$ が成り立つ．$(2\ell+1)^2 \equiv 1 \equiv p\ (\mathrm{mod}\ 8)$ であるから，$r \equiv 5\ (\mathrm{mod}\ 8)$ であり，したがって，$r \geq 5$ となる．これから，$(2\ell+1)^2 + 4 \geq 5p$ であることがわかるから，$\ell \geq \dfrac{\sqrt{5p-4}-1}{2}$ が結論される．簡単のために，$u = \sqrt{5p-4}$ とおくと，$\ell \geq \dfrac{u-1}{2}$ であり，したがって，次が成り立つ：
$$n = \frac{p-1}{2} - \ell \leq \frac{p-u}{2}.$$
$p = \dfrac{u^2+4}{5}$ であることを考慮すれば，上の不等式 $n \leq \dfrac{p-u}{2}$ は $u^2 - 5u - 10n + 4 \geq 0$ と変形され，したがって，不等式 $n \leq \dfrac{p-u}{2}$ から，次が結論される：
$$p \geq 2n + u \geq 2n + \frac{5 + \sqrt{40n+9}}{2} > 2n + \sqrt{10n}.$$

$8k+1$ の形をした素数は無数に存在するので，題意をみたす n が無数に存在することも示されたことになる.

3. $4ab-1$ が $(4a^2-1)^2$ を割り切るが，$a \neq b$ であるような正整数の対 (a, b) を**不都合な対**とよぶことにする.

$a = b$ ならば，$4ab - 1 = 4a^2 - 1$ は確かに $(4a^2-1)^2$ を割り切るから，不都合な対が存在しないことを示せばよい．もし不都合な対が存在したとすると，無限下降法の議論が適用できて矛盾が起こるので，不都合な対は存在しえないことを示すことができる．そのために，まず不都合な対の集合に関する 2 つの性質を証明する.

性質 (i) (a, b) が不都合な対で，$a < b$ であるとすると，$c < a$ をみたす正整数 c で (a, c) が不都合な対となるものが存在する.

証明 (a, b) $(a < b)$ が不都合な対で，$n = \dfrac{(4a^2-1)^2}{4ab-1}$ とすると，

$$n = (-n)(-1) \equiv (-n)(4ab-1) = -(4a^2-1)^2 \equiv -1 \pmod{4a}$$

であるから，ある正整数 c が存在して，$n = 4ac - 1$ と書ける．$a < b$ だから，

$$4ac - 1 = \frac{(4a^2-1)^2}{4ab-1} < 4a^2 - 1$$

である．したがって，$c < a$ である．明らかに，$4ac - 1$ は $(4a^2-1)^2$ を割り切るから，(a, c) は不都合な対である． (証明終)

性質 (ii) もし (a, b) が不都合な対ならば，(b, a) も不都合な対である.

証明 $1 = 1^2 \equiv (4ab)^2 \pmod{4ab-1}$ であるから，次を得る：

$$(4b^2 - 1)^2 \equiv (4b^2 - (4ab)^2)^2 = 16b^4(4a^2-1)^2 \equiv 0 \pmod{4ab-1}.$$

したがって，$4ab - 1$ は $(4b^2-1)^2$ を割り切る． (証明終)

さて，もし不都合な対が 1 つでも存在したとする．無限下降法の議論を次のように用いて矛盾が導かれる.

不都合な対は正整数の対であるから，そのようなものが存在したとすると，(a, b) が不都合な対で，$2a + b$ が最小値をとるものを選ぶことができる．このとき，$a < b$ であれば，性質 (i) を適用することによって，正整数 $c < a (< b)$ が存在して，(a, c) も不都合な対となるが，$2a + c < 2a + b$ であるから，これは $2a+b$ が最小値という条件に反する．一方，$a > b$ であるとすると，性質 (ii) によって，(b, a)

も不都合な対となるが，$2b+a < 2a+b$ であるので，これも最小性の条件に反する．

以上より，不都合な対は存在しえない．

4. $mn-1$ と m^3 は互いに素なので，$mn-1$ が n^3+1 の約数であることと，$mn-1$ が $m^3(n^3+1) = (m^3n^3-1)+(m^3+1)$ の約数であることは同値である．これは，$mn-1$ が m^3+1 の約数であることと同値である．すなわち，m, n には対称性がある．

（i） $n=m$ のとき： $\dfrac{n^3+1}{mn-1} = \dfrac{n^3+1}{n^2-1} = \dfrac{n^2-n+1}{n-1} = n+\dfrac{1}{n-1}$ が整数であることより，$n=2$，すなわち，$(m,n)=(2,2)$ が求める解の一つである．

（ii） $m>n$ のとき：$n=1$ ならば，$\dfrac{2}{m-1}$ が整数なので，$m=2, 3$ が必要十分である．すなわち，$(m,n)=(2,1),(3,1)$ が求める解である．

$n \geq 2$ とする．$mn-1 \equiv -1 \pmod{n}$，$n^3+1 \equiv 1 \pmod{n}$ より，

$$\frac{n^3+1}{mn-1} \equiv -1 \pmod{n}$$

であるから，ある正整数 k が存在して

$$\frac{n^3+1}{mn-1} = kn-1$$

と書ける．いま，$m>n$ なので，

$$kn-1 < \frac{n^3+1}{n^2-1} = n+\frac{1}{n-1}. \quad \therefore (k-1)n < 1 + \frac{1}{n-1} \leq 2.$$

よって，$k=1$ でなければならない．したがって，

$$n^3+1 = (mn-1)(n-1).$$

これを m について解くと

$$m = \frac{n^2+1}{n-1} = n+1+\frac{2}{n-1}.$$

これが整数になるためには，$n=2, 3$ が必要十分である．このとき，$m=5$ であるから，$(m,n)=(5,2),(5,3)$ が解となる．

（iii） $m<n$ のとき：(m,n) が解 $\iff$ (n,m) が解という対称性を用いればよい．

（i），（ii），（iii）より，求める組 (m,n) は次の9個である：

(1, 2), (1, 3), (2, 1), (2, 2), (2, 5), (3, 1), (3, 5), (5, 2), (5, 3).

5. 答は，非負整数 b を用いて，$n = 3^b$ と表されるすべての整数 n である．

集合 $\{a^3 + a \mid a \in \mathbb{Z}\}$ の各元について，n で割った余りを考える．n で割った余りとして，0 から $n-1$ のすべての整数が現れるという n の性質を $(*)$ とよぶことにする．

$n = 1$ が $(*)$ をみたし，$n = 2$ がみたさないことは容易にわかる．

$a \equiv b \pmod{n}$ であるとき，$a^3 + a \equiv b^3 + b \pmod{n}$ である．よって，n が $(*)$ をみたすことは，$a^3 + a \equiv b^3 + b \pmod{n}$ をみたす相異なる $a, b \in \{0, 1, \cdots, n-1\}$ が存在しないことと同値である．

初めに，$j \geq 1$ について，$n = 3^j$ が $(*)$ をみたすことを示す．a, b が $a^3 + a \equiv b^3 + b \pmod{3^j}$ をみたすと仮定する．このとき，$(a-b)(a^2 + ab + b^2 + 1) \equiv 0 \pmod{3^j}$ である．3 を法としてみることで，$a^2 + ab + b^2 + 1$ は 3 で割り切れないことがわかり，$a \equiv b \pmod{3^j}$ がわかる．以上で，$n = 3^j$ が $(*)$ をみたすことが示された．

r が $(*)$ をみたさないとき，r の倍数も $(*)$ をみたさない．よって，後は，5 以上の素数 p について，p が $(*)$ をみたさないことを示せば十分である．

$$a^3 + a - (b^3 + b) = (a-b)(a^2 + ab + b^2 + 1)$$

であるから，相異なる $a, b \in \{0, 1, \cdots, n-1\}$ が存在して，$a^2 + ab + b^2 + 1 \equiv 0 \pmod{p}$ をみたすことを示せばよい．

$a = b$ が $a^2 + ab + b^2 + 1 \equiv 0 \pmod{p}$ をみたすとき，$(2a)^2 + 2a(-a) + a^2 + 1 \equiv 0 \pmod{p}$ をみたし，さらに $2a \not\equiv -a \pmod{p}$ である．よって，$a^2 + ab + b^2 + 1 \equiv 0 \pmod{p}$ をみたす（相異なるとは限らない）$a, b \in \{0, 1, \cdots, n-1\}$ が存在することを示せば十分である．

$p \equiv 1 \pmod{4}$ であると仮定する．このとき，$b^2 \equiv -1 \pmod{p}$ となる b が存在する．$a = 0$ とすれば，$a^3 + a \equiv b^3 + b \pmod{p}$ が成立し，p は $(*)$ をみたさないことがわかる．

$p \equiv 3 \pmod{4}$ であると仮定する．$a^2 + ab + b^2 \equiv -1 \pmod{p}$ なる $a, b \not\equiv 0 \pmod{p}$ が存在することを示す．$bc \equiv 1 \pmod{p}$ なる c をとることで，これは，$(ac)^2 + ac + 1 \equiv -c^2 \pmod{p}$ なる $a, c \not\equiv 0 \pmod{p}$ の存在と同値である．これを示すには，$x^2 + x + 1$ が p を法として平方剰余でない（すなわち，$x^2 + x + 1 \equiv d^2$

$(\bmod\ p)$ となる d が存在しない) ような x が存在することを示せば十分である. というのも, このとき, $x^2 + x + 1 \equiv -c^2 \pmod{p}$ なる c が存在し, $ac \equiv x \pmod{p}$ となる a をとることができるからである.

整数 x, y に対し, $x^2 + x + 1 \equiv y^2 + y + 1 \pmod{p}$ が成立することは, p が $x + y + 1$ を割り切ることと同値である. よって, $x^2 + x + 1$ を p で割った余りとして考えられるのは $\dfrac{p+1}{2}$ 通りである. 一方で p を法として平方剰余でない $\{0, 1, \cdots, n-1\}$ の元は $\dfrac{p-1}{2}$ 個ある. 以下, $x^2 + x + 1$ のとり得る値がすべて平方剰余であると仮定して矛盾を導く. 上記の個数勘定から, p を法として平方剰余である整数の集合は, $x^2 + x + 1$ の形と p を法として等しい整数の集合と一致することになる.

y を p を法として平方剰余である整数とする. このとき, $y \equiv z^2 \pmod{p}$ なる整数 z が存在し, $z \equiv 2w + 1 \pmod{p}$ なる整数 w が存在する. このとき, $y + 3 \equiv 4(w^2 + w + 1) \pmod{p}$ が成立している. 背理法の仮定から, $w^2 + w + 1$ は p を法として平方剰余である. よって, $y + 3 \equiv 4(w^2 + w + 1)$ もまた p を法として平方剰余であることがわかる. この議論により, $y + 3\ell$ の形の元は p を法として平方剰余であることが導かれる. いま, $p \neq 3$ であるから, $\{0, 1, \cdots, n-1\}$ の元はすべて p を法として平方剰余であることになる. これは背理法の仮定に矛盾する.

◆第 13 章◆

● 初級

1. (1) 3 を法とする剰余類 $C(0), C(1), C(2)$ の代表元を順に $0, 1, 2$ とする.

$$0^2 \equiv 2, \quad 1^2 \equiv 2, \quad 2^2 \equiv 1 \equiv 2 \pmod{3}$$

であるから, 合同式 $x^2 \equiv 2 \pmod{3}$ は解をもたない.

(2) 12 を法とする剰余類 $C(0), C(1), \cdots, C(11)$ の代表元を, 順に $0, 1, \cdots, 11$ とする. それぞれの平方が 1 と合同になるのは

$$1^2 \equiv 1, \quad 5^2 \equiv 1, \quad 7^2 \equiv 1, \quad 11^2 \equiv 1 \pmod{1}$$

であるから，合同式 $x^2 \equiv 1 \pmod{12}$ は 12 を法として 4 個の解をもつ．

2. (1)　$16x \equiv 11 \pmod{27}$, $(16, 27) = 1$ である．これより，

$$16x \equiv -16, \quad x \equiv -1 \equiv 26 \pmod{27}.$$

(2)　$123x \equiv 38 \pmod{119}$, $4x \equiv 38 \pmod{119}$, $(4, 119) = 1$ である．これらから，

$$2x \equiv 19 \equiv 138 \pmod{119}, \quad x \equiv 69 \pmod{119}.$$

(3)　$1261x \equiv 71 \pmod{91}$, $(1261, 91) = 13$.
ところで，$13 \nmid 71$ であるから，解なし．

(4)　$(-21, 18) = 3$, $3 \mid 6$ であるから，解をもつ．

$$-21x \equiv 6 \pmod{18} \qquad\qquad ①$$
$$-7x \equiv 2 \pmod 6, \quad 7x \equiv -2 \equiv 4 \equiv 28 \pmod 6$$
$$\therefore\ x \equiv 4 \pmod 6 \qquad\qquad ②$$

②の整数解，したがって①の整数解は $x = 4 + 6t$, $(t \in \mathbb{Z})$.
これを類別すると，18 を法とする①の解は

$$x \equiv 4,\ 10,\ 16 \pmod{18}.$$

(5)　$(115, 455) = 5$, $5 \mid 35$ であるから，解をもつ．

$$115x \equiv 35 \pmod{455} \qquad\qquad ①$$
$$23x \equiv 7 \pmod{91} \qquad\qquad ②$$

②の整数解を得るため，不定方程式

$$23x_0 + 91y_0 = 7$$

の整数解を 1 組み求める．

$$91y_0 \equiv 7 \pmod{23} \text{ より，} \quad y_0 \equiv -7 \pmod{23}.$$

ここで，$y_0 = -7$ のとき，$x_0 = 28$ となり，②の整数解，したがって①の整数解は

$$x = 28 + 91t, \quad (t \in \mathbb{Z}).$$

これを類別すると，455 を法とする①の解は

$$x \equiv 28,\ 28+91,\ 28+91\cdot 2,\ 28+91\cdot 3,\ 28+91\cdot 4 \pmod{455}.$$

3. (1) $16x - 30y = 2\ \cdots\ (*)$ は $8x - 15y = 1$ と同等である．そこで，$8x - 15y \equiv 1 \pmod 8$ を解く．

$y \equiv 1 \pmod 8$ より，$y = 1 + 8t\ (t \in \mathbb{Z})$．

このとき，$x = 2 + 15t\ (t \in \mathbb{Z})$．

これらは，任意の $t \in \mathbb{Z}$ について $(*)$ をみたすから，$(*)$ の解は

$$x = 2 + 15t,\quad y = 1 + 8t\ (t \in \mathbb{Z}).$$

(2) $281x + 81y = 1\ \cdots\ (*)$ は，$(281, 81) = 1$ であるから解をもつ．
$281x \equiv 1 \pmod{81}$ を解く．これから，

$$38x \equiv 1 \pmod{81} \qquad\qquad (**)$$

再び，不定方程式 $38x_0 + 81y_0 = 1$ に直し，$81y_0 \equiv 1 \pmod{38}$ を解く．

$$5y_0 \equiv 1 \pmod{38},\quad y_0 \equiv 23 \pmod{38}.$$

ここで，$y_0 = 23$ とすると，$38x_0 = -1862$，$x_0 = -49$ となり，$38 \times (-49) \equiv 1 \pmod{81}$ であるから，$(**)$ の解は，$x = -49 + 81t\ (t \in \mathbb{Z})$ の形であることが分かる．このとき，$(*)$ から，$y = 170 - 281t\ (t \in \mathbb{Z})$．

これらの x, y は $(*)$ をみたすから，$(*)$ の解は

$$x = -49 + 81t,\quad y = 170 - 281t\ (t \in \mathbb{Z}).$$

(3) $(12851, 3692) = 1$ より，解がある．$181x - 52y = 1$ を解けばよい．

$$x = 25 + 52t,\quad y = 87 + 181t\ (t \in \mathbb{Z}).$$

4.（解答例）$2^{12} \equiv -4 \pmod{100}$ のように，絶対値を小さくする．これを用いると，

$$2^{100} = (2^{12})^8 \times 2^4 \equiv 2^{20} \equiv -2^{10} \equiv -24$$

より，$2^{100} - 1 \equiv -25 \pmod{100}$ となる．

$25^n \equiv 25 \pmod{100}\ (n \geq 1)$ に注意すれば，次を得る：

$$(2^{100} - 1)^{111} \equiv -25 \equiv 75 \pmod{100}.$$

5.（解答例）$3^3 = -2 + 29$ に注目し，二項定理を使う：

$$3^{30} = (-2+29)^{10} \equiv (-2)^{10} - 10 \cdot 2^9 \cdot 29 \equiv 2^{10} - 5 \cdot 2^{10} \cdot 29 \pmod{29^2}.$$

さらに, $2^5 = 3 + 29$ と表せば,

$$3^{30} \equiv (3+29)^2 - 5 \cdot (3+29)^2 \cdot 29 \equiv 3^2 + 2 \cdot 3 \cdot 29 - 5 \cdot 3^2 \cdot 29 \pmod{29^2}.$$

これより, 次を得る:

$$3^{30} \equiv 9 + 19 \cdot 29 \equiv 560 \pmod{29^2}.$$

◆第 14 章◆

● 初級

1. (1) $x \equiv 94 \pmod{105}$.

(2) $x \equiv 52 \pmod{105}$.

(3) 3, 5, 7, 11 はどの 2 つも互いに素で, $3 \cdot 5 \cdot 7 \cdot 11 = 1155$ である.
$x \equiv 2 \pmod{3}$ を解く. $385 t_1 \equiv 2 \pmod{3}$, $t_1 \equiv 2 \equiv -1 \pmod{3}$.
$x \equiv 3 \pmod{5}$ を解く. $231 t_2 \equiv 3 \pmod{5}$, $t_2 \equiv 3 \pmod{5}$.
$x \equiv 4 \pmod{7}$ を解く. $165 t_3 \equiv 4 \pmod{7}$, $t_3 \equiv 1 \pmod{7}$.
$x \equiv 5 \pmod{11}$ を解く. $105 t_4 \equiv 5 \pmod{11}$, $t_4 \equiv -1 \pmod{11}$.
よって, 解の 1 つは

$$x_0 = 385 \cdot (-1) + 231 \cdot 3 + 165 \cdot 1 + 105 \cdot (-1) = 368.$$

したがって, 1155 を法とする解の一意性から, 解は

$$x \equiv 368 \pmod{1155}.$$

2. 2, 3, 4, 5, 6 の最小公倍数は 60 である. 連立 1 次合同式

$$x \equiv 1 \pmod{60}, \quad x \equiv 0 \pmod{7}$$

を解く. $(60, 7) = 1$ である.
$x \equiv 1 \pmod{60}$ を解く. $7 t_1 \equiv 1 \pmod{60}$, $t_1 \equiv 43 \pmod{60}$.
$x \equiv 0 \pmod{7}$ を解く. $60 t_2 \equiv 0 \pmod{7}$, $t_2 \equiv 0 \pmod{7}$.
よって, 解の 1 つは,

$$x_0 = 7 \cdot 43 + 0 = 301, \quad \therefore x \equiv 301 \pmod{420}.$$

3. $\text{GCD}(48, 30) = 6$, $6 \mid 13 - 1$ より，解がある．また，$\text{LCM}(48, 30) = 240$ である．

$x - 1 \equiv 0 \pmod{48}$ を解く．$30t_1 \equiv 0 \pmod{48}$, $t_1 \equiv 0 \pmod{48}$.

$x - 1 \equiv 12 \pmod{30}$ を解く．$48t_2 \equiv 12 \pmod{30}$, $8t_2 \equiv 2 \pmod 5$,
$$t_2 \equiv -1 \equiv 4 \pmod 5.$$

これより，
$$x_0 - 1 = 48 \cdot 4 \quad \text{すなわち}, \quad x_0 = 48 \cdot 4 + 1 = 193$$

とすれば，x_0 は 1 つの解である．$\text{LCM}(48, 30) = 240$ を法とする解の一意性より，解は，
$$x \equiv 193 \pmod{240}.$$

● 中級

1. $120 = 3 \times 8 \times 5$ で，3, 8, 5 は互いに素だから，n^2 を 3, 8, 5 のいずれで割っても 1 余る．よって，

n を，

3 で割った余りは，1, 2 のいずれか，

8 で割った余りは，1, 3, 5, 7 のいずれか，

5 で割った余りは，1, 4 のいずれか

である．ただし，$1 \leq n \leq 120$．

よって，中国の剰余定理を使えば直ちに，そのような n は $2 \times 4 \times 2 = 16$ 個であることがわかる．

> **注** この程度の問題では，もちろん中国の剰余定理を使わなくとも解決できる．このような n の一の位の数は 1 か 9 であり，かつ n は 3 で割り切れないことなどに着目して，直接計算して調べるとよい．

2. $2007 = 3^2 \times 223$ と素因数分解される．中国の剰余定理より，合同式
$$x^2 + a \equiv 0 \pmod{2007}$$
の解の個数は，次の 2 つの合同式の解の個数の積に等しいことがわかる：
$$x^2 + a \equiv 0 \pmod 9, \quad x^2 + a \equiv 0 \pmod{223}.$$

$x^2 + a \equiv 0 \pmod 9$ は，$a \in \{1, 3, 4, 6, 7\}$ については解をもたず，$a \in \{2, 5, 8\}$

については 2 つの解をもち，$a = 0$ については 3 つの解をもつ．

$x^2 + a \equiv 0 \pmod{223}$ は，もし $-a$ が 223 を法として平方剰余でなければ解をもたず，平方剰余ならば 2 つの解をもち，$a = 0$ ならば 1 つの解をもつ．

よって，与えられた合同式がちょうど 2 つの解をもつのは，$x^2 + a \equiv 0 \pmod{9}$ がちょうど 2 つの解をもち，$x^2 + a \equiv 0 \pmod{223}$ がちょうど 1 つの解をもつ場合に限る．

したがって，a は 223 で割り切れなければならないから，$a = 223 \cdot b$ とおく．$223 \equiv -2 \pmod{9}$ であり，-2 は 9 を法として平方剰余であるから，$-b$ もまた 9 を法として平方剰余である．これより，$b = 2, 5, 8$ となるから，次を得る：
$a = 2 \times 223 = 446,\ 5 \times 223 = 1115,\ 8 \times 223 = 1784$.

これらは題意をみたす．

● 上級

1. 条件をみたす数列 $\{a_i\}$ の各項 a_i を 2 で割った余り $\pmod{2}$ を $a(2)_i$ で示すと，数列 $\{a(2)_i\}$ は，条件 (ii) より，1 つおきに同じ数になり，条件 (i) より，$\{a(2)_i\} = (0, 1, 0, 1 \cdots, 0, 1)$ または $(1, 0, 1, 0, \cdots, 1, 0)$ の 2 通りがあり得る．

同様に考えて，次を得る：

$a_i \pmod 3$ がつくる数列 $\{a(3)_i\}$ の周期は 3 になり，3! 通り，

$a_i \pmod 5$ がつくる数列 $\{a(5)_i\}$ の周期は 5 になり，5! 通りがあり得る．

2, 3, 5 は 1 より大きく，どの 2 つも互いに素な整数であるから，中国の剰余定理より，連立方程式

$$x_i \equiv a(2)_i, \quad x_i \equiv a(3)_i, \quad x_i \equiv a(5)_i \pmod{30}$$

は $\pmod{30}$ で一意に定まる整数解 x_i をもつ．

よって，数列 $\{a(2)_i\}, \{a(3)_i\}, \{a(5)_i\}$ を 1 つずつ選んでくると，下の例のようにして，1 以上 30 以下の整数を項とする数列 $\{x_i\}$ が 1 つ作れる．

例：数列
$$\{a(2)_i\} = (0, 1, 0, 1, 0, 1, 0, \cdots, 0, 1),$$
$$\{a(3)_i\} = (1, 0, 2, 1, 0, 2, 1, \cdots, 0, 2),$$
$$\{a(5)_i\} = (1, 2, 3, 4, 0, 1, 2, \cdots, 4, 0)$$

から作った数列 $\{x_i\} = (16, 27, 8, 19, 30, 11, 22, \cdots, 24, 5)$.

このようにして作った数列 $\{x_i\}$ は明らかに問題の条件 (i), (ii) をみたす数列 $\{a_i\}$ になっている．すなわち，$1 \leq i \neq j \leq 30$ に対して，

$$(a(2)_i, a(3)_i, a(5)_i) \neq (a(2)_j, a(3)_j, a(5)_j)$$

であるから，$x_i \neq x_j$ である．

ここで，数 $\{a_i\} = \{x_i\}$ の個数は，数 $\{a(2)_i\}$，$\{a(3)_i\}$，$\{a(5)_i\}$ の選び方の数に等しい．よって，求める数列の個数は

$$2 \times 3! \times 51 = 1440.$$

2. n に関する数学的帰納法で証明する．

$n = 3$ のとき，$a_1 = 10, a_2 = 12, a_3 = 15$ とすると，確かに条件をみたす．

$n \geq 3$ とし，n のとき，$a_1, a_2, \cdots, a_n$ が題意をみたすとする．ここで，$b = a_1 a_2 \cdots a_n$ とおく．異なる i, j について，ある整数 d が $ba_i + 1$ と $ba_j + 1$ を割り切ったとすると，$a_i(a_j + 1) - a_j(a_i + 1) = a_i - a_j$ は d で割り切れる．これは a_i の約数だから，b の約数でもあるが，すると，$1 = ba_i + 1 - ba_i$ も d の約数になる．よって，$ba_i + 1$ と $ba_j + 1$ は互いに素である．これより，中国の剰余定理を用いることができて，

$$ab^2 \equiv 1 \pmod{ba_i + 1}, \quad \forall 1 \leq i \leq n$$

なる a を取ることができる．ここで，$n + 1$ 項からなる数列

$$a'_1 = ab^2 - 1,\ a'_2 = ab^2 + ba_1,\ a'_3 = ab^2 + ba_2,\ \cdots,\ a'_{n+1} = ab^2 + ba_n$$

が条件をみたすことを示す．

$2 \leq i \neq j \leq n+1$ のとき，$b(a_i - a_j) \mid ba_i, ba_j \mid b^2$ より，$a'_i - a'_j \mid a'_i, a'_i - a'_j \mid a'_j$ である．さらに，i, j と異なる k について，$b(a_i - a_j) \nmid ba_k, b(a_i - a_j) \mid ba_i, ba_j \mid b^2$ より，$a'_i - a'_j \nmid a'_k$ である．

次に，$i = 1, 2 \leq j \leq n+1$ の場合について考える．$ba_j + 1 \mid ab^2 - 1$ より，$a_1 - a_j \mid a_1, a_1 - a_j \mid a_j$ である．さらに，$1, j$ とは異なる k について，$ba_j + 1 \mid ab^2 - 1, \mathrm{GCD}(ba_1 + 1, ba_j + 1) = 1$ より，$a_1 - a_j \mid a_1, a_1 - a_j \mid a_k$ である．

以上により，上で構成した $n+1$ 項の数列は問題の条件をみたすことが示された．

◆第 15 章◆

● 初級

1. $a=1, b=1;\quad a=2, b=4;\quad a=3, b=5;$
$a=4, b=2;\quad a=5, b=3;\quad a=6, b=6.$

2. 合同式 $2b \equiv 1 \pmod{6}$ は, $(2,6)=2, 2 \nmid 1$ なので, 解をもたない.
また, $5b \equiv 1 \pmod{6}$ は解 $b \equiv 5 \pmod{6}$ をもつが, $b \equiv 5^{6-2}$ ではない.

3.（解答例）$x \equiv 20 \cdot 11^{27} \pmod{29}$. $11^3 \equiv 1331 \equiv -3 \pmod{29}$ を使って,

$$x \equiv (-9) \cdot (-3)^9 \equiv 3^{11} \pmod{29}.$$

ここで, $3^3 \equiv -2 \pmod{29}$ から,

$$x \equiv (-2)^3 \cdot 3^2 \equiv -72 \equiv 15 \pmod{29}.$$

4. $$a^{p-1} - 1 = (a-1)(a^{p-2} + a^{p-3} + \cdots + a^2 + a + 1)$$

と因数分解されるから, Fermat の小定理より, 直ちに結論が得られる.

5. Fermat の小定理より,

$$a^p \equiv a \pmod{p}, \quad b^p \equiv b \pmod{p}$$

であり, これらと条件 $a^p \equiv b^p \pmod{p}$ から,

$$a \equiv b \pmod{p}$$

である. したがって, $k \in \mathbb{Z}$ が存在して,

$$a = b + kp$$

となる. 二項定理により

$$a^p = (b+kp)^p = b^p + p^2(kb^{p-1} + \cdots)$$

のように展開されるから, $a^p \equiv b^p \pmod{p^2}$ となる.

（別証明）$a^p - b^p = (a-b)(a^{p-1} + a^{p-2}b + \cdots + ab^{p-2} + b^{p-1})$

と因数分解できる. 条件と Fermat の小定理から, $a \equiv b \pmod{p}$ となるので,

$$a^{p-1} + a^{p-2}b + \cdots + ab^{p-2} + b^{p-1} \equiv pa^{p-1} \equiv 0 \pmod{p}$$

を得る. ところで,

$$p \mid a-b \quad \text{でかつ} \quad p \mid (a^{p-1} + a^{p-2}b + \cdots + ab^{p-2} + n^{p-1})$$

であるから,$p^2 \mid a^p - b^p$ である.

6. Fermat の小定理から直ちに証明される.省略.

● 中級

1. $p^2 \nmid a+b$ と仮定する.$p^3 \mid a^3 + b^3$ を証明すれば十分である.$a^3 + b^3 = (a+b)^3 - 3ab(a+b)$ だから,条件より $p^2 \mid (a+b)^3 - 3ab(a+b)$ が成り立つ.よって,$p \mid 3ab$ が得られる.$p \neq 3$ は素数だから,これより,$p \mid a$ または $p \mid b$ が成り立つが,$p \mid a+b$ より,$p \mid a$ かつ $p \mid b$ である.この結果,$p^3 \mid a^3$, $p^3 \mid b^3$ が得られるから,$p^3 \mid a^3 + b^3$ も成り立つ.

2. d は素数であるとしてよい.フェルマーの小定理より,

$$a^{d-1} + b^{d-1} + 1 \equiv 1, 2, 3 \pmod{d}$$

となる.$a^{d-1} + b^{d-1} + 1 \equiv 0 \pmod{d}$ より,$d = 2, 3$ である.

$d = 2$ の場合:$n = 1$ として,$a^1 + b^1 + 1$ が 2 で割り切れることより,$a + b \equiv 1 \pmod 2$ であることが必要である.また,$n \geq 2$ について,$a^n + b^n + 1 \equiv a^1 + b^1 + 1 \equiv 0 \pmod 2$ より,これは条件をみたす.

$d = 3$ の場合:$n = 2, 3$ として,$a^1 + b^1 + 1$, $a^2 + b^2 + 1$ が 3 で割り切れることより,$a \equiv b \equiv 1 \pmod 3$ であることが必要である.また,$n \geq 3$ について,$a^n + b^n + 1 \equiv 1 + 1 + 1 \equiv 0 \pmod 3$ より,これは条件をみたす.

よって,求める a, b の組は,

$$a + b \equiv 1 \pmod 2 \quad \text{または} \quad a \equiv b \equiv 1 \pmod 3$$

をみたす整数の組すべてである.

[別解] $n = 1$ とすると,$a + b \equiv -1 \pmod d$ である.

また,$n = 2$ より,$a^2 + b^2 \equiv -1 \pmod d$ であり,$a^2 + b^2 = (a+b)^2 - 2ab \equiv 1 - 2ab \pmod d$ より,$2ab \equiv 2 \pmod d$ となる.

$n = 3$ とすると,$a^3 + b^3 \equiv -1 \pmod d$ であり,

$$2(a^3 + b^3) = 2(a+b)^3 - 3 \times 2ab(a+b) \equiv 2(-1)^3 - 3 \times 2 \times (-1) \equiv 4 \pmod d$$

より,$4 \equiv -2 \pmod d$ となる.よって,d は 6 の約数であり,6 の素因数 $d = 2, 3$

の場合のみ考えれば十分である.

3. 条件をみたす正整数は 1 以外にないことを示す. それには, 任意の素数 p に対して, $a_n \equiv 0 \pmod{p}$ となる正整数 n が存在することを示せばよい.

$a_2 = 48$ は 2 および 3 の倍数なので, 以下 $p \geq 5$ とし, $a_{p-2} \equiv 0 \pmod{p}$ を示す. このとき, p と 2, 3, 6 とは互いに素なので, フェルマーの小定理より,

$$2^{p-1} \equiv 3^{p-1} \equiv 6^{p-1} \equiv 1 \pmod{p}$$

である. よって,

$$6(2^{p-2} + 3^{p-2} + 6^{p-2} - 1) = 3 \cdot 2^{p-1} + 2 \cdot 3^{p-1} + 6^{p-1} - 6$$
$$\equiv 3 + 2 + 1 - 6 = 0 \pmod{p}.$$

これより, $a_{p-2} = 2^{p-2} + 3^{p-2} + 6^{p-2} - 1 \equiv 0 \pmod{p}$ がわかる.

4. 求める n は kp ($k \in \mathbb{N}$) であることを示す.

まず, n が p の倍数となることが必要であることを示す. $x = p+1$ とすると, $x^n - 1 \equiv 1^n - 1 \equiv 0 \pmod{p}$ より, $x^n - 1$ は p で割り切れるので, 条件より p^2 で割り切れる. 二項定理より, $x^n = (p+1)^n \equiv np + 1 \pmod{p^2}$ となるので, $x^n - 1 \equiv np \pmod{p^2}$ である. したがって, np は p^2 の倍数となり, n は p の倍数である.

逆に, $n = kp$ ($k \in \mathbb{N}$) としたとき題意をみたすことを示す. フェルマーの小定理より, $x^n = (x^k)^p \equiv x^k \pmod{p}$ となるので, $x^n - 1$ が p の倍数のとき, $x^k - 1$ は p の倍数である. このとき,

$$\frac{x^n - 1}{x^k - 1} = 1 + x^k + x^{2k} + \cdots + x^{(p-1)k} \equiv \underbrace{1 + 1 + \cdots + 1}_{p} \equiv 0 \pmod{p}$$

より, $x^n - 1 = (x^k - 1) \times \dfrac{x^n - 1}{x^k - 1}$ は p^2 の倍数である.

よって, 証明は完了した.

5. 明らかに, $p \neq q$ である. そこで一般性を失うことなく, $p < q$ と仮定する. まず, $p = 2$ と仮定する. すると,

$$q^q + 5 \equiv 5 \equiv 0 \pmod{q}$$

であるから, 素数 q としてあり得るのは $q = 5$ のみである. 実際, $(p, q) = (2, 5)$ は題意をみたす.

次に，p, q を奇素数とする．$p^p + 1 \equiv 0 \pmod{q}$ だから，
$$p^{p-1} - p^{p-2} + \cdots - p + 1 \equiv 0 \pmod{q}, \quad p^{2p} \equiv 1 \pmod{q}$$
を得る．一方，フェルマーの小定理は，次を主張している：
$$p^{q-1} \equiv 1 \pmod{q}.$$

もし，$\mathrm{GCD}(2p, q-1) = 2$ ならば，$p^2 \equiv 1 \pmod{q}$ であるから，$p \equiv 1 \pmod{q}$ または $p \equiv -1 \pmod{q}$ である．したがって，
$$0 \equiv p^{p-1} - p^{p-2} + \cdots - p + 1 \equiv 1 \quad \text{または} \quad p \pmod{q}$$
となって，これは矛盾である．

次に，$\mathrm{GCD}(2p, q-1) = 2p$ と仮定する．つまり，これは $q \equiv 1 \pmod{p}$ と同じである．この場合，次を得る：
$$0 \equiv p^p + q^q + 1 \equiv p^p + 1 + 1 \equiv 2 \pmod{p}.$$
しかし，これもまた矛盾である．

したがって，$(p, q) = (2, 5), (5, 2)$ が題意をみたす素数の対である．

● 上級

1. まず，考察の対象を素数の場合に限定し，$10^{2013} - 1$ の素因数 p のうちで 100 以下のものを求めてみる．$d = \mathrm{GCD}(2013, p-1)$ とおく．次が成り立つ：
$$10^{2013} - 1 \equiv 0 \pmod{p} \iff 10^{2013} \equiv 1 \pmod{p}$$
$$\iff 10^d \equiv 1 \pmod{p}.$$

d は $2013 = 3 \times 11 \times 61$ の約数であり，また $d \leq p - 1 \leq 99$ である．これより，$d \in \{1, 3, 11, 33, 61\}$ である．d の値に応じて場合分けをする．

(1) $d = 1$ のとき：$10^1 \equiv 1 \pmod{p}$ となる素数 p は $p = 3$ のみであり，これは $\mathrm{GCD}(2013, p-1) = 1$ もみたす．

(2) $d = 3$ のとき：$10^3 - 1 = 3^3 \times 37$ なので，$10^3 \equiv 1 \pmod{p}$ となる素数 p は $p = 3, 37$ の 2 つである．このうち，$\mathrm{GCD}(2013, p-1) = 3$ をみたすものは，$p = 37$ のみである．

(3) $d = 11$ のとき：$\mathrm{GCD}(2013, p-1) = 11$ となる 100 以下の素数 p は 23, 89 の 2 つである．この 2 つの素数 p が $10^{11} \equiv 1 \pmod{p}$ をみたすか否かを調べる．

$p = 23$ とする．このとき，
$$10^5 \equiv 10^2 \times 10^2 \times 10 \equiv 8 \times 8 \times 10 \equiv -4 \pmod{23}$$
なので，
$$10^{11} \equiv 10^5 \times 10^5 \times 10 \equiv (-4) \times (-4) \times 10 \equiv -1 \pmod{23}.$$
よって，$10^{11} \not\equiv 1 \pmod{23}$．

次に $p = 89$ とする．このとき，
$$10^5 \equiv 10^2 \times 10^2 \times 10 \equiv 11 \times 11 \times 10 \equiv -36 \pmod{89}$$
なので，$10^{11} \equiv 10^5 \times 10^5 \times 10 \equiv (-36) \times (-36) \times 10 \equiv 55 \pmod{89}$．

よって，$10^{11} \not\equiv 1 \pmod{89}$．

以上より，$d = 11$ に対応する $10^{2013} - 1$ の素因数は存在しない．

(4) $d = 33$ のとき：GCD $(2013, p-1) = 33$ となる 100 以下の素数は $p = 67$ のみである．これが $10^{33} \equiv 1 \pmod{67}$ をみたすか否かを調べる．2乗を繰り返すことで，
$$10^2 \equiv 33, \quad 10^4 \equiv 17, \quad 10^8 \equiv 21, \quad 10^{16} \equiv 39, \quad 10^{32} \equiv 47 \pmod{67}$$
となり，さらに 10 倍することで，$10^{33} \equiv 1 \pmod{67}$ を得る．この場合の $10^{2013} - 1$ の素因数は $p = 67$ である．

(5) $d = 61$ のとき：GCD $(2013, p-1) = 61$ となる 100 以下の素数 p は存在しない．

以上 (1)〜(5) より，$10^{2013} - 1$ の素因数のうちで，100 以下であるものは，3, 37, 67 の 3 つである．$10^{2013} - 1$ の 100 以下の正の約数は，これら以外の素因数をもたないので，次の 7 個である：
$$1, \quad 3, \quad 9, \quad 27, \quad 81, \quad 37, \quad 67.$$

このうち，$10^{2013} - 1$ を割り切るか否かを調べていないのは，9, 27, 81 のみである．最後にこれらについて判定する．
$$10^{2013} - 1 = (10 - 1)(10^{2012} + 10^{2011} + \cdots + 10^1 + 1)$$
より，次を得る：
$$10^{2012} + 10^{2011} + \cdots + 10^1 + 1 \equiv 10^{2012} + 10^{2011} + \cdots + 1^1 + 1$$

$$\equiv 2013 \equiv 6 \pmod 9.$$

これより, $10^{2013}-1 \equiv 54 \pmod{81}$ を得る. したがって, 9, 27 は $10^{2013}-1$ の約数であり, 81 は $10^{2013}-1$ の約数ではないことがわかる.

以上より, 答は 1, 3, 9, 27, 37, 67 の 6 個である.

2. より一般的に, 整数 $n \geq 3$ について, 整数

$$2(2^{n-1}-1), \ 3(3^{n-1}-1), \ \cdots, \ n(n^{n-1}-1)$$

の最大公約数を求めることにする.

以下の解答では, 第 11 章の定理 11.3 で扱った剰余体 $\mathbb{Z}/p\mathbb{Z}$ の元を係数とする方程式を取り扱う. 煩雑を避けるために, 元 (剰余類) $C(i) \in \mathbb{Z}/p\mathbb{Z}$ を $\bar{i}$ で表すことにする.

p を, これらの整数すべてを割り切るような素数とする.

もし, $p > n$ ならば,

$$p \mid 1^{n-1}-1, \ p \mid 2^{n-1}-1, \ \cdots, \ p \mid n^{n-1}-1$$

であるから, $\bar{1}, \bar{2}, \cdots, \bar{n}$ は $\mathbb{Z}/p\mathbb{Z}[x]$ における多項式 $x^{n-1}-1$ の解である. したがって, $x^{n-1}-1$ は $\mathbb{Z}/p\mathbb{Z}$ において n 個の解をもつ. これは, この多項式が零多項式であることを意味するので, 不合理である.

もし, $p \leq n$ ならば,

$$p \mid 1^n-1, \ p \mid 2^n-2, \ \cdots, \ p \mid n^n-n$$

が成り立つから, $p \mid a^{n-1}-1$ ($a \in \{1, 2, \cdots, p-1\}$) が成り立つ. したがって, $\bar{1}, \bar{2}, \cdots, \overline{p-1}$ は $\mathbb{Z}/p\mathbb{Z}[x]$ における多項式 $x^{n-1}-1$ の解である. ところが, フェルマーの小定理により, これらは多項式 $x^{p-1}-1$ の解でもある. したがって, $x^{p-1}-1$ は $x^{n-1}-1$ を割り切るので, $p-1 \mid n-1$ である. ここで, $n-1 = q(p-1)+r$, $0 \leq r < p-1$ とすると, $x^{n-1}-1 = x^r(x^{q(p-1)}-1)+(x^r-1)$ であるから, $x^{p-1}-1$ が x^r-1 を割り切ることになるから, $r=0$ である.

逆に, $p-1 \mid n-1$ とすると, フェルマーの小定理より, すべての a について $p \mid a^n-a$ であるから, p は最初に挙げたすべての整数を割りきる.

ところで, p^2 は $p(p^{n-1}-1)$ を割り切らないから, p^2 は

$$2^n-2, \ 3^n-3, \ \cdots, \ n^n-n$$

のどれもを割り切ることはできない．したがって，最大公約数を求めるにあたって，平方数は現れないことがわかる．

以上の考察の結果，求める最大公約数は，

$$\prod_{\substack{p:\text{prime}\\ p-1\mid n-1}} p$$

であると結論される．

特に，この問題の場合は $n=561$ で $n-1=560=2^4\times 5\times 7$ であるから，求める最大公約数 GCD は次のようになる：

$$\text{GCD} = 2\cdot 3\cdot 5\cdot 11\cdot 17\cdot 29\cdot 41\cdot 71\cdot 113\cdot 181.$$

3. 2つの与式を辺々加えて，両辺に1を加えることで，次を得る：

$$(x^3+y+1)^2 + z^9 = 147^{157} + 157^{147} + 1.$$

この表示における両辺は19を法として合同にはなり得ないことを証明する．19を選んだ理由は，2と9の最小公倍数が18であり，a が19の倍数でないときには，フェルマーの小定理により，$a^{18}\equiv 1 \mod 19$ が成り立つからである．特に，$(z^9)^2 \equiv 0 \pmod{19}$ または，$(z^9)^2 \equiv 1 \pmod{19}$ が成り立ち，これより，z^9 を19で割ったときの剰余は

$$-1,\quad 0,\quad 1$$

の3つの可能性しかないことがわかる．

次に，19を法とした剰余の可能性を調べるために，$n=0,1,2,\cdots,9$ について，19を法とした n^2 の剰余を計算すると，次のようになる：

$$-8,\quad -3,\quad -2,\quad 0,\quad 1,\quad 4,\quad 5,\quad 6,\quad 7,\quad 9.$$

この結果，上の2つのリストの数を加えることによって，$(x^3+y+1)^2+z^9$ についての19を法とした剰余の可能性を見ることができる：

*	−8	−3	−2	0	1	4	5	6	7	9
−1	−9	−4	−3	−1	0	3	4	5	6	8
0	−8	−3	−2	0	1	4	5	6	7	9
1	−7	−2	−1	1	2	5	6	7	8	10

最後に，フェルマーの小定理を適用して，次を得る：
$$147^{157} + 157^{147} + 1 \equiv 14 \pmod{19}.$$

14（または -5）はこの表に現れないので，与えられた連立方程式系は整数解 (x, y, z) をもたない．

[別解] 与えられた連立方程式系が 13 を法として整数解をもたないことを証明する．2 つの与式を辺々加えて，両辺に 1 を加えることで，次を得る：
$$(x^3 + y + 1)^2 + z^9 = 147^{157} + 157^{147} + 1.$$

フェルマーの小定理により，a が 13 の倍数でないときには，$a^{12} \equiv 1 \pmod{13}$ を得る．したがって，次が計算できる：
$$147^{157} \equiv 4^1 \equiv 4 \pmod{13}, \quad 157^{147} \equiv 1^3 \equiv 1 \pmod{13}.$$

よって，$(x^3 + y + 1)^2 + z^9 \equiv 6 \pmod{13}$．

13 を法とした立方数は $0, \pm 1, \pm 5$ である．与えられた方程式の最初のものは，13 を法としてみると，
$$(x^3 + 1)(x^3 + y) \equiv 4 \pmod{13}$$
となる．したがって，$x^3 \equiv -1 \pmod{13}$ の場合には解をもたず，$x^3 \equiv 0, 1, 5, -5 \pmod{13}$ に対しては，それぞれ，$x^3 + y \equiv 4, 2, 5, -1 \pmod{13}$ となる．したがって，次を得る：
$$(x^3 + y + 1)^2 \equiv 12, 9, 10, 0 \pmod{13}.$$

また，z^9 は立方数であるから，$z^9 \equiv 0, 1, 5, 8, 12 \pmod{13}$ である．次の表は，$0, 9, 10, 12$ の各々と，$0, 1, 5, 8, 12$ の各々を加えたもので，13 を法として 6 は得られないことを示す：

*	0	1	5	8	12
0	0	1	5	8	12
9	9	10	1	4	8
10	10	11	2	5	9
12	12	0	4	7	11

したがって，与えられた連立方程式系は整数解をもたない．

4. $A = p^{p-1} + p^{p-2} + \cdots + p + 1$ とおく．$A \equiv p+1 \pmod{p^2}$ だから，A は $q \not\equiv 1 \pmod{p^2}$ となる素因数 q をもつ．この q が求める性質をもつことを示す．

$n^p \equiv p \pmod{q}$ となる整数 n があれば，次が成り立つ：

$$n^{p^2} = (n^p)^p \equiv p^p = (p-1)A + 1 \equiv 1 \pmod{q}.$$

ここで r を $n^r \equiv 1 \pmod{q}$ なる最小の正整数とすると，$r \mid p^2$ が成り立つ．しかしフェルマーの定理 $n^{q-1} \equiv 1 \pmod{q}$ より，$r \pmod{q-1}$ であり，$p^2 \nmid q-1$ なので，$r \mid p$ である．よって，$n^p \equiv 1 \pmod{q}$ すなわち $p \equiv 1 \pmod{q}$ だから，

$$0 \equiv A \equiv 1^{p-1} + 1^{p-2} + \cdots + 1^1 + 1 = p \equiv 1 \pmod{q}$$

となり，矛盾する．

5. $15a + 16b = r^2,\ 16a - 15b = s^2\ (r, s \in \mathbb{N})$ とおく．

$$r^4 + s^4 = (15^2 + 16^2)(a^2 + b^2) = 481(a^2 + b^2) = 13 \times 37(a^2 + b^2)$$

であり，特に，$r^4 + s^4 \equiv 0 \pmod{13}$ である．

（ⅰ）$r \equiv 0 \pmod{13},\ s \equiv 0 \pmod{13}$ であることの証明：

背理法で証明する．$r \not\equiv 0 \pmod{13}$ と仮定する．すると，$s^4 \equiv -r^4 \not\equiv 0 \pmod{13}$ である．したがって，整数 t が存在して，$st \equiv 1 \pmod{13}$ となる．すると，$t^4(r^4 + s^4) \equiv (rt)^4 + 1 \equiv 0 \pmod{13}$ が得られる．よって，$(rt)^4 \equiv -1 \pmod{13}$ が成立する．

他方，フェルマーの小定理より，$(rt)^{13-1} \equiv 1 \pmod{13}$ である．すると，

$$1 \equiv (rt)^{12} \equiv ((rt)^4)^3 \equiv (-1)^3 \equiv -1 \pmod{13}$$

となって，矛盾が生ずる．

したがって，$r \equiv 0 \pmod{13}$ であり，これより，$s \equiv 0 \pmod{13}$ も導かれる．

（ⅱ）$r \equiv 0 \pmod{37},\ s \equiv 0 \pmod{37}$ であることの証明：
$x^4 \equiv -1 \pmod{37}$ となる整数 x があったとすると，

$$1 \equiv x^{37-1} \equiv (x^4)^9 \equiv (-1)^9 \equiv -1 \pmod{37}$$

となり，矛盾が生ずる．後は，（ⅰ）と同様な議論で，$r^4 + s^4 \equiv 0 \pmod{37}$ より，$r \equiv s \equiv 0 \pmod{37}$ が導かれる．

さて、13 と 37 は互いに素なので、r も s も $13 \times 37 = 481$ の倍数でなくてはならない。他方、$a = 481 \times 31$, $b = 481$ とおくと、$r = s = 481$ となるので、この場合が $\min\{r^2, s^2\}$ が最小である。よって求める答は、481^2 である。

[別解]
$$15a + 16b = m^2 \tag{1}$$
$$16a - 15b = k^2 \tag{2}$$

とする。(2) より、$16(a - k^2) - 15(b - k^2) = 0$ を得る。GCD$(16, 15) = 1$ だから、整数 u が存在して、次をみたす：

$$a - k^2 = 15u \quad \therefore a = 15u + k^2.$$
$$b - k^2 = 16u \quad \therefore b = 16u + k^2.$$

これらを (1) に代入して

$$(15^2 + 16^2)u + (15 + 16)k^2 = m^2 \quad i.e.\ 481u + 31k^2 = m^2 \tag{3}$$

ここで、$481 = 13 \times 37$ で、13, 37 は素数であることに注意する。

（ⅰ）$13 \mid k$ の証明：

(3) を $(\bmod\ 13)$ で考えて、$5k^2 \equiv m^2\ (\bmod\ 13)$。13 を法として考えた平方数は、0, 1, 4, 9, 3, 12, 10 であるから、$k \not\equiv 0\ (\bmod\ 13)$ では解がない。よって、$k \equiv 0\ (\bmod\ 13)$。

（ⅱ）$37 \mid k$ の証明：

同様に、(3) を $(\bmod\ 37)$ で考えて、$31k^2 \equiv m^2\ (\bmod\ 37)$。37 を法として考えた平方数は、0, 1, 4, 9, 16, 25, 36, 10, 33, 21, 11, 3, 34, 30, 28, 2 なので、$31k^2 = m^2$ の解は、$k \equiv 0\ (\bmod\ 37)$。

上の（ⅰ），（ⅱ）より、$481 \mid k$ である。

そこで、$k = 13 \times 37 \times k'$ とおき、(3) に代入して、次を得る：

$$481u + 481^2 \times 31(k')^2 = m^2.$$
$$\therefore 481(u + 481 \times 31(k')^2) = m^2.$$
$$\therefore 481 \mid m^2. \quad \therefore 13 \mid m,\ 37 \mid m.$$
$$\therefore 481 \mid m.$$

よって、求める最小の平方数は 481^2 であり得るが、実際, $a = 481 \times 31$, $b = 481$

とすると，$15a + 16b = 481^2$, $16a - 15b = 481^2$ だから，最小の値は 481^2 である．

◆第 16 章◆

● 初級

1. $9 \equiv 1 \pmod{8}$, $-5 \equiv 3 \pmod{8}$, $13 \equiv 5 \pmod{8}$, $-1 \equiv 7 \pmod{8}$ であるから，既約剰余系である．

2. (1) $1 \equiv 1 \pmod 5$, $2 \equiv 2 \pmod 5$, $2^2 \equiv 4 \pmod 5$, $2^3 \equiv 3 \pmod 5$ であるから，既約剰余系である．

(2) $1 \equiv 1 \pmod 7$, $3 \equiv 3 \pmod 7$, $3^2 \equiv 2 \pmod 7$, $3^3 \equiv 6 \pmod 7$, $3^4 \equiv 4 \pmod 7$, $3^5 \equiv 5 \pmod 7$ であるから，既約剰余系である．

(3) $1 \equiv 1 \pmod 9$, $2 \equiv 2 \pmod 9$, $2^2 \equiv 4 \pmod 9$, $2^3 \equiv 8 \pmod 9$, $2^4 \equiv 7 \pmod 9$, $2^5 \equiv 5 \pmod 9$ であるから，既約剰余系である．

(4) $8 - 2^3$ で，$2^6 \equiv 64 \equiv 1 \pmod 9$ なので，
$$8 \cdot 1 \equiv 2^3,\ 8 \cdot 2 \equiv 2^4,\ 8 \cdot 2^2 \equiv 2^5,\ 8 \cdot 2^3 \equiv 2^6 \equiv 1,\ 8 \cdot 2^4 \equiv 2^7 \equiv 2,$$
$$8 \cdot 2^5 \equiv 2^8 \equiv 2^2 \pmod 9$$

● 上級

1. k に関する数学的帰納法で証明する．

$k = 1$ のとき，$n = 1$ とすれば，$n^n - m = 1 - m$ は 2 で割り切れるので，成り立つ．

$k = t\ (t \geq 1)$ で題意が成り立ったとして，$k = t + 1$ の場合に成り立つことを示す．帰納法の仮定により，正整数 h が存在して，次をみたす：

$$h^h \equiv m \pmod{2^t}.$$

ここで，h^h が奇数であることより，h は奇数である．$h^h \equiv m \pmod{2^{t+1}}$ であれば，この h が条件をみたすのでよい．そうでないとき，$h^h \equiv m + 2^t \pmod{2^{t+1}}$ である．このとき，$n = h + 2^t$ として，この n が条件をみたすことを示す．

n は奇数であるから，2^{t+1} と互いに素であり，オイラーの定理より，$n^{2^t} \equiv 1 \pmod{2^{t+1}}$ である．よって，次が成り立つ：

$$n^n \equiv n^{h+2^t} \equiv n^h \cdot n^{2^t} \equiv n^h \pmod{2^{t+1}}.$$

$n^h = (h + 2^t)^h$ を二項定理を用いて展開すると,

$$\sum_{i=0}^{h} {}_h\mathrm{C}_i \cdot 2^{it} h^{h-i}$$

となり, $i \geq 2$ のとき, $it \geq t+1$ より, $2^{it} \equiv 0 \pmod{2^{t+1}}$ となるので, 次を得る:

$$n^h \equiv h^h + {}_h\mathrm{C}_1 \cdot 2^t h^{h-1} \equiv (m + 2^t) + 2^t h^h \pmod{2^{t+1}}$$
$$= m + 2^t(h^h + 1).$$

h^h は奇数なので, $n^n \equiv m + 2^t(h^h + 1) \equiv m \pmod{2^{t+1}}$ となり, この n が条件をみたすことがわかった.

よって, $k = t+1$ の場合について題意が示されたので, 数学的帰納法により, 任意の正整数 k に対して題意が示された.

2. 問題において, $n = \varphi(10^{m+1})$ とすると, $\mathrm{GCD}(p, 10^{m+1}) = 1$ なので, オイラーの定理より,

$$p^n \equiv 1 \pmod{10^{m+1}}$$

が成り立つ. このとき, p^n には下 2 桁目から $m+1$ 桁目まで, m 個の 0 が並んでいる.

$p = 2$ の場合を示す ($p = 5$ の場合も同様である). 任意の正整数 s に対して, $\mathrm{GCD}(2, 5^s) = 1$ なので, オイラーの定理より,

$$2^{\varphi(5^s)} \equiv 1 \pmod{5^s}$$

である. 両辺を 2^s 倍すると,

$$2^{\varphi(5^s)+s} \equiv 2^s \pmod{10^s}$$

である. s を, $5^s > 10^m$ をみたすように十分大きくとると, $10^{s-m} > 2^s$ なので, 2^s は高々 $s - m$ 桁である. よって, 問題において, $n = \varphi(5^s) + s$ とすると, p^n には 0 が $s - m + 1$ 桁目から s 桁目まで m 個並んでいる.

> **注** 「任意の正整数 m に対して, 〜をみたす n が存在することを示せ.」という出題形式は, 高等学校以下ではあまり見かけないが, IMO や大学ではしばしば登

場する形式である.

3. $n = p^k q^h$ とおく. ただし, $p < q$ は素数で, $k, h \in \mathbb{N}$ とする. ここで, $u = \varphi(\tau(n))$, $v = \tau(\varphi(n))$ とおくと, 次を得る：

$$u = \varphi((k+1)(h+1)), \quad v = \tau(p^{k-1}q^{h-1}(p-1)(q-1)).$$

すると次は明らかである：

$$u < kh + k + h, \quad v \geq \tau(p^{k-1}q^{h-1}(p-1)) + 1 = kh\tau(p-1) + 1.$$

もし $p > 2$ ならば, $\tau(p-1) \geq 2$ で, $v \geq 2kh + 1 \geq kh + k + h$ であるから, $v > u$ となる. したがって, $p = 2$ であり, $v = \tau(2^{k-1}q^{h-1}(q-1))$ となる.

もし, $m > 2$ が素数で $m \mid q-1$ ならば, $2m \mid q-1$ であるから,

$$v \geq \tau(2^k q^{h-1} m) = 2(k+1)h > 2kh + 1$$

となって, 再び $v > u$ となる. したがって, ある $s \in \mathbb{N}$ が存在して, $q = 2^s + 1$ となる. これより, $v = \tau(2^{k+s-1}q^{h-1}) = (k+s)h$ となり, 等式 $u = v$ から

$$\varphi((k+1)(h+1)) = (k+s)h$$

がわかる.

オイラー関数に関する公式より, $a > 1$, $b > 1$ ならば,

$$\frac{\varphi(ab)}{ab} \leq \frac{\varphi(b)}{b}, \quad i.e. \ \varphi(ab) \leq a\varphi(b)$$

が得られ, 等号は a の素因数がすべて b を割り切る場合にのみ成立する. $a = k+1$, $b = h+1$ の場合には, 次を得る：

$$\varphi((k+1)(h+1)) \leq (k+1)\varphi(h+1) \leq (k+s)h.$$

さらに, 等号が成り立つための必要十分条件は, $s = 1$, $i.e.\ q = 3$, $\varphi(h+1) = h$ が成り立つことである. よって, $h+1$ は素数で, $k+1$ の素因数はすべて $h+1 = r$ を割り切る. すなわち, ある整数 $t \in \mathbb{N}$ が存在して, $k+1 = r^t$ となる.

したがって, 求める整数は, 素数 r と正整数 $t \in \mathbb{N}$ によって

$$n = 2^{r^t - 1} 3^{r-1}$$

の形に表せるすべての整数である.

4. [方針] 20 の倍数は交代的になり得ないことはすぐにわかる. 20 の倍数で

なければ題意をみたすことを示すためには，無限個の交代的数を構成しなければならない．そのために，交代的数から新しい交代的数を作る方法を考える：

$2d$ 桁の交代的数に

$$1\underbrace{0\cdots 01}_{2d}\underbrace{0\cdots 01}_{2d}\cdots \underbrace{0\cdots 01}_{2d}$$

を掛けると，再び交代的数となる．

これに気がつけば，以降の議論は直線的である．

解答 20 の倍数の一の位は 0，十の位は偶数なので，20 の倍数は交代的になり得ない．すなわち，20 の倍数は題意をみたさない．

そこで，以下では，20 の倍数でなければ題意をみたすことを示す．まずは次の 2 つの補題を証明する．

> **補題 1** 任意の正整数 k に対して，2^{2k+1} で割り切れる $2k$ 桁の交代的な数が存在する．

証明 k に関する数学的帰納法で証明する．

[1] $k = 1$ のとき，16 は $2^{2+1} = 8$ で割り切れる 2 桁の交代的な数である．

[2] $k \geq 2$ とし，$1 \leq k < 2$ なる整数 k について補題の主張が正しいと仮定する．すなわち，$s = \sum_{i=0}^{2k-3} a_i 10^i \ (0 \leq a_i \leq 9)$ が 2^{2k-1} で割り切れる交代的な数であるとする．

$\dfrac{s}{2^{2k-1}}$ を 4 で割った余りを x とする．

$$(a_{2k-1}, a_{2k-2}) = \begin{cases} (1, 6) & \text{if } (x = 0) \\ (1, 4) & \text{if } (x = 1) \\ (1, 2) & \text{if } (x = 2) \\ (1, 8) & \text{if } (x = 3) \end{cases}$$

とすれば，$\sum_{i=0}^{2k-1} a_i 10^i$ は 2^{2k+1} で割り切れる交代的な数である．

(補題 1 の証明終)

補題 2 任意の正整数 k に対して，5^k で割り切れる k 桁の交代的な奇数が存在する．

証明 ［1］ $k=1$ のときは 5．

［2］ $s = \sum_{i=0}^{k-2} a_i 10^i \ (0 \leq i \leq 9)$ が 5^{k-1} で割り切れる交代的な奇数であるとする．$\dfrac{s}{5^{k-1}}$ を 5 で割った余りを $x \ (1 \leq x \leq 5)$ とする．$a_{k-1} = 5-x$ または $a_{k-1} = 10-x$ とすれば，$\sum_{i=0}^{k-1} a_i 10^i$ は 5^k の倍数である．k の偶奇に合わせて，$a_{k-1} = 5-x$ または $a_{k-1} = 10-x$ を選べばよい． （補題 2 の証明終）

さて，本題の証明に入る．n が 20 の倍数でないとする．n は非負整数 k と，2 でも 5 でも割り切れない整数 m を用いて，

$$2^k \cdot m, \quad 5^k \cdot m, \quad 10 \cdot 5^k \cdot m$$

のいずれかの形で表される．

$n = 10 \cdot 5^k \cdot m$ と表される場合：

補題 2 より，必要ならば最上位に 0 を書き加えて，5^k で割り切れる交代的な偶数桁の奇数 $s = \sum_{i=0}^{2d-1} a_i 10^i$ が存在する．

オイラーの定理より，

$$10^{\varphi(m(10^{2d}-1))} \equiv 1 \pmod{m(10^{2d}-1)}$$

なので，

$$\frac{10^{\varphi(m(10^{2d}-1))}-1}{10^{2d}-1} = 1\underbrace{0\cdots01}_{2d}\underbrace{0\cdots01}_{2d}\cdots\underbrace{0\cdots01}_{2d}$$

は m で割り切れる．したがって，

$$s \cdot \frac{10^{\varphi(m(10^{2d}-1))}-1}{10^{2d}-1} = \underbrace{a_{2d-1}\cdots a_0}\underbrace{a_{2d-1}\cdots a_0}\cdots\underbrace{a_{2d-1}\cdots a_0}$$

は，$5^k \cdot m$ で割り切れる交代的な奇数であり，

$$10s \cdot \frac{10^{\varphi(m(10^d-1))}-1}{10^d-1}$$

は $n = 10 \cdot 5^k \cdot m$ の交代的な倍数である.

$n = 5^k \cdot m$ と表される場合は,上の場合に帰着される.

$n = 2^k \cdot m$ と表される場合は,上の証明の補題 2 の代わりに補題 1 を用いることにより,同様に証明できる.

以上により,20 の倍数でない任意の正整数はすべて交代的な倍数をもつことが示された.

5. $\dfrac{n^p + 1}{p^n + 1}$ が正整数であるから,$p^n + 1 \leq n^p + 1$, すなわち,$p^n \leq n^p$ である.
$p = 2$ のとき,$2^n \leq n^2$ となる.$n \geq 5$ のとき,$2^n > n^2$ であることが数学的帰納法により示せるので,$n \leq 4$ である.条件をみたすものは,$n = 2, 4$ であることがわかる.

$p \geq 3$ の場合を考える.m を,$m \geq p$ なる整数とする.$m^p \leq p^m$ を仮定すると,

$$(m+1)^p = m^p\left(1 + \frac{1}{m}\right)^p \leq p^m \left(1 + \frac{1}{p}\right)^p = p^m \sum_{r=0}^{p} \frac{{}_pC_r}{p^r} < p^m \sum_{r=0}^{p} \frac{1}{r!}$$

$$< p^m\left(1 + \sum_{r=1}^{p} \frac{1}{2^{y-1}}\right) < p^m \times 3 \leq p^{m+1}$$

より,$(m+1)^p < p^{m+1}$ が成り立つ.このことを帰納的に用いれば,$n > p$ のとき,$n^p < p^n$ となるので,条件に反する.ゆえに,$n \leq p$ である.

$p^n + 1$ は偶数であるから,$n^p + 1$ も偶数であり,n は奇数であることがわかる.したがって,$p + 1 \mid p^n + 1$ だから,$p + 1 \mid n^p + 1$. $n^p \equiv -1 \pmod{p+1}$ より,$n^{2p} \equiv 1 \pmod{p+1}$. ここで,$n^e \equiv 1 \pmod{p+1}$ となる最小の正整数 e をとる.

$$2p = ex + y \quad (x, y \in \mathbb{N},\ 0 \leq y < e)$$

とすると,

$$1 \equiv n^{2p} = (n^e)^x \cdot n^y \pmod{p+1}$$

となるから,e の最小性より,$y = 0$ が得られ,$2p$ は e の倍数である.よって,$e = 1, 2, p, 2p$ のいずれかである.ところで,$e = 1, p$ のときは,$n^p \equiv 1 \pmod{p+1}$ となり,矛盾するので,$e = 2, 2p$ である.

n と $p + 1$ が互いに素なので,オイラーの定理より,

$$n^{\varphi(p+1)} \equiv 1 \pmod{p+1}, \quad (\varphi \text{ はオイラー関数})$$

となるが，$\varphi(p+1) < p+1 < 2p$ と e の最小性より，$e = 2$ である．また，

$$n^2 \equiv 1 \pmod{p+1}$$

より，

$$-1 \equiv n^p = n^{2 \cdot \frac{p-1}{2}+1} \equiv n \pmod{p+1}$$

であるから，$p+1 \mid n+1$ である．よって，$p \leq n$ が得られ，$n \leq p$ と合わせて $p = n$ が結論される．また，$p = n$ のときは確かに条件をみたす．

以上より，条件をみたすのは，$(p, n) = (2, 4)$ または，$p = n$ のときである．

6. オイラー関数 φ を用いると，$\sum_{k=1}^{n} a^{(k,n)} = \sum_{d \mid n} \varphi(n/d) a^d$ と書き換えられる．また，n, n' が互いに素な正整数のとき，次が成り立つことに注意する：

$$\sum_{k=1}^{nn'} a^{(k,nn')} = \sum_{d \mid n} \varphi(n/d) \sum_{d' \mid n'} \varphi(n'/d')(a^d)^{d'}.$$

これにより，素数 p と非負整数 m について，$n = p^m$ の場合について，題意が成り立つことを証明すれば十分であることがわかる．この場合，フェルマーの小定理より，$a^{p^k} \equiv a^{p^{k-1}} \pmod{p^k}, (k = 1, 2, \cdots, m)$ であるから，以下の計算ができる：

$$\sum_{k=1}^{p^m} a^{(k,p^m)} = \sum_{k=0}^{m} \varphi(p^{m-k}) a^{p^k}$$
$$= \sum_{k=0}^{m-1} (p^{m-k} - p^{m-k-1}) a^{p^k} + a^{p^m}$$
$$= p^m a + \sum_{k=1}^{m} p^{m-k}(a^{p^k} - a^{p^{k-1}}) \equiv 0 \pmod{p^m}.$$

索引

Euler の定理　106

Fermat の小定理　98

Wilson の定理　74

余り　17

因数　23

エラトステネスの篩　48

オイラー関数　106
大きい　3

回文数　6
可約　46
完全剰余系　73
環の公理　2, 72
簡約律　77

幾何平均　15
基数　1
帰納法の仮定　13
既約　46
既約剰余系　105
既約剰余類　104
共通因数　24

群の公理　2

合成数　46
合同　71, 100
合同式　71, 82
合同式の計算法則　77
公倍数　33
公約数　24

最小公倍数　33
最小数　4
最小値　4
最大公約数　24, 26

最大数　4
最大値　4
算術の基本定理　54
算術平均　15

次数　19
自然数　1
自然な射影　65
順序関係　3
順序数　1
商　17
商写像　65
商集合　64
乗法逆元　73
剰余　17
剰余環　72
剰余系　71
剰余体　74
剰余類　71
除法の定理　17, 19

数学的帰納法　12
数学的帰納法の原理　11

正　3
整商　17
整数　1
正整数　1
整列集合　4
整列性　4
絶対値　3

素因子　46
素因数　46
素因数分解　46
素因数の収集　54
相加平均　15
相乗平均　15
素数　46

体　74
大小関係　3
互いに素　28
代表元　65

小さい　3
中国の剰余定理　90

ディオファントス方程式　38

同値　64
同値関係　63
同値律　63
同値類　64

二項関係　63

倍数　23

ピタゴラス数　58
非負整数　1

負　3

フェルマー数　166
不定方程式　38
負の整数　1

平方数　59

メルセンヌ数　165

約数　23

有界　4
有理数　66
有理整数環　2
ユークリッドの互除法　28

立方数　62

類別　65

連立1次合同式　90

割り切る　23
割り切れる　23

鈴木晋一（すずき・しんいち）
略歴
1941 年　北海道釧路市に生まれる．
1965 年　早稲田大学理工学部数学科を卒業．
1967 年　早稲田大学大学院理工学研究科を修了．
　　　　その後，上智大学，神戸大学を経て，早稲田大学教育学部教授．
2011 年　早稲田大学を定年退職．名誉教授．
　　　　理学博士．専門はトポロジー．
現　在　公益財団法人数学オリンピック財団理事．2014 年 6 月-2018 年 6 月　理事長．
主な著書・訳書
『曲面の線形トポロジー』上下，槙書店，1986 年-1987 年．
『結び目理論入門』サイエンス社，1991 年．
N．ハーツフィールド，G．リンゲル『グラフ理論入門』サイエンス社，1992 年．
『幾何の世界』朝倉書店，2001 年．
『集合と位相への入門——ユークリッド空間の位相』サイエンス社，2003 年．
『位相入門——距離空間と位相空間』サイエンス社，2004 年．
『理工基礎 演習 集合と位相』サイエンス社，2005 年．
『数学教材としてのグラフ理論』編著，学文社，2012 年．
『平面幾何パーフェクト・マスター』編著，日本評論社，2015 年．
『代数・解析パーフェクト・マスター』編著，日本評論社，2017 年．
『組合せ論パーフェクト・マスター』編著，日本評論社，2019 年．
など．

初等整数パーフェクト・マスター——めざせ，数学オリンピック
2016 年 5 月 25 日　第 1 版第 1 刷発行
2024 年 10 月 15 日　第 1 版第 5 刷発行

編著者　　　　　　鈴木晋一 ©
発行所　　　　　　株式会社　日本評論社
　　　　　　　　　〒170-8474 東京都豊島区南大塚 3-12-4
　　　　　　　　　TEL：03-3987-8621［販売］　　http://www.nippyo.co.jp/
企画・制作　　　　亀書房［代表：亀井哲治郎］
　　　　　　　　　〒264-0032 千葉市若葉区みつわ台 5-3-13-2
　　　　　　　　　TEL & FAX：043-255-5676　　E-mail：kame-shobo@nifty.com
印刷所　　　　　　三美印刷株式会社
製本所　　　　　　株式会社難波製本
装　訂　　　　　　銀山宏子
組版・図版　　　　亀書房編集室

ISBN 978-4-535-79804-5　Printed in Japan

平面幾何パーフェクト・マスター
めざせ，数学オリンピック
鈴木晋一 [編著]

日本の中・高生が学ぶ《平面幾何》は、質量ともに、世界標準に比べて極端に少ない。強い腕力をつけるための最良・最上の精選問題集。　◆A5判／定価2,420円（税込）

代数・解析パーフェクト・マスター
めざせ，数学オリンピック
鈴木晋一 [編著]

数学オリンピックで多数出題される《代数・解析》の基礎から上級までを網羅した最良・最上の精選問題集。ねばり強く柔軟な数学力を養成しよう！　◆A5判／定価2,640円（税込）

組合せ論パーフェクト・マスター
めざせ，数学オリンピック
鈴木晋一 [編著]

数学オリンピックで多数出題される《組合せ論》の多種・多彩な問題を網羅した最良・最上の精選問題集。強い腕力を身につけよう！　◆A5判／定価2,640円（税込）

ジュニア 数学オリンピック 2019-2024
数学オリンピック財団 [編]

数学好きの中学生・小学生達が腕を競い合う「日本ジュニア数学オリンピック（JJMO）」。問題編・知識編と、過去問題・解答を掲載。　◆A5判／定価2,420円（税込）

日本評論社　https://www.nippyo.co.jp/